普通高等教育"十一五"国家级规划教材(本科)

印 染 厂 设 计

崔淑玲 朱俊萍 朱仁雄 编著

中国纺织出版社

内 容 提 要

本书是教育部普通高等教育"十一五"国家级规划教材之一。该书首先介绍了新形势下的基本建设程序与设计的基本内容,重点讨论了棉型机织物印染厂工艺设计的原则、步骤和基本方法,简要介绍了印染厂建设所需其他专业设计,如总图运输、厂房设计、给水排水、采暖通风与供热、供电、仓储、概预算等;根据环保节能的需求,还介绍了印染厂清洁生产和节水节能设计。考虑到我国南方地区针织厂数量较多的现状,本书专门设置了针织厂染整工艺设计一章;为方便教学,还单列了毕业设计文件的编写一章。

本书可供高等院校轻化工程专业作为教材使用,同时也可供印染企业的工程技术人员和科研人员以及大专院校、科研院所相关专业的师生和科研人员阅读参考。

图书在版编目(CIP)数据

印染厂设计/崔淑玲,朱俊萍,朱仁雄编著. —北京:中国纺织出版社,2007.9(2025.2 重印)

普通高等教育"十一五"国家级规划教材. 本科

ISBN 978 - 7 - 5064 - 4519 - 1

Ⅰ. 印… Ⅱ. ①崔… ②朱… ③朱… Ⅲ. 染整—纺织厂—设计—高等学校—教材 Ⅳ. TS198.1

中国版本图书馆 CIP 数据核字(2007)第 117312 号

策划编辑:冯 静 秦丹红 责任编辑:阮慧宁 特约编辑:王力凡
责任校对:楼旭红 责任设计:李 然 责任印制:何 艳

中国纺织出版社出版发行

地址:北京市朝阳区百子湾东里 A407 号楼 邮政编码:100124

邮购电话:010—67004422 传真:010—87155801

http://www.c-textilep.com

中国纺织出版社天猫旗舰店

官方微博 http://weibo.com/2119887771

北京虎彩文化传播有限公司印刷 各地新华书店经销

2007 年 9 月第 1 版 2025 年 2 月第 6 次印刷

开本:787×1092 1/16 印张:13.5

字数:271 千字 定价:36.00 元

全面推进素质教育,着力培养基础扎实、知识面宽、能力强、素质高的人才,已成为当今本科教育的主题。教材建设作为教学的重要组成部分,如何适应新形势下我国教学改革要求,与时俱进,编写出高质量的教材,在人才培养中发挥作用,成为院校和出版人共同努力的目标。2005 年 1 月,教育部颁发了教高[2005]1 号文件"教育部关于印发《关于进一步加强高等学校本科教学工作的若干意见》"(以下简称《意见》),明确指出我国本科教学工作要着眼于国家现代化建设和人的全面发展需要,着力提高大学生的学习能力、实践能力和创新能力。《意见》提出要推进课程改革,不断优化学科专业结构,加强新设置专业建设和管理,把拓宽专业口径与灵活设置专业方向有机结合。要继续推进课程体系、教学内容、教学方法和手段的改革,构建新的课程结构,加大选修课程开设比例,积极推进弹性学习制度建设。要切实改变课堂讲授所占学时过多的状况,为学生提供更多的自主学习的时间和空间。大力加强实践教学,切实提高大学生的实践能力。区别不同学科对实践教学的要求,合理制定实践教学方案,完善实践教学体系。《意见》强调要加强教材建设,大力锤炼精品教材,并把精品教材作为教材选用的主要目标。对发展迅速和应用性强的课程,要不断更新教材内容,积极开发新教材,并使高质量的新版教材成为教材选用的主体。

随着《意见》出台,教育部组织制定了普通高等教育"十一五"国家级教材规划,并于 2006 年 8 月 10 日正式下发了教材规划,确定了 9716 种"十一五"国家级教材规划选题,我社共有 103 种教材被纳入国家级教材规划,其中本科教材 56 种,高职教材 47 种。56 种本科教材包括了纺织工程教材 13 种、轻化工程教材 16 种、服装设计与工程教材 24 种、美术教材 2 种,其他 1 种。为在"十一五"期间切实做好教材出版工作,我社主动进行了教材创新型模式的深入策划,力求使教材出版与教学改革和课程建设发展相适应,充分体现教材的适用性、科学性、系统性和新颖性,使教材内容具有以下三个特点:

(1)围绕一个核心——育人目标。根据教育规律和课程设置特点,从提高学生分析问题、解决问题的能力入手,教材附有课程设置指导,并于章后附有复习指导及形式多样的思考题等,提高教材的可读性,增加学生学习兴趣和自学能力,提升学生科技素养和人文素养。

(2)突出一个环节——实践环节。教材出版突出应用性学科的特点,注重理论与生产实践的结合,有针对性地设置教材内容,增加实践、实验内容。

（3）实现一个立体——多媒体教材资源包。充分利用现代教育技术手段,将授课知识点制作成教学课件,以直观的形式、丰富的表达充分展现教学内容。

教材出版是教育发展中的重要组成部分,为出版高质量的教材,出版社严格甄选作者,组织专家评审,并对出版全过程进行过程跟踪,及时了解教材编写进度、编写质量,力求做到作者权威,编辑专业,审读严格,精品出版。我们愿与院校一起,共同探讨、完善教材出版,不断推出精品教材,以适应我国高等教育的发展要求。

中国纺织出版社
教材出版中心

　　印染厂设计是高等院校轻化工程专业在学完染整专业课程之后开设的一门专业必修课，旨在通过这门课程的学习，掌握印染厂工艺设计的基本概念和方法，全面整理所学的染整专业内容，对染整专业的知识系统产生一个综合提升。针对21世纪高等院校人才的培养目标，结合编者们多年的教学与设计经验，参考大量的文献资料，我们编著了此书。

　　本书重点阐述印染厂工艺设计的方法与原则，力求尽可能反映最新的染整工艺、技术、设备以及标准，并突出清洁生产和节水节能的概念。本书单设了毕业设计文件的编写一章，以便于毕业设计教学环节的开展，提高教材的实用性和参考性。

　　本书第二章由中国纺织工业设计院资深设计专家朱仁雄高级工程师编著，他丰富的设计经验和渊博的见识为本教材增添了光彩；第五章以及附录中针织染整设备内容由河北科技大学朱俊萍老师编著；其余部分由崔淑玲编著，并对全书进行统编和定稿。

　　本书得到了教育部高等学校轻化工程专业指导委员会的大力支持和帮助，来自轻化工程专业各高校的老师对本书的编写提供了宝贵的建议和参考文献。河北省纺织工业建筑设计院的崔俊峤高级工程师更是给予了直接的支持，提供了大量的信息与资料，并作为专家对本书进行了审稿，提出了中肯的修改意见。

　　在编写过程中，还得到了河北科技大学纺织服装学院、中国纺织出版社等有关领导和同仁们的支持和帮助，多位研究生、本科生为本书查阅资料、录入文字、扫描图像、制作课件，作者在此由衷地向以上人员表示感谢。

　　由于编者水平有限，难免存在不妥、纰漏甚至错误之处，恳请读者批评指正。

编　者
2007 年 5 月

课程设置指导

课程名称 印染厂设计

适用专业 轻化工程专业

总学时 30

- -

课程性质 本课程是轻化工程专业学生的一门必修专业课,应该放在染整工艺原理和其他专业课学习之后开设。

- -

课程目的

1.培养学生具有独立进行印染厂工艺设计的能力。

2.培养学生理论联系实际、全面管理工厂的能力。

3.使学生能将局部与整体联系起来,去解决生产质量、效益问题。从产品批量、品种、多样化方面去思考如何适应市场经济的要求。

4.通过本课程的学习,为毕业设计环节打下必要的基础。

- -

课程教学基本要求

1.了解印染厂的特点和印染厂设计的基本程序和内容。

2.掌握产品方案的确定原则,学会根据产品方案选择品种和产量分配的计算。

3.充分理解所学知识并与生产方法和工艺流程相结合。

4.熟悉常见印染设备的类型及特点,掌握设备选型、设备配置的原则及计算方法。

5.了解厂房结构形式、柱网尺寸、厂房高度等对印染厂生产的重要意义。

6.了解生产辅助设施和各种附房的种类及布置。

7.了解劳动定员的配备依据。

8.能根据有关资料为其他专业设计提出要求并提供数据。

9.充分理解清洁生产和节能环保在印染厂设计中的重要性。了解印染厂清洁生产、节水节能设计对工艺、技术、设备的要求。

10.了解针织物染整工艺设计的内容、要求及其与机织物工艺设计的异同点。

11.了解印染厂其他专业的作用及其设计原则。

12.掌握毕业设计文件的编写内容。

教学环节学时分配表

章　数	讲　授　内　容	学时分配
绪　论	印染工业的发展简史,印染厂类型、生产特点及设计的任务和基本要求	2
第一章	设计程序与基本内容	2
第二章	印染厂工艺设计	13
第三章	印染厂其他专业设计简介	4
第四章	印染厂清洁生产与节水节能设计	2
第五章	针织染整厂工艺设计	4
第六章	毕业设计文件的编写	1
附　录	印染厂实例图介绍	2
合　计		30

绪　论

印染行业是纺织品深加工、精加工和提高附加值的关键行业,对纤维原料、纺织、服装、装饰用布和产业用布起着重要的纽带作用,是纺织工业发展和技术水平的综合体现。印染行业也是国民经济的重要组成部分,对于提高人民生活水平、满足工农业生产和国防需要以及发展文化和科学技术等都有重要的意义。

随着时代的发展,人们对服装面料的原料组成、花色品种、染整质量、环保效应等要求越来越高,人均拥有的服装数量也逐年增多,这就使得印染工业要不断地扩大原料来源、改变产品结构、增加花色品种、提高生产能力,而这又需要不断地进行老厂改造或建立各种新型的印染厂,从而使印染厂设计成为一项经常性的工作。作为一名印染专业的学生,了解印染厂设计的有关知识,对于提高自己综合运用基础知识和专业知识的能力、深入认识和分析一个印染厂以及将来有能力参加印染厂的老厂改造和新厂设计都是十分必要的。

一、我国印染工业的发展简史

我国近代印染工业始于 1912 年民族资本家在上海开办的启明染织厂,生产各色丝光纱线[1]。之后,随着国外印染机械和化学染料的发展,国内印染业也逐渐使用进口的机械染整设备,并广泛应用合成染料和助剂。20 世纪 30 年代后,国内开始自己制造部分染整设备和染料。抗日战争时期,内地印染业不能正常生产,只有少数小规模的印染工厂集中在上海、天津、青岛等沿海地区城市。抗日战争结束后,当时的政府接管了日本在华的印染厂,作为中国纺织建设公司的组成部分。

新中国成立以后,我国印染工业得到了迅速的恢复和发展。陆续在石家庄、北京、郑州、邯郸、成都、三门峡、湘潭、南通等棉纺基地兴建了一批规模较大的印染厂,并在北京、杭州等地兴建了毛纺织厂和丝绸印染联合厂,从而逐渐改变了原来不合理的纺织、印染工业布局。

随着人民生活水平的提高以及化纤和各种天然纤维原料的迅速发展,印染产品结构和水平发生了很大的变化。在我国第六个五年规划(简称"六五")期间,根据市场需要,提出了"色改花、棉改涤、窄改宽"的技术改造方向,为增加出口奠定了基础。"七五"期间,由外延转向内涵,由扩大数量转向提高质量,开发了适应中高档出口服装所需面料和装饰用纺织品及产业用纺织品。"八五"到"九五"期间,针对我国印染工业存在的门幅窄、长车多、企业规模太大三个突出问题,印染业开始转变旧的生产模式,柔性化加工逐步形成,小批量、多品种、快交货,各种中小型印染厂应运而生。"十五"期间,印染产品逐步向高支、高密、精细、宽幅、化纤仿各种天然纤维、天然纤维制品抗皱等高级染整加工方向发展。"十一五"以来,在水资源日益短缺、环境污染不断恶化的情况下,印染工业已将环保、节能、降耗、减少污染等思想和措施贯穿在产品开发中。以电子计算机为主体的现代信息控制技术已渗透到染整生产各个领域,工艺设定、自动在线检测与控制等应用范围不断扩大,"数字化纺机"提升到了新的水平。

近百年的积累与发展,使我国印染工业成为一个具有完整体系、原料和机械设备自给、有一定规模和基础的行业。截止到2005年底,我国共拥有包括国有及国有控股、集体经济、三资企业以及民营经济等不同所有制形式的染整企业1778家,印染布年产量达362.15亿米[2]。

在建设新型印染工厂增加生产能力的同时,还面临着现有老厂进行技术改造的艰巨任务。以最新技术建设新厂、改造老厂,同时注意节约能源、清洁生产防止污染,是21世纪印染工业面临的重要课题。

二、染整工厂的类型

纺织品染整工厂可按以下三方面分类[3]。

1. 按经营对象分类

(1)进行局部染整加工的工厂:指只能进行练漂、染色、印花、整理等某些部分加工,而非全部染整过程的加工厂,如漂练厂、染厂、印花厂等。

(2)染整加工的全能工厂:以纺织厂供给的坯布为原料进行漂、染、印、整全部过程的加工厂。

(3)纺织染成衣联合加工厂:以皮棉为原料,经过纺、织、染和制衣加工后,以服装成品供给商业部门的工厂。

2. 按产品种类分类

(1)棉型织物印染厂:指以棉型机织物为加工对象的印染厂,例如加工纯棉、纯涤、涤/棉等纯纺或混纺机织物的印染厂。

(2)毛织物染整厂。

(3)针织物染整厂。

(4)色织物染整厂。

(5)绒类织物染整厂。

(6)丝绸染整厂。

(7)纱线染整厂。

(8)复制品(毛巾、床单、手帕、袜子等)染整厂。

除棉型织物一般单设印染厂外,其余纺织品的染整加工通常作为毛纺织厂、针织厂(经编厂、纬编厂)、色织厂、绒布厂、丝织厂、纱线厂、毛巾厂、床单厂、袜厂等的染整车间或染整分厂,而不是独立另设印染厂。

3. 按生产规模分类 染整厂的生产规模是以染整产品的年(月)产量来划分的,一般棉型织物印染厂(通常指棉及其混纺机织物印染厂或化纤仿丝绸印染厂)的规模通常以"万米／年(月)"来计,针织厂的生产规模一般以"万件／年(月)"或"吨／年(月)"计;染纱厂的生产规模通常按"万吨(吨)／年(月)"计。按2001年8月建设部勘察设计司《轻纺行业建设项目设计规模划分表》以及《印染厂设计规范》划分的标准,棉型机织物印染厂按规模分为大、中、小三种类型,不同时期对规模大小的划分有不同的界定。一般来讲,年产 8000 万米以上的属于大型印染厂,年产 3000 万～8000 万米的属中型印染厂,年产 3000 万米以下的属于小型印染厂。实践证明,大型印染厂设备比较完善,技术比较先进,劳动生产率高,单位生产消耗低,因此规模效益较高。但大型印染厂存在着建厂周期较长,管理灵活性较差,花色品种不易翻新等弊端。小型印染厂花样翻新快,适于生产譬如超细纤维印染产品、特宽幅装饰布等特色品种,但如果也要配备污水处理、热电厂等,则存在建厂成本高,规模效益低的弊端。随着纺织工业的发展,各地相继建立了工业园区。园区一般具备必要的公用工程配套设施,如集中供水、集中处理工业废水、集中供热、集中供电等。在这样的工业园区,印染厂不需自己建锅炉房、软水站、污水处理站等,因此,印染厂的规模可大可小,不受限制。

三、印染厂生产特点

印染厂一般分为练漂、染色、印花、整装四个主要生产车间。从坯布到印染成品,一般要经过检验、缝头、烧毛、退浆、煮练、漂白、丝光和热定形等前处理,而后进行染色或印花,最后经拉幅、轧光、树脂整理、机械预缩、验码、装潢等后整理加工过程。

印染生产具有以下特点:

(1)印染厂工序多,工艺流程长,设备占地面积大,连续性强,车速快,产量高。

(2)印染厂用水量大,用汽量大,污水排放量多,致使车间温度高,湿度大。

(3)印染厂加工过程中接触酸、碱的机会很多,再加上车间内温湿度高,因而对机器设备、房屋、地面腐蚀严重。

(4)某些工序会产生一些有害气体,污染环境,不利于人体健康。

了解了以上特点,在设计中就要针对这些特点采取适当的措施,作出合理的选择。例如针对印染车间温度高、湿度大的特点,设计时就应考虑冬季需要防滴排雾,夏季需要通风降温。

四、印染厂设计的任务及基本要求

印染厂设计(design for dyeing and finishing plant)是染整工厂建设项目全过程的一个重要环节,是一门涉及科学、技术、经济和方针政策各方面的综合性的应用技术学科。印染厂设计的任务是最终提供一套能够体现国家基本建设方针政策的技术先进、经济合理、安全适用、切实可行、能取得良好经济效益和社会效益的工程设计文件。该文件是安排建设项目和组织施工的主要依据。在建设项目确定以前为项目决策提供依据,在建设项目确定以后为工程建设提供设计图纸。

对印染厂设计工作的基本要求如下。

(1)贯彻执行国家经济建设方针、政策和基本建设程序,严格遵守国土资源、环境保护、安全生产、城市规划等法律法规,严格执行产业政策和行业准入标准,体现提高经济效益和促进科技进步的原则。

（2）设计方案符合以人为本的发展理念，符合多维发展目标的要求，符合可持续发展的原则，包括经济、社会、文化、资源、环境和空间协调与可持续发展。要从全局出发，正确处理工业与农业、环境与生态、远期与近期、技改与新建、生产与生活、质量与效益等各方面的关系。

（3）对生产工艺、主要设备和主体工程要做到先进、适用、经济、可靠。对非生产性的建设，应坚持适用、经济、在可能的条件下注意美观的原则。

（4）要节能降耗。印染工厂是耗能大户，在设计中要选用耗能小、耗水量低的生产工艺和设备，注重废水重复利用，提倡余热利用，重视染料、化工原料的回收和协调使用。

（5）要保护环境，注意清洁生产。印染厂是污染大户，应积极改进工艺和设备，防止车间粉尘、纤毛、毒物、废水、废渣、噪声及其他有害因素对环境的污染。

（6）要注意专业化和协作。应按照专业化和协作的原则进行新厂建设，其辅助生产设施、公用工程设施、运输设施及生活福利设施等要尽可能同邻近地区有关单位紧密协作，减少工程建设量，节约投资。

（7）要节约用地。选择厂址时应注重尽量利用荒地、劣地，不占耕地、良田和经济效益高的土地。总图布置要紧凑合理。

（8）要合理使用劳动力。在设计中要合理选择工艺流程、设备和生产路线，合理组织人流、物流，合理确定生产和非生产定员。

☞ 复习指导

1. 我国印染工业的发展简史。
2. 印染厂的类型及规模划分方法。
3. 印染厂的生产特点。
4. 印染厂设计的目的和基本要求。
5. 本教材所建立的知识框架系统。

☞ 思考题

1. 简述我国印染工业发展历程。
2. 染整厂的类型有哪些？其生产规模如何划分？
3. 为何印染厂设计中需考虑防滴排雾措施？
4. 印染厂设计的最终作品是什么？设计中应注重哪些原则？

参考文献

[1] 周启澄,屠恒贤,程文红. 纺织科技史导论[M]. 上海:东华大学出版社,2003.

[2] 中国印染行业协会.传化第五届全国印染行业新材料新技术新工艺新产品技术交流会论文集[C]. 上海:[出版者不详],2006.

[3] 李瑞恒,崔淑玲. 印染厂设计[M]. 北京:纺织工业出版社,1993.

第一章 设计程序与基本内容

第一节 基本建设程序

基本建设（capital construction）是指企业、事业、行政单位以扩大生产能力或工程效益为目的的新建工程及有关工作。基本建设项目包括以下几个方面。

（1）为经济、科技和社会发展而平地起家的新建项目。

（2）为扩大生产能力或新增效益而增建分厂、主要生产车间、矿井、铁路干支线（包括复线）、码头泊位等改扩建项目。

（3）为改变生产力布局而进行全厂性迁建的项目。

（4）遭受各种灾害，毁坏严重，需要重建整个企、事业的恢复性项目。

（5）行政、企事业单位增建业务用房和职工宿舍等项目。

盖工厂、开矿山、修水利、筑铁路、建电站、建学校、设医院等新建、扩建工程，包括建筑安装工程和机器设备、工具、器具的购置以及与此相连带的工作，都属于基本建设。因此，印染厂的老厂改造、扩建、迁建、新建也都属于基本建设的范畴。

基本建设程序是指基本建设项目从投资决策、设计、施工到竣工验收整个过程中的各个阶段及其先后次序。一个基本建设项目，从计划到建成投产，其程序主要包括确定项目、设计、施工、验收四个阶段。

一、确定项目阶段

本阶段也称为设计前期工作阶段，是基本建设项目的投资决策和规划阶段。这个阶段以确定建设项目为中心，主要进行厂址的选择、项目的可行性研究等工作。

1. 项目审批制度的改革 2004 年 7 月，国家颁布了《国务院关于投资体制改革的决定》，打破了传统计划经济体制下高度集中的投资管理模式，彻底改革了不分投资主体、不分资金来源、不分项目性质，一律按投资规模大小分别由各级政府及有关部门审批的企业投资管理办法，规定除了政府直接投资的项目仍需实行审批制外，对于企业不使用政府投资建设的项目，一律不再实行审批制，区别不同情况实行核准制和备案制。其中，政府仅对重大项目和限制类项目从维护社会公共利益角度实行核准制；其他项目无论规模大小，均改为备案制。

根据《国务院关于投资体制改革的决定》精神，审批制度改革后的基本建设项目的确定可分为以下三种情况。

（1）对需要实行审批制的基本建设项目（通常是政府投资的主要用于关系国家安全和市场

不能有效配置资源的经济和社会领域,包括加强公益性和公共基础设施建设、保护和改善生态环境、促进欠发达地区的经济和社会发展、推进科技进步和高新技术产业化等的项目),必须经过五道审批手续,即:项目建议书、可行性研究报告(含招标方案核准)、初步设计、年度投资计划和开工报告。

(2)对于企业投资建设实行核准制的基本建设项目[指那些属于《政府核准的投资项目目录(2004年本)》(以下简称《目录》)的重大项目和限制类项目,包括农林水利、能源、交通运输、信息产业、原材料、机械制造、轻工烟草、高新技术、城建、社会事业、金融、外商投资、境外投资等十三个领域中的基本建设项目[1]],企业仅需向政府提交项目申请报告,不再经过批准项目建议书、可行性研究报告和开工报告的程序。

(3)对于实行备案制的企业投资项目(指那些属于《目录》以外的基本建设项目),由企业按照属地原则向地方政府投资主管部门登记备案。项目的市场前景、经济效益、资金来源和产品技术方案等均由企业自主决策、自担风险,并依法办理环境保护、土地使用、资源利用、安全生产、城市规划等许可手续和减免税确认手续。对于企业使用政府补助、转贷、贴息投资建设的项目,政府只审批资金申请报告。

包括印染厂在内的大多数企业的新建、扩建、改造项目,只要不使用政府投资建设,一般都属于实行备案制的项目,但如果该项目是外商投资或境外投资,且投资在一定数额之上,则应经政府实行核准制。

2. 项目申请报告的编写 项目审批制度的改革对基本建设项目产生的影响是全方位、多层次的,其中一个新的要求就是纳入《目录》范围的企业投资项目需要编写项目申请报告。根据中华人民共和国国家发展和改革委员会颁布的《企业投资项目核准暂行办法》,项目申请报告应该包括以下六个方面的内容[2]。

(1)项目申请单位情况。

(2)拟建项目情况。

(3)建设用地与相关规划。

(4)资源利用及能源耗用分析。

(5)生态环境影响分析。

(6)经济和社会效果分析。

3. 可行性研究报告的编写 对于一个理性的企业投资主体,在进行投资决策之前,首先应从企业自身角度进行详细的可行性研究(feasibility study),并编写出可行性研究报告。可行性研究报告与项目申请报告是两个完全不同性质的文件。可行性研究报告主要从企业内部角度对项目的厂址选择、产品方案、工程技术方案、设备选型、投资估算、市场前景、财务分析、企业投资风险分析等方面进行研究,回答企业自身所关心的问题;项目申请报告是从维护国家经济和产业安全、合理开发利用资源、保护生态环境、优化重大布局、保障公众利益、防止出现垄断等方面进行论证,回答政府所关心的问题。可行性研究报告用于企业内部的投资决策,对企业内部股东及董事会负责,遵循企业内部管理规定及法人治理机构的约束;项目申请报告的编写和报送具有政府行政的强制力约束,是企业必须履行的社会义务,受国家有关法律法规的制约。可行性研究报告的编写应先于项目申请报告,项目获得企业内部决策机构——董事会批准后,应在可行性研究报告的基础上编写项目申请报告,申请政府部门的行政许可。

因此,无论采取哪种投资管理制度,都离不开可行性研究报告的编写。设计单位通常要参与编写可行性研究报告。可行性研究报告一般应包括下列内容[3]。

(1)总论:内容主要包括项目名称、承办单位概况、可行性研究报告的编制依据、项目提出的理由与过程、项目拟建地点、建设规模与目标、主要建设条件、项目投入总资金及效益情况、主要技术经济指标、问题与建议。

(2)市场预测:主要包括产品市场供应现状及预测、产品市场需求现状及预测、产品目标市场分析、价格现状与预测、产品市场竞争优势与劣势。

(3)建设规模与产品方案:建设规模方案比选、推荐方案及其理由;产品方案构成、比选、推荐方案及其理由。

(4)场址选择:场址所在位置现状、场址建设条件(包括场址自然条件和技术经济条件)、场址条件比选。

(5)技术方案、设备方案:技术方案包括生产方法、工艺流程、工艺技术来源、推荐方案的主要工艺流程图、物料消耗定额表;设备方案包括主要设备选型及来源、推荐方案的主要设备清单。

(6)主要原材料、燃料供应:包括主要原材料、辅助材料、燃料的品种、质量、年需要量、来源与运输方式、价格现状及其预测。

(7)总图运输与公用辅助工程:包括总图布置基本概况;场内外运输量及运输方式、运输设施及设备情况;给排水工程、供电工程、通信设施、供热设施、空压及制冷设施、维修设施及仓储设施概况。

(8)节能措施:拟采用的节能措施及能耗指标分析。

(9)节水措施:拟采用的节水措施及水耗指标分析。

(10)环境影响评价:包括场址环境条件、项目建设和生产对环境的影响、环境保护措施方案、环境保护投资、环境影响评价。

(11)劳动安全卫生与消防:包括有毒有害物品以及危险性作业的危害程度、安全措施方案、消防设施等。

(12)组织机构与人力资源配置:组织机构包括项目法人组建方案、管理机构组织方案和体系图、机构适应性分析;人力资源配置包括生产作业班次、劳动定员数量及技能素质要求、职工工资福利、劳动生产率水平分析、员工来源及招聘方案、员工培训计划等内容。

(13)项目实施进度:建设工期、项目实施进度安排、项目实施进度表(横线表)。

(14)投资估算。

(15)融资方案。

(16)财务评价。

(17)国民经济评价。

(18)社会评价。

（19）风险分析。

（20）研究结论与建议：包括推荐方案的总体描述及优缺点描述、主要对比方案及未被采纳的理由、结论与建议。

（21）附图、附表、附件。

4. 厂址选择要求　厂址选择是在拟建某一地区、地点的范围内，按照建厂基本条件的要求，进行充分地调查研究，进行多方案分析比较，具体确定工厂的建设位置的过程。厂址选择是拟建项目前期工程的重要环节。厂址选择是否合理适当，关系到工业布局、环境保护、社会关系等诸多方面，还直接影响建设进度、投资费用、产品成本和经济效益。

为了加强土地调控，从严控制新增建设用地规模，国土资源部 2006 年 9 月和 11 月下发通知[4,5]，对建设用地审批程序提出了更加严格的要求，规定从 2007 年 1 月 1 日起，中国新增建设用地土地有偿使用费标准将提高一倍。因此，厂址选择必须从各方面通盘考虑，慎重确定最佳厂址。对于新建印染厂，除了注重节约用地、符合城市规划、注意环境保护等一般性原则之外，还应结合印染厂生产的特殊要求进行厂址的选择。具体来讲，选择印染厂厂址应注意以下几点。

（1）要靠近纺织工业基地。印染行业是纺织工业的后加工整理行业，大量的坯布需要纺织厂供应，所以新建印染厂要靠近纺织工业基地，最好选择在城市现有或规划中的纺织工业区内，这样坯布可就近供应，避免长途运输，有利于产品质量的稳定和降低成本。

（2）要有充沛的水源和符合一定要求的水质。印染行业是纺织工业的用水大户，印染用水对水质也有要求，选址时要把水源和水质作为重要条件之一。

（3）要有一定的外部协作条件。印染生产耗用较多的能源和染化料。邻近厂区最好要有热电厂和煤气厂，有酸碱等基本化工原料供应，有能使用印染厂丝光淡碱液的工厂（如造纸厂等）。

（4）要有进行污水处理的条件。印染生产排出的污水，含有大量的有机物，碱性强、色度高，不能直接排放。在选址时一定要考虑有安排污水处理的场地和设施。目前一个新的理念是将印染厂落户到工业园区，园区内可将不同性质的工业废水集中处理，达标之后集中排放或回收利用，各企业定期向污水处理厂交纳一定的费用，如此可大大减轻企业污水处理的负担。

5. 环境评估要求　环境影响评估（environmental impact assessment）简称"环评"，是控制环境污染、防止生态破坏的有效手段。2002 年我国出台了《清洁生产促进法》和《环境影响评价法》两部法律，从根本上改变了中国传统的环保模式，即从末端治理和事后管理转变为全程控制。《清洁生产促进法》要求对生产设计、能源与原材料选用、工艺技术与设备维护、废物回收利用等各个生产环节实行全过程控制，以减少污染的产生；《环境影响评价法》要求国务院有关部门、设区的市级以上地方政府及其有关部门对建设项目都应当进行环境影响评估。

首先，建设单位应委托具有环境影响评价资格的单位开展建设项目的环境影响评价工作，根据建设项目的规模、性质和对环境的影响程度等要素，确定建设项目环境影响评价等级（环境影响报告书、环境影响报告表、环境影响登记表）。环境影响报告书（表）编制完成后，建设单位应当委托相应级别的环境影响评估机构对环境影响报告书（表）进行技术评估。评估机构的资质由相应级别的环境保护行政主管部门认可。评估机构形成技术评估报告,并对结论负责。技术评估报告是环境保护行政主管部门进行行政审批的技术依据;之后,建设单位必须将环境影响评价大纲、环境影响报告书(表)及技术评估报告、环境影响登记表和可行性研究报告文本、环境影响报告书(表)审批申请报告向环保行政主管部门报批;最后,环保行政主管部门在收到环境影响评价大纲、环境影响报告书(表)、环境影响登记表后,进行审批。如果环境影响评估不合格,环保部门有权拒绝该建设项目的上马,即所谓"环评一票否决制"。

印染生产用水量大,每千米印染布约耗水 20 ~ 25t。在印染加工过程中,大量使用染料、化工原料、各类助剂等,其中绝大部分都随着加工残液排放于污水中,故印染行业属于严重水污染的行业之一。因此,印染厂所在地区环境现状、新建印染厂可能造成的水环境影响以及设计采用的污水治理措施就成为印染厂环境评估的焦点。

为了预防、减缓建设项目可能对环境产生的影响,自 1996 年起,《中华人民共和国环境保护法》、《中华人民共和国水污染防治法》、《中华人民共和国大气污染防治法》、《中华人民共和国固体废物污染环境防治法》、《中华人民共和国环境噪声污染防治法》、国务院《建设项目环境保护管理条例》、国家环境保护总局《建设项目环境保护分类管理名录》等一系列法律陆续出台。在纺织印染行业中,我国有关执法部门加强了印染厂和染料厂废水的执法管理,大量中小型印染及染料企业因污染问题被迫关闭。同时,ISO 14000 环境标准的实施也对纺织印染企业,尤其是出口型纺织印染企业采用环境无害化技术产生了推动力。随着人们环保意识的加强及国际环保标准以及纺织生态标准的推广,国际市场未来对纺织品质量标准将提出更高的要求,环保标准成为监管和规范进口纺织品的手段,也成为阻碍我国纺织品出口的"绿色壁垒"。印染工艺清洁生产和三废治理成为保证最终产品环保性的关键。

二、设计阶段

基本建设项目确定之后,设计前期工作阶段便告完成,可正式进入设计阶段。印染厂的设计程序一般采用两段设计,即初步设计和施工图设计。初步设计(initial design)的任务是确定设计原则、设计方案和主要技术经济指标,编制设计文字说明、图纸和概算。初步设计一经确定,便可进入施工图设计(detail design)。工艺设计首先根据初步设计的规模、产品方案、工作制度等,分别向各专业提供有关数据和资料(包括车间设备平面排列图),在此基础上,各专业根据染整工艺专业提供的初步资料以及各专业相互之间提供的资料,并根据印染厂设计规范标准以及当地有关部门的要求等进行施工图设计。施工图设计是各专业相互配合、协调、共同努力完成的结果。将初步设计和施工图设计的内容以文字和图纸的形式表现出来就成为设计文件,这是设计工作的最终成品,也是企业计划安排、设备材料购置、建筑施工、设备安装、竣工验收等一系列程序的依据。

三、施工阶段

根据初步设计文件和基建计划,建设单位即可提出物资申请计划,设备订货,办理征地及拆迁手续,组织施工力量,落实"七通一平"[6](指路通、上下水通、电通、通信通、煤气通、热力通和场地平整)等施工准备工作。施工前做好施工图的回审、技术交底工作。施工要做到计划、设计、施工三个环节互相衔接,投资、工程进度、施工图纸、设备材料和施工力量等必须落实,精心组织施工,保证按期完成建设计划。

四、验收阶段

在项目竣工之前,建设单位应及时做好生产准备工作,保证竣工后便可立即投入试生产。生产准备的内容有:招收和培训必要的生产人员;落实原材料、染化料、燃料、水、电、汽等供应;进行设备安装、调试和工程验收;组织生产机构,制定管理制度,为转入正式生产做好一切必要的准备工作。

竣工验收既是对施工质量的考核,又是对设计质量的检验,是完成建设项目全过程的一个非常重要的环节。经试生产运转,生产出合格的染整产品,生产、生活以及环保设施符合设计要求,有关技术经济指标达到项目可行性研究报告要求,项目方可视为建成。验收完成后即可正式交付生产。

从基本建设程序可知,设计与基本建设程序有着密切的关系,是基本建设程序的组成部分,并贯穿于基本建设过程的始终。在确定项目阶段,设计单位参与进行可行性研究、厂址选择,并从中搜集项目计划所需要的基础资料;在编制设计和工程准备阶段,负责编制初步设计和总概算,并在初步设计的基础上编制施工图和预算;在施工安装阶段,设计单位负责交待设计意图,解释设计文件,还应根据工作需要派出工地设计代表,负责解决施工中设计文件出现的问题;在竣工验收交付生产阶段,参加工程项目试生产、竣工验收,进行回访、总结。

第二节　设计依据和基础资料

设计工作的依据主要是基本建设项目确定阶段所形成的项目可行性研究报告以及有关批文和协议。设计单位应按可行性研究报告及其有关批文进行初步设计,按初步设计进行施工图设计。此外,项目拟建地点的基础资料也是设计的依据和出发点。设计基础资料主要包括厂址自然条件和技术经济条件资料[7]。

一、厂址自然条件资料

1. 地理资料

(1)厂址所在地的名称,距城市中心距离、经纬度位置。

(2)厂址周围情况,与城镇居民区、工商业区的关系等。

2. 地形资料

(1)附有等高线及坐标网的区域位置地形图(比例尺为1:5000~1:10000),海拔标高及坐标网的测量系统和依据。

（2）附有等高线及坐标网的厂址的地形图（比例尺为1:500或1:1000,1:2000）。

（3）附有等高线及坐标网的厂外工程（铁路接轨点及厂外铁路线、厂外道路、水源地及其至厂区输水管道、污水排出处）及其至厂区排水管道、供电线路、供热管架等经过地带的地形图，地带宽度均为40~100m（比例尺为1:500或1:1000）。

（4）厂址地势情况。厂址现有建、构筑物情况,拆迁工程量及安排。

3.地质资料

（1）地质的构造、地层、岩石的成因及其地质年代。

（2）岩石的稳定性,有无滑坡、崩裂、陷落、熔岩、断层、暗河及地下有无古墓或矿藏等现象。

（3）土壤的特性、物理性能分析及耐压力等。

（4）地下水的深度、流向和水位变化,对基础有无侵蚀性等。

4.地震资料 历史上的地震等级、震速、震源等。

5.水文资料

（1）厂址附近的最高洪水位、最低枯水位及其发生时间,洪水来源及其淹没区域,现有防洪措施。

（2）厂址场地地面自然排水情况,有无积水现象。

（3）厂址附近河流水文资料,如流域系统、流域面积、流量、水位、水质、水温、河床断面、河岸变迁、洪泛情况、冰冻期及上下游的工业、农业和居民饮用水的情况等。

（4）厂址附近有无深井水源,现有水井或钻孔的位置、标高、水文地质剖面图及用水量,静止水位标高,蓄水层的特征和水量、水流方向、水温、水质分析,水井或钻孔的影响半径和渗透系数。

6.气象资料

（1）气温和湿度:多年平均温湿度及最高、最低温湿度。

（2）降雨量:多年平均及最大、最小降雨量,24h、1h、10min最大强度降雨量,一次暴雨持续时间及最大降雨量,雨季时间,当地采用的雨量计算公式。

（3）雪:年平均积雪厚度及最大积雪厚度基本雪载。

（4）风:年、季、月的平均及最大风速,全年及夏季的风向和频率（附风玫瑰图）。

（5）气压:年平均、绝对最高、绝对最低气压,历年最热三个月气压的平均值。

（6）云雾及日照:全年晴天、阴天及雾天日数,年蒸发量。

（7）雷击:年平均雷暴日,雷暴活动及雪暴频率。

（8）其他:土壤冻结最大深度、土壤温度、冰冻及解冻时间、风沙、滨海盐雾等。

二、技术经济条件资料

1.坯布来源 坯布种类、名称、规格、产地、现有数量及发展规划、包装形式、价格、运输方式与距离等。

2.成品销售 产品种类、名称、规格、数量、销售数量、市场条件、包装形式、价格、运输方式与距离等。

3. 材料供应 建厂期间需要的主要建筑材料(包括地方建筑材料)的种类、名称、规格、质量、数量、来源、价格、运输方式与距离,投产后所需主要染化料如烧碱、硫酸、次氯酸钠或液氯、双氧水、染料、助剂等供应来源、数量、规格、包装形式、价格、运输方式与距离等。

4. 给水排水 有关地面水和地下水的要求见自然条件中的水文资料。

(1)若由城市上水系统供水时,要取得城市上水管网布置资料,连结点的管径、坐标、标高及其保证压力,水的物理、化学和细菌分析化验资料,全年水温、供水制度和水价,并取得有关部门的协议文件。

(2)若排水排入城市容水体时,要了解容水体的能力,说明将污水排入的适合性,取得卫生检查机关对污水处理构筑物的位置、排入污水的地点和处理程度的意见,当地利用污水作为农业灌溉和其他用途的情况。

(3)若排水排入城市下水道时,要取得下水道的联结点及连接条件等协议文件,连接点的管径、管材、坐标、管底标高,干管充满度及其坡度,下水道及连接井的纵剖面图等资料。

5. 供电 电源位置与建厂地址的距离、电源特征、容量、输电线路、供电条件、设计分界点、计费方式和电价、供电部门的协议文件。

6. 电信 厂区附近已有电话、电报、转播站、各种信号设备的情况及利用已有设备的可能性,线路敷设方式,电话系统的形式,电信部门的协议文件。

7. 动力供应

(1)厂区附近可能供给的热源及其热媒参数、热量、接管点的坐标、标高、管径及其至工厂的距离、计量方式、热力供应价格,取得供热部门的协议文件。

(2)厂区附近可能供给煤气的数量、压力、发热量及其化学分析资料,接管点的坐标、标高、管径及其至工厂的距离,计量方式,煤气供应价格,取得煤气供应部门的协议文件。

(3)若要自备锅炉房、煤气站或燃煤热载体加热炉房时,要取得煤的来源、规格、价格及运输条件等资料。

8. 交通运输

(1)铁路:附近的铁路线、车站(或工业编组站)的特征及至厂区的距离,车站机务设施、运输组织、通讯信号和养护分工等情况,接受本厂运输后,是否将引起车站的改建或扩建,可能接轨地点的坐标和标高(所属系统和换算方法),铁路管理部门对设计路线的技术条件(允许最小的曲线半径、限制坡度和限制型号等)的规定及协议文件。

(2)公路:邻近公路的情况,工厂运输所经公路的等级、路面宽度、路面结构、主要技术条件、桥涵等级、隧道大小、公路的泥泞期和停车期、公路的发展及改建计划、公路可能接线地点的坐标和标高、至工厂的距离、公路平面及纵断面图,当地公路的运输能力及运价。

(3)水运:当地通航河流系统、通航里程、航运条件、航运价格、通航时间、航运发展计划、通航的最大船只吨位及吃水深度,利用现有码头的可能性或建设专用码头的地点和情况。

9. 环境保护 厂区附近的环境,影响工厂环境的污染物的种类、数量、毒害程度,目前处理情况及达到的排放指标,环境影响评估机构的技术评估报告及当地主管部门对环境保护、工业卫生、三废治理和绿化的要求等。

10. 施工条件 当地施工力量的人员配备、建筑机械数量和最大起重能力、预制构件和预应力构件的制作能力,施工运输条件和运价,劳动力的来源、人数及其生活安排,施工用水、电的供应条件,当地砖、瓦、沙、石、石灰、混凝土制品和地方其他建筑材料的生产、供应情况,产地至工厂的距离,运输条件和材料价格等。

11. 邻近地区情况

(1)邻近居民点:居民点的位置、现有居住定额、人口和主要职业,当地居民参加工厂建设和生产的可能性及条件。

(2)市政建设:当地的公共交通、卫生医疗、文化娱乐、福利设施等市政建设情况及其发展远景。

(3)邻近工业企业:邻近企业的生产规模、产品性质、发展远景,与本厂在生产、生活等方面协作的可能性,邻近企业的卫生等级,对本厂建设和生产的影响。

(4)当地农业生产:农作制度、作物种类、作物特征及需要水量,现有水利条件、灌溉设备、灌溉季节及用水量等。

第三节 印染厂设计的基本内容

设计工作是工程建设中的首要环节,被誉为整个工程的"灵魂"。设计决定着企业的产品品种、质量、数量、消耗、安全、环境保护及经济效益;设计决定工程建设项目工程量的大小、施工方法的难易、设备材料的优劣、施工技术的高低;通过设计可把科研成果转化为生产力;通过设计可将国外的先进技术消化移植到生产实际中。因此,设计工作在企业建设中起着的决定性作用。

对于大中型印染厂建设项目,一般采用两段设计,即初步设计和施工图设计;对规模小、品种不复杂、采用的技术较成熟且没有特殊要求的工程,在具有一定设计经验的情况下,可以先做方案设计,然后即进行施工图设计。

一、初步设计

初步设计方案和指标既要具备技术上的先进性,经济上的合理性,又要具备现实条件下切实贯彻的可能性。印染厂初步设计内容一般按以下几个部分进行编制[8]。

1. 总论 概述设计依据、设计指导思想,论证设计方案的先进性和合理性,进行总体布置。

2. 工艺设计 根据确定的生产规模、产品方案要求,进行生产工艺流程的制定,机器设备的选型和配置,车间布置与机器排列,车间内部运输及生产附属设备的布置,劳动定员的计算等。

3. 土建设计 根据厂址的地形特点及地质条件,建筑材料施工技术力量等因素,确定生产厂房的建筑和结构形式以及工程做法。根据设计规定,计算各类建筑面积。确定总体布置和主厂房平面布置。布置附属房屋,确定各类建筑物的形式和位置。计算建筑材料的用量等。

4. 供电设计　根据建设地区供电情况和建设项目的负荷要求,确定工厂的供电方式。设计变配电系统,合理布置配电室的位置。提出主要设备选型以及设备清单、照明标准、弱电和通信系统的要求,提出主要设备的选型、数量和主要材料数量。

5. 给水排水设计　设计生产、空调、消防、生活用水的供应系统及生产污水、生产废水、生活污水的排放系统。确定给水资源、水量、配水情况以及生产污水处理和水的综合利用。

6. 暖通设计　确定车间的供热、通风、采暖、除尘设计系统,配置相应的设备,合理布置空调系统和除尘设施,提出相应的设备和主要材料。

7. 生产辅助设施　生产辅助设施的设计包括锅炉房、煤气站、机修间、仓库等设计。

8. 职工定员　确定生产管理机构、生产车间、辅助部门和生活福利部门各类职工的定员人数。

9. 概算　概算包括概算编制说明、总概算、综合概算和单位工程概算。概算内容包括建筑安装工程,储备、工具、器具的购置,以及土地征购、拆迁补偿、职工培训、建筑单位管理费及试验费等。

10. 技术经济指标　初步设计中列出建设项目的主要技术经济指标,包括生产规模,产品方案,年工作日,水、电、汽等动力消耗,全厂定员,厂房建筑面积(包括主车间及附房)和占地面积,建筑系数及土地利用系数,全年运输量(运出、运进),总产值及劳动生产率,总投资及投资指标,产品生产成本,企业利润和税金,投资回收期,主要基建材料(钢材、木材、水泥)用量,三废排出量等。

二、施工图设计

施工图设计包括建筑、结构及施工安装等所用的全部图纸及施工方法的说明,生产设备安装,空调、电气、蒸汽、给排水设备安装及管线布置图,生产辅助设备及附属房屋内部的布置图等。施工图标出各种构件及其装配所需的详细尺寸、数量、使用的材料及施工安装的方法等。

施工图设计的内容应根据初步设计进行编制,其深度应能满足设备材料的安装和非标准设备的制作、施工图预算的编制和土建施工安装工程的要求。

☞ 复习指导

1. 基本建设的概念、范畴和程序。

2. 设计与基本建设程序各阶段之间的关系。

3. 基本建设项目审批制度的几种形式及适用范围。

4. 可行性研究报告的主要内容。

5. 设计基础资料的内容。

6. 初步设计和施工图设计的区别与联系。

☞ 思考题

1. 什么是基本建设？在正常生产的印染厂厂房内新上一条生产线是否属于基本建设范畴？

2. 基本建设主要包括哪几个阶段？设计在这几个阶段中起什么作用？

3. 有几种基本建设项目审批制度？各自适用于哪些基建项目？若在国内某地新建一个民营印染厂，需经过哪种审批制度？

4. 项目申请报告与可行性研究报告有什么区别？可行性研究报告主要包括哪些内容？

5. 印染厂厂址选择应注意些什么？

6. 为什么要进行环境评估？

7. 设计时应搜集哪些基础资料？

8. 初步设计与施工图设计的关系及其主要内容是什么？

参考文献

[1] 中华人民共和国国家发展和改革委员会.政府核准的投资项目目录(2004年本) [J/OL]. [2004 – 07 – 26] http://www.china.com.cn/chinese/PI - c/619132.htm.

[2] 中华人民共和国国家发展和改革委员会.企业投资项目核准暂行办法[J/OL]. [2004 – 09 – 15] http://tzs.ndrc.gov.cn/xkxmql/xkxmyj/t20050725_78924.htm.

[3] 《投资项目可行性研究指南》编写组.投资项目可行性研究指南[M].北京:中国电力出版社,2002.

[4] 国务院关于加强土地调控有关问题的通知[J/OL]. http:// www.chinanews.com.cn / estate/zcfg/news/2006/09 – 26/796474.shtml.

[5] 关于调整新增建设用地土地有偿使用费政策等问题的通知[J/OL]. http:// news. xinhuanet.com/politics/2006 – 11/20/content_5354058.htm.

[6] 房地产开发法律制度[J/OL]. http:// course.shufe.edu.cn /course /jjfgl /yxs/ 102.htm.

[7] 上海印染工业行业协会,《印染手册》(第二版)编修委员会.印染手册(第二版)[M]. 北京:中国纺织出版社,2003.

[8] 《印染工厂设计》编写组.印染工厂设计[M].北京:纺织工业出版社,1988.

第二章　印染厂工艺设计

印染厂工艺设计(technical design)是印染厂设计的核心,是其他各专业设计的依据。印染厂工艺设计通常由染整工艺专业的设计人员来完成,其设计内容主要包括以下几个部分。

(1)生产规模、工作制度和产品方案的确定。

(2)工艺流程的确定。

(3)印染设备的选型、配置。

(4)印染设备的工艺平面排列。

(5)劳动定员的计算。

(6)工艺附房设计及计算。

(7)生产用水、蒸汽、高温热源、压缩空气、染化料用量计算。

(8)碱回收站设计。

(9)工艺管路设计。

工艺设计通常为其他专业设计提供基础数据和要求,但如果其他专业根据其本专业的特点,要求工艺设计做合理的、局部的变动,工艺专业也应适当调整。

工艺设计是否成熟、先进、合理,是否环保、节能,对工厂投产后能否确保生产顺利进行、能否取得预期的经济效益至关重要。因此,工艺设计必须反复斟酌,多方案比较,最后选用最佳方案。

第一节　产品方案的确定

一、产品方案确定的原则

印染厂的产品是经过染整加工处理后的各种织物。产品方案(product scheme)是指产品的种类以及生产各类产品的比例。产品方案是否恰当,关系到产品在市场上能否适销对路,有无竞争力,企业能否顺利发展,因此确定产品方案应十分慎重。产品方案的确定主要应从以下几个方面考虑。

1. 市场需求　调查内销和外销市场近年来印染产品销售情况,预测市场需求趋势,选择有竞争力的产品品种。

2. 坯布来源　产品品种要与纺织厂供应本厂所需原布品种、组织规格相适应,并考虑到坯布来源能否长期得到保证。有条件的宜建立纺织、印染、服装一条龙的协作生产体系,解决原布供应和部分印染产品的销售。

3. 设备的生产能力　产品比例大体上要与印染设备的生产能力相适应,使设备的负荷率恰当合理,并要注意使各类设备的负荷率取得平衡。印染设备的生产能力一般都较大,一条前处理连续生产线的年产量约为1500万米,生产规模过小,不仅造成设备长期闲置,在厂房建筑和各种附属设备方面也将造成浪费。因此,在产品方案最后敲定之前,必须在这方面进行反复斟酌平衡。

4. 产品品种的多少 从生产管理方面考虑,产品品种越少越容易管理,有利于专业化生产,产量高,质量稳定,成本低。但从现实市场形势变化快、需求多样化来看,生产的花色品种越多,应变能力越强,销路就越广,经济效益也就越高。所以,新建厂生产品种的多少,应该根据建厂地区的具体情况而定。若当地生产厂家较多,有条件进行专业化生产,则宜选择具有特色的少数品种进行专业化生产;反之,若当地印染工厂较少,产品销售区域较大,市场又需要供应较多品种时,则产品品种可以适当多一些。在研究产品方案时,需要注意印染工厂多品种、小批量生产的发展趋势。

5. 印染科技发展动态 应考虑印染、化纤、纺织高新技术发展动态,根据所建工厂条件选用先进而成熟的新技术,生产有较强竞争力的高档新产品。

6. 建厂地区其他印染厂的生产能力和产品品种 若本地区已有或将建生产类似产品的其他印染厂,则还需要考虑这些厂的生产品种和生产能力,以免本厂生产的产品不能畅销,避免生产的产品重复和过剩。

印染厂的建设规模、产品方案以及主要设备在项目可行性研究时已经初步确定,工艺设计需在此基础上进一步深化、细化。其中,首先要选择具体的原布品种及其规格,计算各品种加工种类分配数量,确定产品质量指标,从而为下一步设计工作打下基础。

二、原布品种及其规格的选择

(一)原布品种的选择

1. 分类 原布也称坯布,是印染加工的基本原料。印染厂织物按不同的划分方法则有不同的种类:按织物纤维组成可分为纯天然纤维及其混纺或交织织物、纯化学纤维及其混纺或交织织物;按织物组织可分为平纹织物、斜纹织物以及缎纹织物;按加工方式可分为漂白织物、染色织物、印花织物和色织后整理织物;按织物的用途可分为服装面料(衣着用)、家纺布(室内装饰用)和产业用布(工业用)。

近些年来,中国面料的品种、品质、档次均发生了翻天覆地的变化,一批批新型纤维面料不断涌现,如天丝、彩棉、竹纤维、大豆蛋白纤维、牛奶丝、甲壳素纤维、莫代尔、莱卡、酷帛丝[1](Coolmax,一种新型的具有吸湿排汗功能的聚酯纤维)、PTT(聚对苯二甲酸二丙酯)、玉米纤维(聚乳酸)等,有些常规面料的品质与质量接近甚至领先于世界先进水平。

2. 发展特点 当前国内纺织面料发展特点主要有以下几个方面[2]。

(1)原料多元化:一方面表现在传统纤维的组合搭配上,采用不同性能的纤维,生产不同品质、色彩、纹理、风格的面料;另一方面是新纤维与传统纤维的混纤、混纺、复合、合股或纯纺,赋予织物新的外观与内在品质。

(2)产品结构形态多样化:各种花式纱线广泛应用,使织物产生不同表面效果,增加立体感。多层组织结构是纺织面料的流行趋势。

（3）产品功能化:纺织面料已不仅仅满足于手感、外观等感官的舒适性,更注重功能性产品的开发。功能性纺织品进一步向大众化服装面料领域拓展,成为面料开发的重中之重。

（4）生产技术复合化:为了获得性能优化、外观特殊的产品,通常采用多种技术的复合。

（5）产品开发绿色化:一是服装面料在穿着和使用过程中不对人体产生有害影响;二是服装加工生产过程不对环境和能源消耗产生有害影响;三是废弃纺织品能够被降解,可回收循环使用,并且不对环境造成再污染。

3. 品种及用途 选择原布品种时,纤维的组成不同,会大大影响产品的质地和风格。例如:粘胶织物吸汗透气,穿着舒适,但尺寸稳定性较差;纯涤纶织物易洗快干,抗皱免烫,但易起静电和起毛起球。涤麻混纺织物既有涤的手感,又有麻的风格,当织物含麻量大时,挺括粗犷,当织物含麻量小时,则有轻盈飘逸的丝绸风格。纤维的组成还会直接影响后续设计中工艺和设备的选择。例如:涤纶织物就需要高温设备与之配套,弹力织物需配备短流程松式加工设备,粘胶纤维织物需松式加工并配备树脂整理设备,涤纶仿真丝绸品种需配套碱减量设备等。

选择原布品种时,原布的组织结构不同,也会使织物具有不同的外观风格和服用性能[3],因而适合于不同的用途。常见棉型机织物的种类、组织结构、布面风格及主要用途见表2－1。

表2－1 棉型机织物品种及其布面风格

织物种类	织物组织	布面风格及主要用途
平纹布	$\frac{1}{1}$ 平纹组织	采用的纱线线密度范围广,交织点最多,布面结实平整,分为粗布（>32tex）、平布（19.5～31tex）、细布（<19.5tex）。是市场销售的大路品种
府绸	$\frac{1}{1}$ 平纹组织	高经密,低纬密,布面有明显匀称的菱形颗粒（府绸效应）,分纱府绸、半线府绸、全线府绸三种。质地坚牢紧密,手感柔软,是比较理想的衬衫衣料
斜纹布	$\frac{2}{1}$ 斜纹组织	正面斜纹线条较为明显,反面斜纹线条模糊不清。布面紧密厚实,手感松软,属于中低档品种,主要用作鞋里布、台布、被单等
哔叽	$\frac{2}{2}$ 斜纹组织	正反面斜纹线条明显,纹路较宽,斜纹倾角大致成45°。有纱哔叽、半线哔叽和全线哔叽。布面较斜纹布厚实,可用作童装衣料、被单布等
卡其	$\frac{2}{2}$ 斜纹组织	经向密度大,纹路较窄。布身挺括,饱满厚实,但由于经纱密度大,故在衣服领口、袖口、裤脚口处易于磨损折裂。分纱卡其、半线卡其和全线卡其。以染色成品为主,有深色,也有漂白。适宜用作外衣裤和大衣面料,高支纱的线卡也可制作衬衫
华达呢	$\frac{2}{2}$ 斜纹组织	经向密度较哔叽紧密而较卡其稀;斜纹线条之间的间距较卡其宽而较哔叽窄;挺括程度较哔叽大而较卡其差。斜纹纹路为60°左右,质地厚实而不硬,耐磨而不易折裂。以染色、漂白品种为主,用途与卡其相同
贡缎	$\frac{3}{1}$ $\frac{4}{1}$ 缎纹组织	分直贡（正面主要由经纱形成）和横贡（正面主要由纬纱形成）,组织紧密,质地柔软,布面平滑,且富有光泽。经特殊加工整理（如树脂防皱防缩、电光、轧光等）后,更具有鲜艳夺目的色彩和良好的手感。适宜用作被面和内衣、外衣、鞋面料,以及用作装饰品和工业用布
麻纱	$\frac{2}{1}$ 平纹变化组织	经纱捻度较大,布面呈现宽窄不同的条纹,布面光洁,质地爽滑透凉,具有麻织物的风格。有漂白、染色和印花等品种

以涤纶仿真丝绸产品为代表的化纤仿天然丝织物,由于既有真丝滑爽飘逸、光泽优雅的优点,又有合纤特有的风格、色彩和功能,因而在国内纺织品市场上占据着相当大的份额,成为夏秋季节外衣和内衣衣料、裤料、裙料、里子绸、纱巾以及窗帘、门帘、浴帘、靠垫、沙发椅等家用纺织品的首选面料。

一般把以涤纶长丝为原料织成的并经过碱减量加工和其他相应处理的丝织物称为涤纶仿真丝绸织物。用于织造涤纶仿真丝绸的主要原料有普通涤纶丝、异形截面涤纶丝、细旦或超细旦涤纶丝,还有复合涤纶丝、中空涤纶丝、涤纶加工丝和涤纶花色丝等。

丝织物(俗称丝绸)品种较多,其服用性能和外观在相当程度上取决于织物的组织。涤纶仿真丝绸一般采用平纹组织、缎纹组织和绉组织三种,而以平纹组织为主。表2-2列举了常用的13种丝织物的组织结构及其产品风格特征和主要用途。

表2-2 丝织物的组织结构、风格特征及主要用途

顺序	类别	产品风格特征及主要用途	织物组织
1	纺	经纬一般不加捻,绸面平整,质地较绸类轻薄。宜作衬衫、裙子、睡衣、床罩	平纹组织
2	绉	运用加捻,表面呈现绉纹效应,质地轻薄且具有一定的弹性。宜作裤料、裙料	平纹组织
3	缎	表面平滑圆整,富有光泽,质地柔软。适合被面、枕头、锦旗、幕帘、戏剧服装、高档服装衬里、妇女儿童服装面料	缎纹组织
4	绫	外观具有明显斜向纹路,质地较轻薄	斜纹或斜纹变化组织
5	纱	具有纱孔,织物透明轻薄,并具有细微的绉纹。用作头纱、围巾、装饰面料	全部或部分采用经纱扭转形成孔眼,平纹组织
6	罗	具有纵罗纹或横罗纹,绸身紧密结实,经洗耐穿。宜作夏季衬衫和蚊帐	全部或部分采用罗纹组织
7	绒	具有全部或局部明显绒毛或绒圈,宜作女士服装及沙发罩、椅子面等	起绒组织
8	呢	光泽柔和、质地厚实	采用或混用基本组织
9	锦	外观瑰丽多彩,花纹精致高雅	色织提花组织
10	葛	经细纬粗,经密纬疏,质地厚实,有较明显的横向条纹	平纹或斜纹组织
11	绨	长丝为经,棉纱作纬,质地粗厚	平纹组织
12	绢	平整挺括的色织或色织套染,质地轻薄	平纹或平纹变化组织
13	绸	绸面细密,光洁平整,色泽鲜艳。宜作妇女服装、鸭绒被套、服装衬里或制伞用料	地组织采用或混用基本组织及变化组织

新型纤维以及各种织物品种的大量涌现,为印染厂设计确定产品方案提供了较大的选择空间。设计时可以根据印染厂的类型、产品定位方向、市场供求关系等各方面的需求,有目的地选择合适的织物品种。

(二)原布规格的选择

织物的规格主要包括织物的名称、经纬纱线密度、经纬密度以及匹长、幅宽、布匹重量等参数。织物的规格一般随品种的不同而有所差异,但有时织物的品种名称相同,而规格往往有所变化。

织物的坯布规格同样会影响印染设备和工艺的确定。如加工坯布幅宽为180~260cm的家

纺(如床单等)织物,应选择机器公称幅宽为 280cm 的宽幅印染设备;又如加工坯布幅宽为 280～300cm 的装饰(如窗帘、特宽幅床单等)织物,就应选择机器公称幅宽为 320cm 的特宽幅印染设备。棉型机织物印染厂常见的织物坯布规格分别见表 2-3～表 2-10[4]。

表 2-3 常见纯棉织物坯布规格

| 织物名称 | 幅宽/cm(英寸) | 原纱线密度/tex(英支) | | 密度/(根/10cm)(根/英寸) | | 无浆干燥质量/(g/m²) |
		经纱	纬纱	经纱	纬纱	
粗平布	91.5(36)	58(10)	58(10)	181(46)	141.5(36)	186.4
粗 布	123(48)	32(18)	32(18)	215.5(55)	236(60)	157.2
中平布	122(48)	29(20)	29(20)	188.5(48)	173(44)	103.2
中平布	91.5(36)	28(21)	28(21)	254(65)	248(63)	139.9
中平布	119(47)	29(20)	29(20)	236(60)	236(60)	149.9
细平布	137(54)	21(28)	19.5(30)	267.5(68)	275.5(70)	105.4
细平布	127(50)	19.5(30)	19.5(30)	267.5(68)	267.5(68)	103.3
细平布	96.5(38)	19.5(30)	16(36)	215.5(64)	220(56)	81.1
细平布	122(48)	19.5(30)	19.5(30)	295(75)	295(75)	122.2
细平布	120.5(47)	14.5(40)	12.5(46)	236.5(60)	192(49)	59
纱府绸	96.5(38)	29(20)	42(14)	377.5(96)	196.5(50)	194.9
纱府绸	114.3(45)	19.5(30)	19.5(30)	409(104)	299(76)	135
纱府绸	160(63)	14.5(40)	14.5(40)	523.5(133)	283(72)	130
半线府绸	96.5(38)	14×2(42/2)	42(14)	393.5(100)	196.5(50)	197.3
全线府绸	96.5(38)	J10×2(J60/2)	J10×2(J60/2)	472(120)	236(60)	140.7
全线府绸	91.5(36)	J7.5×2(J80/2)	J7.5×2(J80/2)	566.5(144)	275.5(70)	129.7
纱斜纹	86.5(34)	32(18)	32(18)	346(88)	236(60)	185.4
纱斜纹	122(48)	24(24)	24(24)	375(95)	252(64)	151
纱哔叽	86.5(34)	32(18)	32(18)	310(79)	220(56)	164.3
纱哔叽	152.5(60)	28(21)	36(16)	236(60)	236(60)	147.3
半线哔叽	86.5(34)	14×2(42/2)	28(21)	318.5(81)	250(63.5)	155.2
纱卡其	98(38.5)	48(12)	58(10)	314.5(80)	181(46)	252.7
纱卡其	123(48)	29(20)	29(20)	425(108)	228(58)	185.4
纱卡其	119.3(47)	28(21)	28(21)	425(108)	228(58)	176.5
半线卡其	81.5(32)	16×2(36/2)	32(18)	466.5(118)	214(54)	217.7
半线卡其	91.5(36)	14×2(42/2)	28(21)	487(124)	272(69)	213.1
全线卡其	96.5(38)	19.5×2(30/2)	19.5×2(30/2)	437(111)	228(58)	200.5
全线卡其	160(63)	10×2(60/2)	10×2(60/2)	567(144)	299(76)	180.5
纱直贡	98(38.5)	29(20)	36(16)	503.5(128)	236(60)	225.3
横 贡	101.5(40)	J14.5(J40)	J14.5(J40)	370(94)	551(140)	129.2

表 2－4 常见涤棉混纺织物坯布规格

织物名称	幅宽/cm(英寸)	原纱线密度/tex(英支)		密度/(根/10cm)(根/英寸)		无浆干燥质量/(g/m²)	混纺比例(T/C)
		经 纱	纬 纱	经 纱	纬 纱		
中平布	122(48)	28(21)	28(21)	271.5(69)	244(62)	149.1	65/35
中平布	96.5(36)	28(21)	28(21)	311(79)	299(76)	179.3	65/35
细平布	98(38.5)	14.5(40)	14.5(40)	377.5(96)	314.5(80)	106.8	65/35
线 绢	119.4(47)	13(45)	13(45)	433(110)	299(76)	99.5	65/35
线 绢	119.4(47)	13×2(45/2)	19.5(30)	397.5(101)	216.5(55)	165.9	65/35
纱府绸	119.5(47)	29(20)	29(20)	393.5(100)	299.2(76)	193.0	65/35
纱府绸	98(38.5)	18(32)	18(32)	484(123)	255.5(65)	143.7	65/35
全线府绸	96.5(38)	9×2(65/2)	9×2(65/2)	513.5(130.5)	255.5(65)	149.8	65/35
纱卡其	114(45)	23(25)	26(22.6)	525.5(133.5)	267.5(68)	200.4	65/35
纱卡其	96.5(38)	19.5(30)	19.5(30)	519(132)	275.5(70)	160.1	65/35
纱卡其	160(63)	29(20)	36(16)	472.4(120)	255.9(65)	250.5	65/35
纱卡其	96.5(38)	19.5(30)	19.5(30)	551(140)	299(76)	173.1	65/35
半线卡其	96.5(38)	10×2(60/2)	19.5(30)	614(156)	299(76)	191.3	65/35
全线卡其	96.5(38)	11×2(52/2)	11×2(52/2)	547(139)	275.5(70)	192.9	65/35
麻 纱	96.5(38)	13(45)	13(45)	402(102)	338.5(86)	99.1	65/35
CVC纱卡	160(63)	29(20)	48(12)	496(126)	201(51)	253	26/74
CVC线卡	160(63)	10×2(60/2)	18×2(32/2)	594(151)	276(70)	225	40/60
CVC半线卡	160(63)	10×2(60/2)	36(16)	512(130)	276(70)	205	30/70
CVC线卡	160(63)	19.5×2(30/2)	24×2(24/2)	425(108)	252(64)	221	50/50

表 2－5 常见涤粘、涤富混纺织物坯布规格

织物名称	幅宽/cm	原纱线密度/tex(英支)		密度/(根/10cm)(根/英寸)		无浆干燥质量/(g/m²)	混纺比例(T/R)
		经 纱	纬 纱	经 纱	纬 纱		
平纹呢	162.5	21×2(27.8/2)	21×2(27.8/2)	216.5(55)	188.5(48)	176.5	65/35
平纹呢	99	16×2(36/2)	16×2(36/2)	244(62)	220(56)	153.0	65/35
明条呢	162.5	18.5×2(31.5/2)	18.5×2(31.5/2)	218.5(55)	204.5(52)	161.6	65/35
隐条呢	99	21×2(27.8/2)	21×2(27.8/2)	220(56)	196.5(50)	181.1	65/35
隐条呢	162.5	18×2(32/2)	18×2(32/2)	220(56)	204.5(52)	157.4	65/35
哔 叽	162.5	21×2(27.8/2)	21×2(27.8/2)	299(76)	212.5(54)	220.0	65/35
哔 叽	99	18×2(32/2)	18×2(32/2)	322.5(82)	220(56)	198.7	65/35
华达呢	98	19.5×2(30/2)	19.5×2(30/2)	368(93)	196.5(50)	226.4	65/35
华达呢	162.5	18.5×2(31.5/2)	18.5×2(31.5/2)	385.5(98)	185(47)	214.9	65/35

表 2-6　常见涤粘、涤腈混纺中长纤维织物坯布规格

织物名称	纤维细度/dtex(旦)	纤维长度/mm	混纺比	幅宽/cm(英寸)	原纱线密度/tex(英支)		密度/(根/10cm)(根/英寸)		无浆干燥质量/(g/m²)
					经纱	纬纱	经纱	纬纱	
涤粘隐条呢	3.3(3) 3.3(3)	65 65	T65/R35	96.5(38)	18×2 (32/2)	18×2 (32/2)	200.5 (51)	188.5 (48)	143.6
涤粘隐条呢	2.75(2.5) 3.3(3)	65 70	T65/R35	86(34)	18×2 (32/2)	18×2 (32/2)	220 (56)	200 (51)	162.5
涤粘隐条呢	3.3(3) 3.3(3)	76 70	T65/R35	100 (39.5)	18×2 (32/2)	18×2 (32/2)	222 (56)	221 (56)	170.6
涤粘异经隐条呢	3.3(3) 3.6(3.3)	51 51	T65/R35	121.9 (48)	18×2 (32/2)	18×2 (32/2)	222 (56)	221 (56)	170.6
涤粘平纹呢	3.3(3) 2.75(2.5)	51 46	T65/R35	96.5 (38)	22×2 (26/2)	29 (20)	218.5 (55)	204.5 (52)	169
涤粘华达呢	3.3(3) 3.3(3)	51 51	T65/R35	96.5 (38)	16×2 (36/2)	16×2 (36/2)	425 (108)	228 (58)	221.3
涤腈隐条呢	3.3(3) 3.3(3)	65 65	T50/N50	96.5 (38)	16×2 (36/2)	16×2 (36/2)	216.5 (55)	220 (56)	154
涤腈异经隐条呢	3.3(3) 3.3(3)	51 51	T50/N50	97.7 (38.5)	16×2·32 (36/2·18)	32 (18)	253.5 (65)	220 (56)	162

注　中长纤维是化学短纤维的一类,长度和线密度介于棉型和毛型纤维之间,多为涤纶和粘胶纤维混纺织物,具有仿毛感。

表 2-7　常见麻棉混纺织物坯布规格

织物名称	幅宽/cm	原纱线密度/tex(英支)		密度/(根/10cm)(根/英寸)		混纺比例(麻/棉)
		经纱	纬纱	经纱	纬纱	
麻棉混纺平布	98	55.56(18)	55.56(18)	206(52)	187(47)	55/45
麻棉混纺平布	123	55.56(18)	55.56(18)	206(52)	187(47)	55/45
麻棉混纺细帆布	120	55.56×2(18/2)	55.56×2(18/2)	173(44)	118(30)	55/45
麻棉混纺斜纹布	98	55.56(18)	55.56(18)	293(74)	184(47)	55/45
麻棉混纺斜纹布	117	55.56(18)	55.56(18)	299(76)	185(47)	55/45

表 2-8　常见涤麻混纺织物坯布规格

织物名称	幅宽/cm	原纱线密度/tex(英支)		密度/(根/10cm)(根/英寸)		无浆干燥质量/(g/m²)	混纺比例(涤/麻)
		经纱	纬纱	经纱	纬纱		
涤麻细布	96.5	18.5(31.5)	18.5(31.5)	303(77)	286(73)	114	65/35
涤麻细布	96.5	20.8(28)	20.8(28)	276(70)	264(67)	118	65/35
涤麻半线布	93.5	10×2(58/2)	20(29)	272(69)	260(66)	114	70/30
涤麻全线布	97	13.9×2(42/2)	13.9×2(42/2)	302(77)	252(64)	164	65/35
涤麻全线布	93.5	10×2(58/2)	10×2(58/2)	272(69)	260(66)	114	70/30
涤麻单纱提花布	96.5	18.5(31.5)	18.5(31.5)	303(77)	286(73)	113	65/35
涤麻半线提花布	93.5	10×2(58/2)	20(29)	272(69)	260(66)	114	70/30

表2-9 常见纯麻、棉/麻交织织物坯布规格

织物名称	幅宽/cm	原纱线密度/tex(英支)		密度/(根/10cm)(根/英寸)		无浆干燥质量/(g/m²)
		经纱	纬纱	经纱	纬纱	
苎麻细布	107	18.5(31.5)	18.5(31.5)	275(70)	309(78)	105
苎麻细布	97	27.8(21)	27.8(21)	205(52)	232(59)	116
纯麻单纱提花布	97	27.8(21)	27.8(21)	205(52)	232(59)	116
棉麻交织布	107	棉27.8(21)	麻31.3(18.6)	203(51.5)	230(58)	123
棉麻交织布	80	棉27.8(21)	麻31.3(18.6)	196(50)	224(57)	119
棉麻交织布	98	棉27.8(21)	麻31.3(18.6)	196(50)	224(57)	119

表2-10 常见涤纶、锦纶长丝及其交织坯布规格

名 称	规 格	幅宽/cm(英寸)	纱支/tex(旦)	
			经 纱	纬 纱
锦纶系列				
尼丝纺	170T	147~152(58~60)	77(70)	77(70)
尼丝纺	210T	147~152(58~60)	77(70)	77(70)
尼丝纺	260T	147~152(58~60)	55(50)	55(50)
尼丝纺	290T	147~152(58~60)	44(40)	44(40)
尼丝纺	190T	152(60)	77(70)	77(70)
尼丝纺	250T	152(60)	77(70)	77(70)
尼丝纺	260T	152(60)	55(50)	55(50)
尼丝纺	290T	152(60)	55(50)	55(50)
塔丝隆	174T	152(60)	77(70)	177(160)ATY
塔丝隆	210T	152(60)	77(70)	177(160)ATY
牛津布	100T	152(60)	233(210)	466(420)
牛津布	120T	152(60)	233(210)	233(210)
塔丝隆	190T	145(57)	77(N70)	177(N160)
塔丝隆	228T	145(57)	77(N70)	177(N160)
涤纶系列				
涤丝纺	170T	147~152(58~60)	75(68)	75(68)
涤丝纺	210T	147~152(58~60)	75(68)	75(68)
涤丝纺	260T	147~152(58~60)	75(68)	75(68)
涤丝纺	290T	147~152(58~60)	55(50)	55(50)
桃皮绒平纹	210T	147(58)	83(75)	167(150)
桃皮绒斜纹	230T	147(58)	83(75)	167(150)
牛津布	100T	147(58)	444(400)	444(400)
牛津布	134T	147(58)	167(150)	167(150)
涤塔夫绸	180T	147(58)	75(68)	75(68)
			83(75)	83(75)

续表

名　称	规　格	幅宽/cm(英寸)	纱支/tex(旦)	
			经　纱	纬　纱
涤纶系列				
涤塔夫绸	230T	147(58)	75(68)	75(68)
			83(75)	83(75)
涤塔夫绸	290T	147(58)	55(50)	55(50)
富贵绸、春亚纺	190T	150(59)	83(75)	83(75)
富贵绸、春亚纺	240T	150(59)	83(75)	83(75)
轻盈纺	170T	147(58)	75(68)	83(75)
轻盈纺	210T	147(58)	55(50)	55(50)
涤塔夫绸	170T	147(58)	75(68)	75(68)
涤塔夫绸	290T	147(58)	75(68)	75(68)
春亚纺	190T	147(58)	83(75)	83(75)
春亚纺	300T	147(58)	55(50)	55(50)
锦涤系列				
锦涤纺	210T	147~152(58~60)	77(70)	83(75)
锦涤纺	290T	147~152(58~60)	44(40)	55(50)
涤锦纺	290T	147~152(58~60)	55(50)	44(40)
锦涤纺	190T	150(59)	77(70)	83(75)
锦涤纺	290T	150(59)	55(50)	55(50)
美丽绸	190T	150(59)	75(68)	120(108)
美丽绸	230T	150(59)	75(68)	83(75)
锦涤纺	190T	147(58)	77(N70)	83(P75)
锦涤纺	210T	145(57)	77(N70)	165(P150)

三、产品种类的分配

选定织物品种及其规格之后,设计工作者需根据生产规模、产品种类分配比例以及织物的用途等,对各种产品的种类数量进行分配(即每种织物每日或每年的加工种类分配数量),并计算填写"原布规格和成品产量表"(表2–11)和"产品加工种类及分配数量表"(表2–12)[5]。

表2–11　原布规格和成品产量表

序　号	原　布　名　称　及　规　格							成　品	
	原布名称	幅宽/cm	原纱线密度/tex		密度/(根/10cm)		无浆干燥 质量/(g/m²)	幅宽/cm	产量/ [m/d (a)]
			经	纬	经	纬			
合　计									

表 2 – 12　产品加工种类及分配数量表　　　　　　　单位:m/d(a)

序　号	织物名称	漂白布		染色布					印花布				合　计
		绳状漂白	平幅漂白	连续轧染	热溶轧染	普通卷染	高温高压卷染	其他染色	辊筒印花	圆网印花	平网印花	其他印花	
合　计													

　　织物前处理是采用绳状加工还是平幅加工,染色是采用轧染还是卷染,印花是采用圆网印花还是平网印花、滚筒印花,诸如此类的问题都属于生产方式的选择问题。从本质上讲,设计中填写以上两个表格的过程实际是具体落实产品方案、初步确定生产方式的过程,该表格对后续设计起着导航的作用。填表时应注意以下几点。

　　(1)一年工作日一般可按251个工作日计算,因此日产量应按全年产量除以251计。

　　(2)表中"其他染色"可以是平幅冷轧堆染色、喷射溢流染色、液流染色、气流染色等多种染色方式,可根据需要设定。

　　(3)表中"其他印花"包括数码喷射印花、转移印花等,可适当选取。

　　(4)织物的成品幅宽可按照下列公式计算之后再填入表中:

$$印染布成品标准幅宽 = 本色布标准幅宽 \times 幅宽加工系数$$

幅宽加工系数的大小可参阅表 2 – 13 和表 2 – 14[5]。

表 2 – 13　印染棉布幅宽加工系数

档　次	一　档	二　档	三　档	四　档	五　档
织物类别	本光染色平布;丝光花、色平布;漂、色、花、花麻纱织物类	本光、丝光漂白平布类;丝光漂、色、花贡呢、哔叽、斜纹织物类	本光漂白斜纹织物类;丝光漂、色、花府绸、纱卡其、纱华达呢织物类	本光漂、色纱卡其、纱华达呢;丝光漂、色线华达呢织物类	丝光漂、色线卡其织物类
幅宽加工系数	0.878	0.888	0.915	0.935	0.945

　　注　1.平布类包括粗、中、细各类平布。

　　　　2.贡呢、哔叽、斜纹等织物包括纱及线织物。

　　　　3.花、色布系指印花、染色布类。

表 2 – 14　涤棉混纺织物幅宽加工系数

布　别	幅宽加工系数	布　别	幅宽加工系数
细平布	0.92	纱卡其	0.945
府　绸	0.945	线卡其、华达呢	0.95

第二节　工艺流程设计

　　工艺流程设计(process design)是印染厂工艺设计的基础,采用不同的工艺流程,就要选用相适应的印染设备,因此,设备服从工艺的要求,工艺决定了设备的选型。

一、工艺流程的选择

1. 产品质量标准和技术要求 印染产品质量必须达到国家或企业规定的质量标准方可被市场接受。工艺设计就要根据这些标准和要求来确定工艺流程及工艺条件。如根据印染产品染色牢度要求可以选择不同的染料品种和染色加工条件;根据印染产品缩水率指标可以确定织物的加工张力和防缩整理的工艺参数。因此,在确定工艺流程之前,设计者需对印染产品的质量标准和技术要求做到心中有数。

2. 技术的先进性和成熟程度 选用工艺流程不能单纯只考虑技术的先进性,还必须经生产实践已充分证明是成熟的,否则很难保证其顺利地用于生产。

3. 染化料供应的可能性 所选工艺需用的染化料,特别是一些新型助剂应能充分供应,以保证正常生产。

4. 加工成本 工艺流程是影响产品加工成本的重要因素,因为它直接影响产品的质量、产量,水、电、汽、高温热源的耗用以及设备的定员。

5. 对调整产品的适应性 根据市场需求的变化应及时调整产品种类,所选择的工艺流程对此应有一定的灵活性和适应性。

6. 所建厂的条件 根据所建厂的技术、供应条件,结合发展生产、开发新产品规划以及改善劳动条件,选择相应的生产方法和工艺流程。

二、常规织物的工艺流程[4]

(一)纯棉织物类

1. 本光漂布

坯布检验→翻布打印→缝头→烧毛→退浆→煮练→漂白→(开轧烘)→上蓝加白→拉幅→轧光→检码→成品分等→包装

2. 漂白府绸

坯布检验→翻布打印→缝头→烧毛→退浆→煮练→漂白→(开轧烘)→丝光→复漂→上蓝加白→叠层轧光→拉幅→柔光整理或防缩→检码→成品分等→包装

注 在热拉机上做上蓝加白时,轧光后不再拉幅。

3. 什色府绸

坯布检验→翻布打印→缝头→烧毛→退浆→煮练→漂白→(开轧烘)→丝光→染色→柔软整理→轧光→拉幅→柔光整理或防缩整理→检码→成品分等→包装

注 ① 在热拉机上做柔软处理的品种,轧光后不再拉幅。
② 深什色不轧光。
③ 做还原染料隐色体卷染的品种,染后丝光。
④ 柔光整理在简易预缩机上进行。

4. 什色卡其

坯布检验→翻布打印→缝头→烧毛→平幅退浆→煮练→漂白→〔丝光→染色/染色→丝光〕→拉幅→

防缩→检码→成品分等→包装

　　注　① 平幅轧卷汽蒸煮练宜干布轧碱。

　　　　② 深什色半制品可以不漂白。

　　　　③ 无浆卡其可以不退浆。

5. 印花布

坯布检验→翻布打印→缝头→烧毛→退浆→煮练→漂白→(开轧烘)→丝光→印花→(上蓝加白)拉幅→(轧光)→检码→成品分等→包装

(二)涤棉混纺织物类

1. 漂白涤/棉布

坯布检验→翻布打印→缝头→烧毛→平幅退浆→碱煮→氧漂→丝光→涤加白定形→复漂(氧漂)→上柔软剂拉幅或树脂整理→轧光→防缩→检码→成品分等→包装

2. 中浅什色涤/棉布

坯布检验→翻布打印→缝头→烧毛→平幅退浆→碱煮→氧漂→丝光→定形→染色→轧光→上柔软剂拉幅或树脂整理→轧光→防缩→检码→成品分等→包装

3. 深色涤/棉布

坯布检验→翻布打印→缝头→烧毛→平幅退浆(碱煮)→氧漂→定形→丝光→染色→上柔软剂拉幅或树脂整理→防缩→检码→成品分等→包装

4. 印花涤/棉布

坯布检验→翻布打印→缝头→烧毛→平幅退浆→碱煮→氧漂→定形兼涤加白→丝光→印花→上柔软剂拉幅或树脂整理→(轧光)→防缩→检码→成品分等→包装

(三)粘胶纤维织物类[6]

1. 纯粘胶纤维织物

坯布检验 → 翻布打印 → 缝头 → 烧毛 → 松式退浆、水洗 → (漂白)

┌→染色(卷染、松式浸染)┐→拉幅→预缩→检码→分等→包装
└────→印花(网印)────┘

2. 涤粘混纺中长纤维织物

准备→烧毛→松式退浆、水洗→烘干(松式)→定形→染色(热溶染色、喷射溢流染色、卷染)→树脂整理→预缩→蒸呢→检码→成品分等→包装

(四)纯麻、涤麻混纺织物类

可参考纯棉、涤棉混纺织物的工艺流程。

(五)合成纤维织物类[4]

1. 尼丝纺织物

坯绸准备→(预定形)→精练→┌─染色─┐→烘干→┌→定形─┐
　　　　　　　　　　　　　　　└印花→蒸化→水洗┘　　　├→防水→定形┤→
　　　　　　　　　　　　　　　　　　　　　　　　　　　　└→涂层→防水→定形┘

码尺→成品检验→包装

2. 涤纶低弹织物

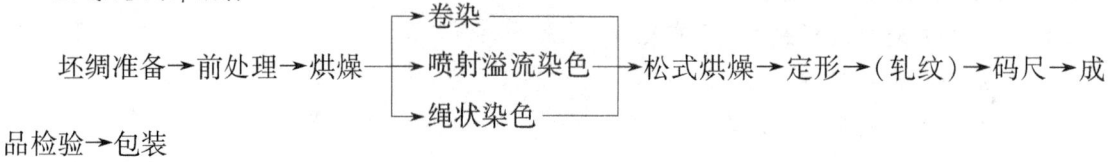

坯绸准备→前处理→烘燥→┌→卷染──────┐
　　　　　　　　　　　├→喷射溢流染色├→松式烘燥→定形→(轧纹)→码尺→成
　　　　　　　　　　　└→绳状染色──┘
品检验→包装

3. 涤纶长丝织物

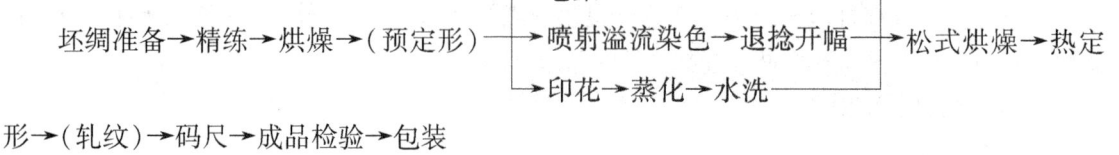

坯绸准备→精练→烘燥→(预定形)┌→卷染──────────┐
　　　　　　　　　　　　　　　├→喷射溢流染色→退捻开幅├→松式烘燥→热定
　　　　　　　　　　　　　　　└→印花→蒸化→水洗───┘
形→(轧纹)→码尺→成品检验→包装

4. 涤纶仿真丝绸织物

坯绸准备→打卷→精练→烘燥定形→碱减量→水洗→烘燥┌→染色→退捻开幅──┐
　　　　　　　└────────起绉────────┘└→印花→蒸化→水洗─┘→
烘燥→定形→码尺→成品检验→包装

涤纶仿真丝绸碱减量加工有下列几种方式,可以视产品的特点、设备条件、质量控制等选用[6]。

(1)精练槽处理法:

精练→定形→圈码→挂练槽碱减量处理→水洗→烘燥→染色(印花)→整理

(2)染色机处理法:

高温高压溢流染色机(或卷染机)退浆、碱减量处理→水洗→缩绉或染色→脱水→烘燥→定形→整理

(3)平幅连续汽蒸机处理法:

处理前准备→浸轧碱液→汽蒸→烘燥→定形→染色(印花)→整理

(4)冷轧堆处理法:

轧卷机轧碱卷堆处理→水洗→烘燥→定形→染色(印花)→整理

三、新型织物的工艺流程[4,7,8]

(一)Lyocell 纤维织物

1. 传统工艺(桃皮绒风格)

坯布检验→翻缝打印→平幅前处理→(碱处理)→烧毛→初级原纤化→酶洗→烘干拉幅→染色→第二次原纤化→拉幅柔软处理→防缩整理→包装

2. 树脂工艺(光板风格)

坯布检验→翻缝打印→平幅前处理→(碱处理)→烧毛→染色→树脂整理→柔软拍打处理→防缩→包装

注 ①就产品风格而言,机织物常见的有桃皮绒风格和光板风格两种。

②就加工方式而言,染色可以在气喷染色机上进行,也可以在卷染机上染色;前处理可

采用冷堆方式,也可采用汽蒸法。根据生产实践经验,前处理应采用平幅,而冷堆法既节约能源又有较好的加工效果。初级原纤化、酶洗最好放在气喷染色机上加工,染色可采用卷染或连续轧染方式,柔软拍打或第二次原纤化则宜采用 AIRO—1000 设备。

③采用传统工艺加工时间长,生产成本高,但工艺成熟,重现性好。采用树脂工艺加工时间可缩短,成本可节约 30% ~ 50%,正品率高,但产品风格各不相同。按何种方式加工,要根据品质要求决定。

(二)Modal 织物

例:M/T(70/30)混纺府绸[经向:T/C(65/35),纬向:Modal]。

验布→翻缝打印┬冷堆┐→烧毛→氧漂→碱处理→预定形(与涤混纺时)┬染色┐→
　　　　　　　└退煮┘　　　　　　　　　　　　　　　　　　└印花┘

后整理(柔软拉幅、树脂抗皱、防缩)→包装

注 ①对 M/T 混纺府绸而言,织物因本身杂质较少,只含有纺织过程中的浆料及油脂,因此一般的染色布前处理可采用退、煮即可。而对 T/C/M、M/C 交织织物,因有棉的存在必须进行漂白,否则棉籽壳难以去除。

②后整理可根据客户要求进行柔软整理或树脂整理,但必须进行防缩整理。

③对于加工数量较大而气温较低的情况,前处理采用连续退、煮工艺为佳。

④对于某些组织结构的织物,为提高布面光洁度可以进行二次烧毛。即烧毛→退、煮→烧毛→漂白。

(三)细旦仿真丝绸强捻类织物

坯布检验→圈码钉线→退浆精练松弛→(预定形)→碱减量→皂洗→开纤→水洗→松烘→定形┬染色┐→后整理→包装
　　　　　　　　　　　　　　　　　　　　　　　　　　　　└印花→蒸化┘

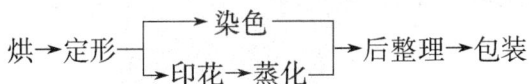

(四)桃皮绒类织物

1.超细旦复合丝桃皮绒织物

(1)中浅色:

坯布准备→退浆精练松弛→(预定形→碱减量→皂洗)→开纤→水洗→松烘→定形→染色→柔软→烘干→(预定形)→磨绒→砂洗→柔软拉幅定形→包装

(2)深色:

坯布准备→退浆精练松弛→(预定形→碱减量→皂洗)→开纤→柔软→烘干→(预定形)→磨绒→砂洗→松烘→定形→染色→柔软拉幅定形→包装

2.细旦丝桃皮绒织物

(1)中浅色:

坯布准备→退浆精练松弛→预定形→碱减量→皂洗→松烘→定形→染色→柔软烘干→(预定形)→磨绒→砂洗→柔软拉幅定形→包装

(2)深色:

坯布准备→退浆精练松弛→预定形→碱减量→皂洗→柔软烘干→(预定形)→磨绒→砂洗→松烘→定形→染色→柔软拉幅定形→包装

(五)仿鹿皮绒类织物

坯布准备→退浆精练松弛→预定形→起毛→剪毛→染色→浸轧聚氨酯涂层液→湿法凝固→水洗烘干→柔软烘干→磨绒→整理(视风格而定)→拉幅定形→包装

(六)涤纶仿毛类织物

坯布准备→洗缩→烘干→预定形→碱减量→皂洗→松烘→(预定形)┐→染色─┐→水洗烘干→浸轧风格整理剂→短环预烘→定形→起毛→剪毛→罐蒸→包装（印花→蒸化┘）

坯布准备→洗缩→烘干→预定形→碱减量→皂洗→松烘→(预定形)┬→染色─┬→水洗烘干→浸轧风格整理剂→短环预烘→定形→起毛→剪毛→罐蒸→包装
└→印花→蒸化┘

(七)涤纶高密类织物

坯布准备→退浆精练松弛→(预定形→碱减量→皂洗)→松烘→定形→染色→后整理(各种功能性风格化整理)→拉幅定形→包装

(八)Tencel/T 仿棉类织物

坯布准备→烧毛→松式退浆、精练→漂白→开幅烘干→(丝光)┬→染色→脱水→开幅┬→烘干→酶处理→超柔软处理→(树脂整理)→验布→包装
└→印花→蒸化→水洗┘

(九)纯棉蜡染印花织物

坯布检验→翻布缝头→烧毛→汽蒸煮练→丝光→烘干→整纬→拉幅→打卷→松式双面印蜡→靛蓝染色→蜡纹甩打→开幅→蜡纹靛蓝染色或活性染料染色→绳状脱蜡→开幅→平幅水洗烘干→整纬→拉幅→打卷→印花→蒸化→皂煮水洗烘干→整纬→拉幅→验码→拼件→包装

(十)多组分差别化纤维涤/粘仿毛织物

翻布→配缸→缝头→预缩→脱水→烘干→预定形→烧毛→碱减量→染色→脱水→多功能定形整理→轧光→罐蒸→成品检验→包装

(十一)Modal/T 交织弹力卡其

翻布→缝头→定形→烧毛→轧堆→平幅煮练→定形整纬→轧染或卷染→拉幅→预缩→成品检验→包装

(十二)涤/粘/氨弹力牛仔布

翻布→缝头→平幅纬缩烘干→(退浆)→染色→脱水→上柔软→(固色)定形→检验、码布→包装

(十三)毛、涤/绢、丝混纺织物

坯布检验→翻缝→前处理→松式热定形→染色→烘干→中间检查→烧毛→洗呢→熟修→风格整理→罐蒸→成品检验→包装

(十四)大豆纤维/阳离子改性涤纶 ECDP 混纺织物

坯布检验→翻布→缝头→退浆→烧毛→洗灰→染色→中间检查→熟修→轧料定形→轧洗→罐蒸→成品检验→包装

(十五)防羽布

烧毛→热轧卷碱练→平洗→卷染机染色→烘干→上浆拉幅→轧光→成品检验→包装

第三节　印染设备的选型、配置及排列

设备的选型(selection of device type)、配置(calculation & collocation)及排列(disposition)是印染厂设计中非常重要的一环,是工艺设计人员的主要设计内容之一。在进行设备选型和配置前,应搞好调查研究,掌握印染机械的组成、特点、现状和发展趋势,做好设备使用情况的调查。设计时应根据设计的工厂规模、产品比例、产品方案、生产的产品(天然纤维及其混纺或交织织物、纯化学纤维及其混纺或交织织物)、产品的要求、织物的用途以及对设备的利用率、工厂的效益、环保等进行综合考虑,从而确定选用设备的方案。然后对生产设备的配置进行细致的计算和平衡,对设备的排列要仔细考虑和研究,并进行多方案的比较,力求对空间的合理利用,以使所选的设备符合技术上先进、经济上合理、供应上保证、生产上实用的要求。

一、印染设备的选型
(一)国产印染设备的发展概况

印染行业是我国纺织工业的重要加工行业,其产值约占整个纺织工业的10%。印染机械制造业是印染行业的重要基础。国产印染机械的发展,主要经历了以下几个阶段。

1954~1956年,由纺织工业部组织了近200名设计人员,花了3年多的时间,设计出成套的印染设备,随后由郑州纺织机械厂、天津纺织机械厂、上海纺织机械厂等制造。这一成套印染设备的设计、制造,使我国的印染机械工业面貌发生了根本的变化,由新中国成立前的主要依靠进口、修修配配、测绘仿造进入到自己设计制造成套设备的时代。这一时代设计、制造的成套印染设备,称为"54型"设备。它的特点是采用交流恒速电动机,集体传动,杠杆重锤加压,张力大。

1964~1967年,我国又设计了"65型"设备。这是我国的第二代成套印染设备,采用VS电动机,前后同步单独传动,气动加压,张力较小。

1971~1973年,我国第三代成套印染设备"71型"设备问世,它采用直流电动机,气动加压,是主要用于援外的印染设备。

1973年起由纺织工业部组织设计、制造,并在1978~1979年鉴定成型了"74型"设备。"74型"设备采用可控硅控制的直流电动机多单元同步传动,电气性能基本稳定。与前几种设备相比,标准化、系列化、通用化程度有了根本的提高,是使用周期最长、应用最为广泛的印染设备,一直到20世纪90年代仍被广泛采用。但"74型"设备主要适合棉、涤/棉筒单品种的大批量加工,产品适应性差,水、电、汽等能源消耗大,无法满足小批量、快交货、高质量等要求。目前"74型"设备已被限制使用。

随着改革开放的不断深入,传统国有企业一统天下的格局开始被打破,一大批乡镇集体所有制企业、私营企业、外资独资或合资企业开始进入印染设备制造投资领域,对国有企业一统纺机市场的旧格局产生了强烈的冲击。全国纺机生产布局开始由计划经济初期的分散布局逐步向若干重要区域集中,并最终形成以北京(中国纺织机械集团)、上海(太平洋集团)、江苏、浙江和山东等为主要力量的竞争格局[9]。为了进一步提高我国印染机械的整体装备水平，在"九五"规划期间，由国家经贸委组织安排了"新型染整设备和工艺技术"专项。该专项安排开发前处理设备、染色设备、印花设备、后整理设备和通用部件、通用装置共 5 大类 16 种设备[10]。经过三年的努力，绝大多数项目均由国家经贸委组织通过了国家验收，并已相继投入批量生产。这种"九五"新型设备被称为"96 型"设备。"96 型"设备具有以下特点。

（1）产品设计采用模块化、积木化，便于印染厂家根据本厂生产实际情况指定组合所需的单元机种类和数量。

（2）突出环境保护。

（3）强调电气拖动稳定可靠，使人—机—环境得以充分协调。

（4）设备的门幅（又称"公称宽度"或"工作幅度"）较宽。

"96 型"设备采用了新工艺、新技术、新结构、新材料和计算机控制技术，总体技术水平达到了 20 世纪 90 年代国际先进水平，缩小了我国印染机械与国际先进水平的差距，使国内棉、涤/棉和合纤仿真织物染整设备的技术水平提高到了一个新的台阶。如在前处理设备中，上海太平洋印染机械有限公司 LMA036 型退煮漂联合机，传动单元最多可达 60 个，采用先进可靠的交流变频分电源同步传动，PLC 可编程序控制，触摸屏人机界面操作，松紧架全部采用气动控制，张力可调，公称宽度已扩大至 2800～3400mm。黄石纺织机械厂 LMA048 型前处理退浆联合机，可做棉、涤棉混纺织物高效退浆、煮练、漂白。邵阳纺织机械有限公司前处理水洗和退煮漂设备，全部采用高效节能、节水单元机，其中专项设备 LMA051 型平幅松弛精练联合机采用了国外先进技术。在其他前处理设备中，已有多家开发了新型的直辊布铗丝光联合机，轧洗烘蒸单元有了根本性的变化。在染色设备中，主要有新开发的气流染色机、筒子染色机、轧卷染色机、高温高压与常温常压卷染机等。在印花设备中，开发了双伺服传动平网印花机，提高了平网印花机对花精度。在后整理设备中，邵阳纺织机械有限公司开发了 LMA432 型拉幅定形机，还有 M5466 型拉幅定形机。郑州纺织机械股份有限公司研制的 LMA451 型预缩机采用 PLC 及人机界面智能控制的多单元交流变频调速技术，实现了单元之间的精确同步，首次在国产预缩机上采用具有国际先进水准的测控技术。在其他印染后整理设备中，松式烘干机已可适用机织物、针织物（包括圆筒针织物）及仿真织物无张力烘干，轧光机采用可调挠度尼龙辊改善了轧光质量。后整理设备中的起毛、磨毛和剪毛设备已有多家生产。在印染机械通用装置和通用部件中，已将传统落后的"74 型"通用装置和通用部件改变为结构新颖的按新标准的"96 型"通用装置和通用部件[11]。

但是，目前国产设备也存在着很多的问题，与国际先进水平相比，仍有相当的差距，特别在高新技术上还落后于世界纺机强国。主要表现在[12]：自动化控制和程序控制水平还比较差，在线监控没有真正解决；远程监控和故障诊断技术在我国还做不到；定量滴定、自动加料没有配套；机器制造精度、配套件质量可靠性等还需进一步提高；磨毛、轧光、涂层、复合、柔软等后处理设备还是弱项；高质量的间歇式设备、特阔设备、染纱设备、打样设备和配套的仪器装备等还需要开发提高；数码印花的速度、墨水的开发和产业化应用等方面有待进一步的努力，更重要的是产品更新周期长，缺少有自主知识产权的技术，因而不能适应市场的需要。这些都有待于今后进一步的探索和提高。

(二)印染设备的特点和要求

1. 综合性强 印染设备涉及纺织品的原料、形态、结构,加工时的介质、状态,使用的染化料、能源、电器、仪表、计算机。在印染设备内既有化学反应,又有物理作用。

2. 材质要求高 因工艺的要求,设备中受压的容器、耐腐蚀材质、高温设备多。

3. 通用性强 通用的单元装置多,配套的专件、购件多,通用性广,标准化强,印染企业可按印染工艺流程自行或指定组合需要的联合机。

4. 联合机各单元同步性好 印染设备中的联合机,调速范围广,调速方法多,各单元之间能自动调速同步运行。

5. 劳动保护好 有一定的劳动和环境保护措施,以保障人身和生产的安全。

6. 使用灵活 根据加工批量、品种,有连续化生产线,有间歇式单机台,也有间歇与连续结合的联合机流水线。

(三)国产印染设备型号的编制[4,5]

国产印染设备种类较多,有专门用于毛型织物的,有专门用于丝绸织物的,当然也有专门用于棉型织物的,这里主要介绍后者。关于印染设备的型号,原纺织部有统一规定。目前,由于各种原因显得比较零乱。一般说,"54 型"设备是以"M"和"LM"为标志的。"74 型"、"96 型"设备是以"MH"和"LMH"为标志的。后来的一些孳生型设备型号,只是在字尾上与原设备型号有所区别。近年来,不少印染机械厂的印染设备型号标新立异、五花八门,难以找到统一的规律。以下主要介绍"74 型"、"96 型"设备型号的含义。

1. 常用印染设备的代号

L——联合机

M 或 MA——棉印染机器类

MH——化纤印染机器类

N 或 MB——毛印染机器类

Z 或 ME——针织印染机器类

MZ 或 MF——纱线印染机器类

Q——丝绸印染机器类

U——辅机(附属设备)类

MU——印染辅机类

T——通用件类

MT——印染通用件类

2. 孳生型印染设备的型号 孳生型产品是指那些将最初研制的印染机械作为基本形式,在其基础上,对部分主要的结构进行改变和改进后的设备。孳生型产品型号编制的特点是在最初设备的型号之后添加字母(如 A、B、C、D 等)以示区别,如两用气体烧毛机:LMH003J—200 为煤气烧毛,"J"为立式电动机;LMH003AJ—200 的"A"为汽油烧毛、"J"为立式电动机;LMH005—200 型(烧毛热源煤气)、LMH005A—200(烧毛热源汽油)型棉布烧毛机。

孳生型产品的种类很多,最常见的是热源变化的孳生形式。不同热源的代号如下:

Q——汽油(烧毛机用"A"表示)

M——煤气(烧毛机一般不表示)

B——丙丁烷

D——电热

Y——载热油

G——过热蒸汽

显然,这些代号多是以相应汉字的汉语拼音的第一个字母来表示的。

例如:LMH703M—180 型、LMH703Y—180 型、LMH703D—180 型快速树脂整理机,MH774M—180 型、MH774Y—180 型、MH774D—180 型热定形机。其中"M""Y""D"表示在进行树脂焙烘和定形时,分别以煤气、载热油和电作为热源。

目前尚有一些机器型号仍沿用过去的旧规定。在旧规定中,印染机械的热源以蒸汽或煤气为基本形式,其他热源为孪生形式。不同的热源代号如下:

A——汽油、丙丁烷

B——电热

C——载热油

例如:LMH304—180 型热溶染色机,LMH304B—180 型热溶染色机。前者的高温热源为煤气,后者的高温热源为电热。

此外某些印染机器型号中"A""B"等表示特定的含义。如:M125A 型等速卷染机中 A 表示无封闭罩,M125B 型等速卷染机中 B 表示有封闭罩。

3.单元机和联合机的型号 单元机型号由类号、种号和顺序号三部分组成。

例如:

```
MH 73 1 — 180 型容布箱
            └─► 工作幅度（单位为厘米）
        └─────► 顺序号（代表设计制造顺序）
    └─────────► 种号（"7××"代表蒸箱、容布器、汽蒸箱、拉幅机类设备）
 └────────────► 类号（代表化纤型织物印染设备）
```

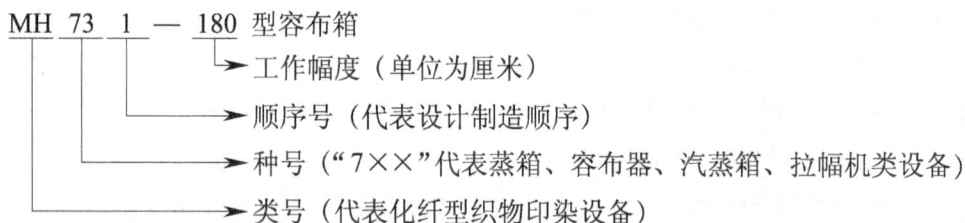

若设备名称中未注明工作幅度的,则说明该机的工作幅度为 110cm。

联合机型号由 L + 类号 + 种号 + 顺序号组成。

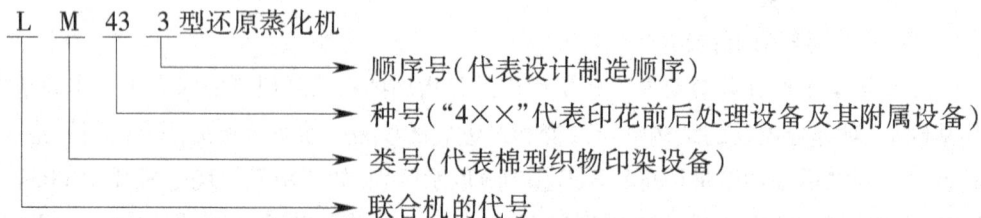

```
L M 43 3 型还原蒸化机
        └─► 顺序号（代表设计制造顺序）
     └────► 种号（"4××"代表印花前后处理设备及其附属设备）
   └──────► 类号（代表棉型织物印染设备）
 └────────► 联合机的代号
```

由上看出,联合机型号组成与单元机型号组成相比,只是前面多了一个字母"L",其余的部分很相似。但需要指出的是,虽然种号都是由两位阿拉伯数字构成的,但阿拉伯数字的含义在单元机和联合机的型号中是不同的。表2-15可以说明这个问题。

表2-15 机器型号中阿拉伯数字的含义

代 号	MH 型	LM 型	LMH 型	MA 型	LMA 型
0××	烧毛、退浆、漂练	烧毛、退浆、漂练	烧毛、退浆、漂练	烧毛、退浆、漂练	烧毛、退浆、漂练
1××	染色	开幅、轧水、烘干	开幅、轧水、烘干	开幅、轧水、丝光	开幅、轧水、丝光
2××	印花	丝光	丝光	染色	染色
3××	整理	染色	染色	印花	印花
4××	印花前后处理及其他附属设备	印花前后处理及其他附属设备	打底烘干	整理	整理
5××	平洗、轧车	印花	印花	检装	检装
6××	烘干、焙烘	皂洗	皂洗	辅机	—
7××	蒸箱、容布器、汽蒸箱、拉幅机	拉幅、整理	拉幅、整理	轧洗	—
8××	—	检装	—	烘干	—
9××	—	—	—	汽蒸、拉幅	—

4.车别的规定 所谓车别(machine hand or operating side)是指设备是左手车还是右手车。对于车别的属性,新的国际标准规定:站在机器的进布区域,面对进布方向观察,如果设备的传动部分在左侧,则该设备为"左手车",反之则为"右手车"。注意这与我国传统的命名方法(站在机器的出布区域)刚好相反,但现在国内已按照国际标准规定车别。如图2-1所示为左手车。

图2-1 左手车

车别是印染设备选型时要考虑的一个因素,应结合印染设备排列情况来选择设备的车别,一般的原则是同一跨度内排列的两条设备线的车别应相反,从而能够将印染设备的传动装置靠墙或柱子一侧安置,以腾出中间通道,便于工人操作及布车运输。

(四)常规印染设备分类及应用特点

印染生产设备可分为四大类,即印染主机设备、辅助设备、通用设备和非标准设备。

1.印染主机设备 印染主机设备是由原纺织工业部定型的中国纺织机械工业总公司统一管理的印染成套设备,有棉布印染联合机、棉布印染设备,包括单元机、平洗槽、轧车、烘筒等。近年来,由于印染机械厂产品下放或与乡镇企业协作生产,印染主机设备的情况比较复杂,选定主机设备要详尽了解其生产技术条件及设备主要规格与性能。

(1)烧毛设备:一般选用气体烧毛机。铜板烧毛机与圆筒烧毛机除少数生产纯棉织物品种外已很少使用。常用的气体烧毛机LMH003型为棉、涤/棉织物两用烧毛机(辐射式火口)、

LMH005 型为纯棉织物用气体烧毛机(火口为不锈钢冲片)。气体烧毛机的热源有城市煤气、水煤气、液化石油气和汽油汽化气等,可根据建厂地区能供应的热源选择使用。

(2)退浆、煮练、漂白设备:纯棉织物绳状前处理加工设备过去有 LM083A 型绳状练漂机(双头),年生产能力可达 6000 万米,现已基本淘汰。单头绳状前处理加工的设备有 LMA071 型松式单头绳状练漂机,该机适用于松式加工,有利于降低缩水率,可为大中型印染厂技术改造提供新颖的练漂设备。煮布锅一度为连续练漂机所取代,但由于它有煮练较透、半制品质量较好、耗碱量较少的优点,特别对煮练要求较高的紧密织物如棉府绸等较为实用,近几年又有被采用的趋势。可供设备有 M081 型(容布量 1.5t)、M081A 型(容布量 1.5t,大开口)、M082 型(容布量 3t)、M083 型(容布量 1.5t,不锈钢筒)。

关于涤纶长丝织物的前处理设备,大批量的织物可采用 LME123—220 型松式精练机进行精练,或专用碱减量机进行碱减量处理,如 LMV131 型平幅松弛碱减量联合机、ZLMD821B—200型连续碱减量机等。小批量的织物可采用溢流喷射染色机进行精练、水洗、碱减量处理,一机多用,比较经济。

平幅加工的前处理设备种类较多,有 LMH041 型平幅酶退浆机(容布器保温堆置)、LMH042 型(平幅履带箱汽蒸堆置)、LMH043 型平幅碱退浆机(平幅不锈钢履带箱汽蒸堆置)、LMH067 型平幅煮练机(平幅不锈钢履带箱汽蒸堆置、不锈钢加盖平洗槽)、LMH067B 型平幅退浆煮练联合机(R 形汽蒸箱)、LMH063 型平幅轧漂机(移位交卷反应箱)、LMH064 型平幅氯漂机(容布器堆置)、LMH066 型平幅氧漂机(不锈钢氧漂汽蒸箱),还有适用于纯棉中厚织物加工的 LMH073 型平幅退煮漂联合机(轧卷式)、LMA045 型平幅退煮漂联合机(R 形机箱)、LMA051型平幅松弛练漂联合机、LSR036A 型厚重织物煮漂联合机、LMS043 型高速退煮漂联合机、CGLMA045 型轧卷平幅练漂联合机、LMH035 型冷轧堆机,以及其配套水洗后处理设备如SLMA6305—W1 型平幅水洗烘燥联合机、ZLZX991 型高效蒸洗机、LMH658 型汽蒸水洗机等。

(3)开幅、轧水、烘燥设备:该设备有适用于纯棉及其混纺绳状织物的 LMH131 型开幅轧水烘燥机,有适用于化纤及其混纺纬编针织物绳状开幅的(张力小)ME301 型绳状退捻开幅脱水机。

对一般棉、化纤及其混纺平幅织物的轧水、烘燥设备有 LMH101 型轧水烘燥机、LMA101 型高效轧水烘燥机。

对中长纤维织物和需要松式烘燥的织物可采用 LMA105—180 型松式轧水烘燥机或 MH634型三层短环烘燥机,化纤织物可采用 LMH723A—180 型短环烘燥定形机(简称 SST),可使松式烘燥与定形联合进行。

(4)丝光设备:丝光设备有布铗丝光机、直辊丝光机和直辊布铗联合丝光机。布铗丝光机有 LMH201 型布铗丝光机、LMH201A 型布铗丝光机、LMA141 型布铗丝光联合机、LMA142/142A 型高速布铗丝光联合机。直辊丝光机有 LMA166—280 型直辊丝光联合机,适用于宽幅棉、化纤织物或床单织物。直辊布铗丝光机有 LMA125 型高速直辊布铗丝光机。

(5)染色设备:连续染色机有适用于涤/棉织物的 LMH303 型、LMH303B 型热溶染色机(三辊轧车)、LMH305 型热溶染色机(均匀轧车)、LSR311 型热溶染色机(均匀轧车);有适用于纯棉织物的 LMA206 型连续轧染联合机, LMH323 型、LMH325 型连续轧染机(均匀轧车)。打底机有 LMH401 型、LMH401B 型红外线打底机(三卧轧车), LMH404DJ 型、LMH404MJ 型红外线打底机(均匀轧车), LMH423 型、LMH423B 型热风打底机(三卧轧车), LMH424MJ 型、LMH424DJ 型热风打底机(均匀轧车), 还有适用于中长织物的 LMH422—180 型悬浮体打底机。

间歇式平幅染色设备有 M122 型、M122B 型卷染机, M125A 型、M125B 型等速卷染机; HDC 型常温常压全自动卷染机、MA209 型大卷装卷染机、CHD—F—320 型大卷装卷染机; MA206—280 型恒张力卷染机; BMA207—200 型巨型卷染机、SM315C 型卷染机; 用于高温染色的 M141 型高温高压卷染机、HD618 型高温高压卷染机、GR1000 系列高温高压自动卷染机等。

适合冷堆染色的设备有 LMH428 型冷堆染色机、LMH311 型冷染机、LMH311 型均匀冷染机等。

间歇式绳状染色设备有 Q113 型绳状浸染机(丝绸行业染色专用设备)、ZR250 型高温高压溢流喷射染色机等, 适用于轻薄化纤织物绳状染色。

(6)印花设备: 常用的有滚筒印花机、圆网印花机、平网印花机和转移印花机四种。可根据印花布品种、产量等要求选择。滚筒印花机产量大; 圆网印花机印花套色多、色泽浓艳, 适应性强, 已被印染厂广泛使用; 平网印花机适用于小批量、高质量的印花; 转移印花机工艺简单、节约能源、污染小。

滚筒印花机有 LM534A 型八色印花联合机(气动对花)、LMA536 型八色印花联合机(电差动对花)、LMA301 型八色印花联合机、SLMA5301 型八色印花联合机(电差动对花); 圆网印花机有 LMH571A 型圆网印花机、LMA331 型圆网印花机, 引进荷兰 STORK 公司技术的 RDIV—AF—1620 型、RDIV—AF—1850 圆网印花机, PML302 型圆网印花机; 平网印花机有 LMH552 型平网印花机、与瑞士 BUSER 公司合作生产的 LMH5V 型平网印花联合机、FSM220C—18R 型全伺服平网印花机; 转移印花机尚无定型产品, 市场上多见热辊式转移印花机, 目前我国江苏、浙江等地已有批量生产。

(7)整装设备: 常用整理设备有 LM714 型布铗拉幅机、LM714—280 型布铗拉幅机、LM734 型热风拉幅机、LMA432 型拉幅定形机、ASMA503 系列无油润滑拉幅定形机、LMH724 型树脂浸轧短环烘燥拉幅机、M753 型热定形机、MH774 型热定形机、MA896—280 型热定形机、M231 型三辊轧光机、M241 型六辊轧光机、LMH701 型树脂整理联合机、LMH703 型快速树脂整理机、LMH751 型预缩整理机、LMA442—180 型预缩整理机、MA311—180 型四辊磨毛机等。常见装潢设备有 LM882 型检布码布机、LMA885 型验布折布机、MH9186 型卷筒机、A752 型液压打包机。

2. 印染辅助设备　印染辅助设备主要有 M901 ~ 904 型调色锅、M911 型调浆锅、M906 型快速搅拌机、MU041 型感光连拍机、MU103 型感光连晒机、MU106 型圆网显影机、MU116 型圆网涂胶机、MU136 型圆网去油脂槽、MU141 型圆网清洗机、M423 型对折卷板机、U111 型油泵推布车等。滚筒印花专用的辅助设备有 M802 型放影机、M805 型锌板雕刻台、M807 型车压机、M808 型自动磨花筒机、M812 型缩小机、M814 ~ 817 型刻线机、M810 型花筒打样机等。近几年来新的辅助设备有测色配色、自动滴液、自动调浆、喷墨制网、喷蜡制网、激光制网、圆网闷头折装机、乳化机、煮糊机等。

3. 通用设备、通用装置、试化验仪器　通用设备:包括清水泵、污水泵、往复泵、真空泵等各种水泵;油锅炉、热回收装置、电动车、电动叉车、电动葫芦、电动行车等。

通用装置:TM2A 型、TM3 型、TMX11 型汽油汽化器,TM55 型夹持式搅拌器,TM11 型吸边器等。

试化验仪器:小轧车、小烘筒、小染缸、小印花机、小蒸箱、小拉幅机、水浴槽、布样裁切机等;分析天平、电子天平、恒温烘箱、洗衣机、缩水机、日晒牢度仪、皂洗牢度机、织物强力机、起毛起球仪、织物弹性仪、热风烘箱、单纱强力机、透气量仪、八篮烘箱、织物撕破仪、电脑染色机、自动配色机、化学药品测量及混合;电冰箱、空调、电脑、打印机、条码打印机、彩喷打印机、传真机、复印机、记录仪、电子磅秤、除湿机、在线监测设备、绘图架、晒图机等。

4. 非标准设备　非标准设备主要有碱回收设备,如三效蒸发设备;生产车间各种调配槽、各种调配桶;车间内部运输设备,如推布车、布卷车、盘头车等。

(五)部分新型印染设备介绍[13]

本节仅介绍一些较为新颖且具有代表性的国产"96 型"设备的组成和技术参数,以便于在设计中进行印染设备选型时参考。

1. 前处理设备

(1)高效退煮漂联合机:LSR036 型高效退煮漂联合机是由上海太平洋印染机械有限公司攻关开发的国家"新型印染设备及工艺技术一条龙项目"中的一个专项,已正式通过国家鉴定。该联合机适用于棉、化纤及其混纺织物的退浆加练漂合一工艺或退煮合一加漂白的工艺。此工艺适应性强,练漂效果好,节省能源。

设备工艺流程:

平幅进布架→浸渍槽→普通轧车→高效平洗槽→普通轧车→高效平洗槽→中小辊轧车→平洗槽→普通轧车→条栅式汽蒸箱→中间进布架→浸渍槽→普通轧车→高效平洗槽→普通轧车→高效平洗槽→普通轧车→高效平洗槽→普通轧车→高效平洗槽→中小辊轧车→平洗槽→普通轧车→条栅式汽蒸箱→中间进布架→浸渍槽→普通轧车→高效平洗槽→普通轧车→高效平洗槽→普通轧车→高效平洗槽→普通轧车→平洗槽→中小辊轧车→三柱烘燥→落布

(2)GJL—400C 型高温高压精练机:是靖江冠业印染设备厂设计生产的第三代产品。具有结构紧凑、整体性高、采用 PLC 控制、进出布筒门自动锁紧、容布量大(最大 500kg)、处理速度快、操作简便等特点。该机特别适合化纤强捻超细纤维类具有布面风格特色的织物。织物在平幅、松弛无张力状态下浸泡在强碱溶液中,经过滚筒正反间歇式旋转,在高温下达到退浆、预缩、解捻的目的,能使绉乔类织物强捻的纬丝充分绉缩,提高了起绉效应,使织物获得轻薄、柔软、飘逸、滑爽和悬垂性好的丝绸感。该机用交流变频调速传动,启动性能良好,降低电能消耗。

工艺流程:

坯布→准备→退浆、精练、松弛→脱水→开幅→(烘燥)→预定形→碱减量→水洗→(烘干)→染色→水洗→脱水→开幅→烘干→后定形→后整理(磨毛、柔软、抗静电、防水、防缩)→
└─印花→蒸化→水洗─┘

验布→卷布→成品

主要技术参数：

① 最高工作温度:135℃;

② 最高工作压力:0.8MPa;

③ 容布量:400～500kg;

④ 浴比:1:6～1:8;

⑤ 内笼转速:10～20r/min;

⑥ 整机功率:16.5kW;

⑦ 外形尺寸(长×宽×高):5400mm×2800mm×2600mm。

(3)平幅松弛碱减量联合机:是涤纶长丝织物仿真丝处理的关键设备,是"新型印染设备及工艺技术一条龙项目"中的攻关设备,有浙江印染机械制造公司制造的 ZLMD821B—180 型和邵阳第二纺织机械厂研制的新产品 LMV131 系列型,联合机的单元组成基本相仿。

设备工艺流程:

平幅进布架→外扩幅对中装置→浸渍槽→轧液轧车→导辊/网帘式蒸箱→真空吸水→高效水洗(3 格)→真空吸水→轧车轧水→落布装置

主要技术参数:

① 公称宽度:1800mm(按需要设计);

② 公称车速:80m/min,调速比为1:8;

③ 热源:0.5MPa 饱和蒸汽;

④ 松弛反应箱温度:预热区＜110℃,织物堆置区为 100℃±2℃;

⑤ 最大蒸汽耗量:700kg/h;

⑥ 反应箱容布量:预热区 25m;

⑦ 传动方式:多单元交流变频跟随传动;

⑧ 自控装置:蒸箱、浸渍槽及水洗槽温度自控,碱液浓度自动检测及自动配液。

(4)LM172 型直辊布铗丝光联合机:直辊丝光机不能对织物纬向施加张力,丝光时织物纬向收缩较大,成品门幅难以保证;布铗丝光机虽能保证织物门幅,但浸碱不足使得丝光效果不尽如人意。直辊布铗丝光联合机能集两者之优,可有效地提高织物丝光质量。LM172 型直辊布铗丝光联合机由黄石纺织机械厂生产,主要适用于纯棉和涤/棉织物丝光之用。

设备工艺流程:

平幅进布→浸渍槽→M1483B 型二辊轧车→HM24B(Ⅰ)型直辊丝光机→M1402A 型三辊轧车→HM4(Ⅱ)型直辊丝光机→M1402A 型三辊轧车→MA/H121E(2)型布铗丝光机→M1484B 型三辊轧车→HM511F 型直辊槽→M1483B 型二辊轧车→M1532 型水洗机→M1483B 型二辊轧车→(M1513A 型水洗机→M1483B 型二辊轧车)×5→M1515 型水洗机→M1484B 型三辊轧车→M2655B 型烘筒烘燥机→平幅打卷两用落布(带丁形箱)

主要技术参数:

① 型式:直辊布铗式;

② 公称速度:70m/min;

③ 公称宽度:1600mm、1800mm、2000mm;

④ 碱液作用时间:50s;

⑤ 传动方式:全机采用多单元交流变频调速;

⑥ 使用压缩空气压力:0.4～0.6MPa;

⑦ 蒸汽压力:0.2～0.4MPa;

⑧ 水压:0.2～0.3MPa;

⑨ 冲洗碱液次数:5冲5吸;

⑩ 拉幅前后布铗盘中心距:17300mm;

⑪ 全机总功率:160kW;

⑫ 外形尺寸(长×宽×高):71300mm×(W+2430)mm×6444mm。

2. 染色设备

(1)M7201型高温高压气流染色机:气流染色是当今国际上最为先进的染色方法之一。气流染色利用空气动力学原理,将高压鼓风机产生的高速气流注入喷嘴,同时另一管路向喷嘴注入染液,染液与高速气流在喷嘴中相遇并混合形成雾状微细液滴后喷向织物,既带动织物运行,又使得染液与织物可以在很短的时间内充分接触以达到均匀染色的目的。与传统的液流染色机截然不同的是,水仅仅是作为染化料的载体,而带动织物运行的是高速气流。气流染色浴比可小至1:3～1:4。与传统染色机相比,节约染化料10%～40%,节约化学助剂40%～50%。由邵阳第二纺织机械厂研制的M7201型高温高压气流染色机是国家"新型印染设备及工艺技术一条龙项目"中的专项产品,该机适用于微细和超细纤维织物或化纤、化纤混纺织物在松式绳状高温高压状态下的染色及前后处理。该机采用染色机专用控制电脑,可方便灵活地编入、修改和储存染色工艺数据,实现高精度温度控制和准确的染色工艺控制。采用PLC可编程序控制器,实现精确、可靠的全机控制。

主要技术参数:

① 型式:卧式圆筒型(2管或4管);

② 染槽内径:3000mm;

③ 最大容布量:255kg/管;

④ 织物线速度范围:40～700m/min;

⑤ 浴比:1:3～1:4;

⑥ 最高工作温度:140℃;

⑦ 最高工作压力:0.35MPa;

⑧ 使用蒸汽压力:0.4～0.6MPa;

⑨ 使用压缩空气压力:0.4～0.6MPa;

⑩ 装机容量:59kW;

⑪ 外形尺寸(长×宽×高):5900mm×5000mm×4300mm。

(2)热溶轧染联合机:连续染色的成本效益率是由联合机的利用率决定的。要能经济地生产多色泽、小批量的产品,必须辅以自动化手段,尽量缩短停台时间,这就需要相适应的新型染色联合机。由"74 型"的不断改进、发展至今具有代表性的是上海太平洋印染机械有限公司制造的 LSR311 型热溶染色机及黄石纺织机械厂制造的 LM 122 型连续热溶轧染联合机。两者都是两段式设备,前段用于分散染料热溶染涤纶,后段用于棉纤维染色、固色、显色及皂洗之用。

设备工艺流程:

① LSR311 型热溶染色机:

前段:平幅进布架→均匀轧车→远红外烘燥机(两组)→热风房(预烘 + 焙烘)→冷水辊→落布机架(前段实际上是 LSR424 热风打底机)

后段:平幅进布架→均匀轧车→还原蒸箱→普通轧车→平洗槽(×4)→普通轧车→氧化透风架→高效平洗→普通轧车→皂蒸箱→普通轧车→高效平洗(×2)→普通轧车→平洗槽→中小辊轧车→三柱烘燥机→落布机架(后段是 LSR664 型平幅显色皂洗机)

② LM122 型连续热溶轧染联合机:

前段:平幅进布、均匀轧车→单组红外线烘燥机→两组热风烘燥机→单柱 10 只烘筒烘燥机→ 24 只热导辊半接触式焙烘机→冷却装置→落布

后段:平幅进布→均匀轧车→汽蒸箱→两辊中固轧车→强力喷淋水洗→两辊轧车→浸轧蒸洗箱(15m)→两辊中固轧车→浸渍水洗→三辊中固轧车→浸渍水洗→两辊中固轧车→透风架→浸轧蒸洗箱(25m)→两辊中固轧车→浸轧蒸(25m)→两辊中固轧车→浸轧蒸洗箱(25m)→两辊中固轧车→强力喷淋水洗→三辊中固轧车→三柱 30 只烘筒烘燥→透风→落布

主要技术参数:

① 型式:热溶、皂洗两段式;

② 公称速度:70m/min;

③ 公称宽度:1600 ~ 3600mm;

④ 焙烘温度:180(1 ±0.01) ~ 220(1 ±0.01)℃;

⑤ 汽蒸温度:102(1 ±0.02)℃;

⑥ 皂洗温度:95 ~ 100℃;

⑦ 焙烘方式:直导辊、半接触式;

⑧ 汽蒸形式:直导辊、湿蒸箱;

⑨ 传动方式:交流变频调速线速度跟随系统。

(3)LMA206 型连续轧染联合机:系国家"新型印染设备及工艺技术一条龙项目"中的专项产品(含热溶染色机),由黄石纺织机械厂研制,已通过新产品鉴定验收。

设备工艺流程:

前段:进布架→均匀轧车→两组红外线烘燥机→两组热风烘燥机→两组烘筒烘燥机→落布

后段:进布架→均匀轧车→还原汽蒸箱→中固二辊轧车→强力喷淋水洗→中固二辊轧车→浸轧蒸洗箱(15m)→中固二辊轧车→浸渍水洗→中固三辊轧车→浸渍水洗→中固二辊轧车→浸渍水洗→中固二辊轧车→氧化透风→浸轧蒸洗箱(25m)→中固二辊轧车→强力喷淋水洗→中固三辊轧车→二柱烘筒烘燥机→落布

主要技术参数:

① 公称宽度:1600mm、1800mm、2000mm、2200mm、2800mm、3000mm、3200mm、3400mm、3600mm;

② 公称速度:70m/min;

③ 还原汽蒸箱:湿蒸箱,进布为汽、液两用封口,蒸汽压力为0.2MPa,穿布容量为60m,汽蒸温度为102℃±1℃,温度、压力、液位可自动控制;

④ 皂洗箱:皂洗方式为多浸多轧,加热方式为蒸汽直接加热、温度自控,皂蒸温度为95~98℃,穿布容量为25m/台;

⑤ 左中右色差:4.5级。

3. 印花设备

(1) PML312型伺服传动平网印花机:是国家"新型印染设备及工艺技术一条龙项目"的专项之一,由上海太平洋印染机械有限公司开发,供机织、针织的棉、合纤及其混纺织物和一般真丝织物的平网印花之用。该印花机由于采用了先进的双轴交流伺服传动,在相同的工艺下,印花速度由传统的平网印花8m/min,提高到18m/min,伺服传动平网印花用PLC及人机界面控制,使整机的技术含量大大增加,印制精度高,特别适合于高档精细印花织物的加工。

设备工艺流程:

进布→贴布→印花→烘燥→出布

主要技术参数:

① 型式:双主动辊驱动式;

② 车别:右手车;

③ 公称宽度:1800mm;

④ 印花有效宽度:1600mm;

⑤ 花回可调范围:400~1600mm(2200mm);

⑥ 印花套色数:10(花回990mm);

⑦ 对花精度:±0.2mm;

⑧ 刮印次数:1~9次,并有浮刮功能;

⑨ 刮印速度:0.42~2.2m/s,10档;

⑩ 台板工作高度:800mm;

⑪ 台板有效长度:20000mm;

⑫ 进出布方式:折叠式布车连续进出布;

⑬ 烘燥方式:多层热风烘燥;

⑭ 烘房工作温度:100~120℃;

⑮ 最大蒸发量:每小时蒸发200kg水;

⑯ 运转布速:3~18m/min;

⑰ 装机总功率:86kW;

⑱ 外形尺寸(长×宽×高):37556mm×6392mm×3687mm。

(2)LMA352 型磁棒圆网印花联合机:黄石纺织机械厂继承与借鉴该厂生产的 LMH331 型刮刀式圆网印花机和十二套色磁棒圆网印花样机成功的经验,设计生产的 LMA352 型磁棒圆网印花机,采用了计算机、通信等高新技术实现圆网独立传动,圆网与圆网间、圆网与导带间的高精度的位置跟随控制,该机已列入国家创新项目计划。

主要技术参数:

① 型号:LMA352—180×16、LMA352—200×16;

② 适用范围:适用于天然纤维、化学纤维及其混纺的机织物和针织物印花,织物单位面积质量约为 $50\sim700 \mathrm{g/m^2}$;

③ 印花幅宽:1620mm、1850mm;

④ 圆网周长:640mm、726mm、820mm、914mm、1018mm;

⑤ 套色数:16;

⑥ 车速:4~80m/min;

⑦ 对花精度:相邻花位精度≤0.1mm,累计对花精度≤0.2mm;

⑧ 烘燥方式:多层热风烘燥;

⑨ 热源:蒸汽(气压 0.2~0.4MPa);

⑩ 烘房工作温度:120℃;

⑪ 传动方式:四单元交流变频传动,圆网独立传动;

⑫ 控制方式:计算机控制。

4. 后整理设备

(1)松式烘燥机:随着我国纺织行业各类新颖纺织品的开发,迫切需要能加工多种高档产品的松式烘燥机。松式烘燥机由于松弛的超喂进布,织物在多层网带的托持及优良的喷风系统作用下呈无张力的松弛状态,通过波浪形的进给、"揉搓"形式达到收缩烘燥之效果。经加工过的纯棉、化纤、丝绸、毛巾等机织物,手感蓬松柔软,经向与纬向缩水率明显改善。松式烘燥机适应多品种、高质量的产品加工,是高档后整理必不可少的设备。

LMA637 型(上海太平洋印染机械有限公司)及 ASMA341 型(江都印染机械有限公司)松式烘燥机烘房皆为组合式,用户根据工艺和织物品种要求确定选购烘房组合数量(标准为四室)。采用多层网式烘燥,喷风管上下喷风,风口交叉排列。烘房采用小循环方式(35 次/min),体积小,热效率高,排气设在顶部,与用户排气风道可联通,排气大小可调节,每室烘房由智能仪表实施温度自控。网带是松式烘燥机的关键器件,要求耐高温、强度好、光洁不勾丝、耐用。网带设有电动纠偏装置,保持输送网带居中运行。

主要技术参数:

① 公称宽度:2000mm;

② 车速:6~60m/min;

③ 热烘房室数:4 室(可按要求调整);

④ 容布量:20~40m;

⑤ 超喂范围:0～50%;

⑥ 喷风形式和风速:上下交错式风口,风速约为 18m/s;

⑦ 循环风机:每室 2 台,风机功率为 7.5kW;

⑧ 处理温度:烘燥 100～150℃;热处理 160～180℃;

⑨ 蒸发能力:每小时每室蒸发 200kg 水;

⑩ 热源:蒸汽,热载油,煤气。

(2)新型拉幅定形机:目前,上海太平洋印染机械有限公司生产的 LSR798 型热风拉幅定形机(上海—Monetex 形式)及 LSR925 型热风拉幅定形机、邵阳第二纺织机械厂的国家"新型印染设备及工艺技术一条龙项目"中的 LMA432 型拉幅定形机已成为国产拉幅定形机的领先机型,由于采用了国内尚属首创的利用计算机控制的恒张力打卷装置,特别适用于真丝类织物、涂层织物等对张力要求十分敏感的织物的卷装出布。全机在已采用 Z4 直流电动机分电源传动的基础上,实现了可编程序控制(PLC),同时,开发成功了全机交流变频跟随传动系统。全机传动稳定可靠,保证了织物加工参数的重现性。在进布布铗链处设置了仪表架,上有电视监控、对讲机等装置,大大便利了工人的操作。

(3)液氨整理联合机:液氨整理是国际上一种新颖的印染后整理工艺,是棉、麻等天然纤维织物高档后整理的一大创新。液氨整理是以液氨处理与高级机械防缩相结合,以改善织物尺寸稳定性、弹性和耐磨性,并使织物手感柔软、具有免烫风格的后整理工程。该种整理最初由挪威开发,其专利技术被美国购买。从 20 世纪 60～90 年代,世界上只有美国、日本等少数国家掌握和拥有这项技术和生产能力。国外液氨整理技术发展很快,在投产和准备投产的设备数量上,日本已占 2/3。目前,液氨整理在国内已引起广泛的关注,在"纺织工业实施三年技术进步项目"的规划中,将"抓好新型印染设备及工艺技术的国产化"列为发展重点,其中液氨整理是一项重要内容。虽然,我国有部分企业从国外引进了液氨整理机(如上海第二印染厂从美国引进1 台,山东鲁泰纺织股份有限公司从日本引进 4 台,宁波雅戈尔日中纺织印染有限公司从日本引进 2 台),但是,国产液氨整理机也已研制成功,如江苏江阴澄江纺织机械厂研制成功的 CJYAZL—180 型液氨整理机,填补了国内空白。

CJYAZL—180—UF1 液氨整理联合机的主要技术参数:

① 生产能力:500 万米/年;

② 工作门幅:1800mm;

③ 机械速度:30m/min;

④ 加工方法:DRY 法(干式);

⑤ 传动装置:交流变频传动;

⑥ 处理织物厚度:100～55g/m²;

⑦ 液氨处理后的织物效果:拉伸强度、防皱性能、洗涤收缩及风格皆良好。

配备的液氨回收装置的主要技术参数:

① 规模:循环 600kg/h,其中反应室占 95%,汽蒸室占 5%。

② 回收系统主要装置:共有设备 24 种 33 台套,主要包括吸收系统、精馏系统、液氨系统、

氨气压缩机、换热(冷却)设备、液氨贮槽及仪表控制中心等。

(六)印染设备种类和型号的选择

在了解各种印染设备的结构组成、技术特点及适用范围的基础上,可以根据产品方案以及产品标准要求来选择设备的种类及型号。

1.设备选型需考虑的因素[14]

(1)产品的定位:首先要做好市场调研,明确产品定位,也就是说首先要确定产品是高档产品还是一般产品;如果是高档产品,是替代进口高档服装面料,还是生产出口的产品。然后根据市场和产品的需要去选择技术和设备。

(2)设备节能、环保程度:节能环保越来越引起人们的关注。选择设备要考虑生态纺织品和环保、节能加工技术的需要。设备应能满足减少配台、节省基建费用、节省染化料和水、电、汽消耗,减少环境污染,确保安全生产的要求。

(3)设备的技术先进性和经济合理性:技术创新并不一定都要引进最先进的设备。建议有些长车设备,如退浆、煮练、漂白机、连续轧染机、显色皂洗机、拉幅定形机等,不妨选用国产设备,而打底机、连续轧染机的轧车部分选用进口设备,这样会经济实用。前处理相对来说连续设备的车速可以高一些,前处理设备 L—box 用得比较多;染色和印花适当多配一些机台,如间歇的、连续的等;我国在后整理方面与发达国家的差距比较大,所以应适当多引进一些后整理设备。还应考虑多一些功能性机台,如柔软、起毛、起绒等。如多功能洗缩联合机,可以湿整理、干整理,也可以从湿整理到烘干在同一机台上进行,并且是松弛处理,加工后尺寸稳定性好,手感柔软丰满,又可以作酶处理、起绉整理,可以达到综合效果的舒适整理。

(4)设备的可靠性:设计中选用的设备必须可靠,尤其是主机设备一定要坚持经过生产实践考验的原则,不仅是国产设备要可靠,引进国外设备也必须强调设备的可靠性,才能保证一次设备投产成功。凡未经生产实践考验的或不成熟的设备不得用于工厂设计,防止造成工厂建设中的损失。

(5)生产上的适应性和灵活性:目前纺织面料市场品种变化快,订货趋向量少、种类多。为了增强市场竞争的能力,设备要满足小批量、多品种和快交货的要求。在选择设备时,生产上要有一定的适应性和灵活性,使投产后能在一定范围内适应不同产品加工的需要。要体现自己的特色产品和创新,注重内涵的提高,避免低水平的重复。

(6)要立足于选择国产设备:我国成套的印染设备已几次更新,达到了较高水平。在工厂设计中尽量采用技术上成熟的,经过鉴定的国产新颖印染设备。对少量必须引进的关键设备,也要慎重考虑其保修范围及售后服务条件,以较小的投资取得较大的收益。

(7)印染设备趋向宽幅:由于纺织厂箱幅多为 1900mm,无梭织机提供的坯布幅宽一般为 1.65m 左右。因此,印染设备一般选用门幅为 1.8m 的设备,即"—180 型";而相应的烧毛机则应比普通印染设备宽 20cm,即应选择门幅为 2.0m 的烧毛机,即"—200 型"。目前 140cm、160cm 门幅的印染设备基本上已不再选用。印染产品及印染设备正在向宽幅方向发展,设计人员在选择设备时应注意到这种趋势。

2.设备选型的一般规律

(1)前处理设备:各种类型印染厂的产品特点和生产要求虽有所不同,但前处理均应向高效、短流程工艺发展。大中型厂视加工品种和产量需要,可采用绳状和平幅两种练漂设备以及高速丝光机。但近几年来大型印染厂多不再选用绳状练漂设备,而是选用高速平幅练漂设备。中、小型厂则以选用一般平幅练漂设备为宜。对于特厚、特薄、特宽的加工品种,宜分别配置合适的设备。涤纶长丝织物印染厂前处理设备主要是精练机和碱减量机,大中型厂选用连续式碱减量设备;中小型厂则选用间歇式碱减量设备。前处理设备中汽蒸箱 L—box 用得比较多,条栅式的比较好。汽蒸箱用作退浆和煮练时双层比单层好,蒸煮结合比单汽蒸好;特别在汽蒸前有充分的预蒸,效果最好。环保节能选用冷轧堆设备。

(2)染色设备:为适应小批量、多品种的加工需要,大、中型印染厂虽以连续轧染机和热溶染色机为主,也应配以一定数量的卷染机、高温高压卷染机以及其他形式的适宜小批量染色的间歇式或连续式染色设备。小型印染厂则以选用小批量生产的染色设备为宜。涤纶长丝印染厂染色设备主要是高温高压卷染机和高温高压溢流染色机,其大、中、小型厂的区别只是选用染色设备的数量多少而已。

(3)印花设备:应根据印花织物特点、印花批量、印花要求和印花设备性能等选择印花设备。大、中型印染厂一般选用滚筒印花机和圆网印花机,视需要适当配置平网印花机,以适应花回尺寸变化、小批量和出口印花产品的要求。小型印染厂则宜选择圆网印花机或平网印花机。为适合小批量多品种且富有个性产品的需求,也可配备适量的数码印花设备。

(4)整理设备:为提高纺织产品的档次,加强印染产品后整理,应结合化学整理与机械整理加工需要选择必要的整理设备。对少数品种有特殊整理需求而设备负荷率较低者,也应予以配置,以提高生产的适应性和灵活性。

本书附录(见随书光盘)列出了106种常规印染主机设备的型号、组成、技术参数、用途、简图等信息,可供设备选型、设备排列和绘制主厂房平面排列图时参考。

二、主机设备的配置与计算

设计中确定了印染设备的种类及型号之后,必须根据生产任务量和各种设备的加工能力,对生产设备的台数进行细致的计算和平衡,此过程称为设备配置或设备计算。设备计算是工艺计算中十分重要的工作,其最终目的是合理地确定各种印染设备的数量,为下一步进行车间设备排列图设计提供依据。

(一)设备加工任务的计算

各种印染设备的加工任务是根据产品方案、各织物品种的工艺流程、原布规格和成品产量表(表2-11)、产品加工种类及分配数量表(表2-12)所列数据计算而来的。计算之后应列出所需要的全部主机设备以及每台设备每昼夜的加工任务,填写"机台加工任务表"(表2-16)。

表 2 – 16　机台加工任务表

车间 / 设备名称 / 日产量/m / 织物名称	漂练车间									染色车间						印花车间										整装车间										
	烧毛机	松式绳状练漂联合机	开幅轧水烘燥机	平幅退浆机	平幅煮练机	平幅氧漂机	轧水烘燥机	直辊布铁丝光联合机	热定形机	连续轧染机	热溶染色机	高温高压卷染机	喷射溢流染色机	卷染机	卷轴放轴两用机	打底机	滚筒印花机	圆网印花机	平网印花机	长环蒸化机	还原蒸化机	焙烘机	显色皂洗机	平幅皂洗机	松式绳状皂洗机	拉幅定形机	树脂整理机	防缩整理机	三辊轧光机	六辊轧光机	轧花机	磨毛机	检布折布联合机	验卷联合机	对折卷板机	电动打包机

注　1. 不要盲目照搬此表中所列机台，应根据设计中具体所选择的设备种类和加工方式，有针对性地进行取舍和添加。

2. 各机台加工任务应与产品方案中所列比例相符，如烧毛机、拉幅机的加工量应分别等于设计产量，而染色、印花以及部分后整理机台的加工任务应各自等于产品方案中所规定的份额。

3. 漂白机的加工任务还应包括复漂加工量。

4. 印花车间打底机可进行印花前的染底、轧白、轧水、复烘等多种加工，其加工任务量可按花布任务量的60%计算。

5. 活性染料印花后经平幅皂洗机的洗涤次数可按平均1.5次计，平幅皂洗机活性印花布的加工任务可按活性花布量的150%计算。

6. 如果设计有滚筒印花机，则印花车间松式绳状皂洗机洗涤印花衬布的加工任务可按滚筒印花布量的30%计。

（二）设备生产能力的计算

$$设备的生产能力 = 设计车速 \times 生产时间$$

1. 设计车速　车速随设备性能、生产品种的不同而不同，设计中要根据实际情况选择合适的工艺设计车速。设计车速的单位一般用"米/分钟"（m/min）或"米/台班"表示，前者多用于一般的连续运转设备，如退煮漂联合机、热溶染色机等，后者多用间歇式生产设备或虽然属于连续式运转，但经常停车的设备如卷染机、印花机等。如果设备为双头进布，则其车速一般用"m×2/min"表示。

2. 生产时间　如果按每天每班工作时间为8h计算，则每日生产时间应等于8h×运转班数×有效时间系数。有效时间系数指在一定时间内，印染设备实际运转时间和理论运转时间的比值。印染设备一般是三班连续运转，其非生产时间为设备的大、小平车时间，生产准备时间，调换品种停车时间，擦车清洁时间和事故停车时间等。影响印染设备有效时间系数的因素较多，生产中加工品种、批量大小、生产管理水平、印染设备特性和设备维修保养制度等都会影响设备的有效时间系数。有效时间系数的确定，可根据工厂历年设备运转统计资料得出。印染设备设计采用的有效时间系数一般在0.6～0.9之间。

目前印染厂设计时通常不再根据设备的设计车速以及有效时间系数来具体计算每台设备的生产能力，而是采用惯常的印染主机设备年生产能力数据直接计算设备台数。表2－17列举了常规印染主机设备的机械车速、工艺设计车速、设计年产量等技术数据，可供设计时参考。

表 2-17 常规印染主机设备的生产能力

序号	设 备 型 号	设 备 名 称	机械车速/(m/min)	设计车速/(m/min)	设计产量/(万米/年)	备 注
1	LMH003J—200 型 LMH003A—200 型	棉、涤/棉两用气体烧毛机	40~120	90~100	3000	
2	LMH005J—200 型 LMH005AJ—200 型	纯棉织物用气体烧毛机	45~150	90~100	3000	
3	LMH041—180 型	平幅酶退浆机		50~60	1500~1800	
4	LMH042J—180 型	平幅碱退浆机	35~70			
5	LMH043J—180 型	平幅碱退浆机				
6	LMA043 型	退煮漂联合机	—	80~100	2400~3000	
7	LM072 型	退煮漂联合机	—	60~70	1800~2100	
8	M081A 型 M083 型	立式煮布锅 立式煮布锅(不锈钢筒)	—	2.4t/(日·台)	400	1.5t/锅
9	M083 型	立式煮布锅	—	4.8t/(日·台)	800	3t/锅
10	LMA071 型	松式绳状练漂联合机	130	90~110	3000	单头
11	LMH067J—180 型	平幅煮练机	70	50~60	1500~1800	
12	LMH071—180 型	平幅煮练机				
13	LMH062—180 型 LMH062A—180 型	平幅氧漂机		50~60	1500~1800	
14	LMH066—180 型 LMH066J—180 型	平幅氧漂机	35~70			
15	LMH064—180 型 LMH064A—180 型	平幅氯漂机				
16	LMA045—180 型	平幅退煮漂联合机	35~70	50~60	1500~1800	
17	LMA051 型	平幅松弛练漂联合机	—	60~80	1800~2400	
18	LMH035 型	冷轧堆机	—	60~70	1800~2100	
19	SLMA6305—W1 型	平幅水洗烘燥联合机	—	80~100	2400~3000	
20	ZLZX991 型	高效蒸洗机	15~65	50~60	1500~1800	
21	LMH658 型	汽蒸水洗机	15~65	50~60	1500~1800	
22	LMA101—180 型 LMA101—180 型	轧水烘燥机		50~60	1500~1800	
23	LMA101—180 型	高效轧水烘燥机	35~70			
24	LMH131—180 型 LMH131J—180 型 LMH131A—180 型	开幅轧水烘燥机				
25	ME301—180 型 ME301A—220 型	绳状退捻开幅脱水机	10~40	25~30	750~900	
26	LMH201—180 型 LMH201A—180 型	布铗丝光机	35~70	50	1500	

续表

序号	设备型号	设备名称	机械车速/（m/min）	设计车速/（m/min）	设计产量/（万米/年）	备注
27	LMA141—250 型	布铗丝光联合机	10～30	25	750	
28	LMA142—180 型 LMA142A—180 型	高速布铗丝光联合机	100	80	2400	
29	LMA166—280 型	直辊丝光联合机	20～40	30	900	
30	LMA125—180 型	高速直辊布铗丝光机	20～100	65～70	1900～2100	
31	LM173 型	直辊布铗丝光联合机	35～70	50	1500	
32	MH774D—180 型 MH774M—220 型 MH774J	热定形机	15～100	35～40 55～60	1000 1500	
33	M751A—180 型 M751B—180 型	热定形机	15～60	35～40	1000	
34	SR785D—180 型	机织低弹织物热定形机	10～40	30	900	
35	LMV131 型	平幅松弛碱减量联合机	—	50～60	1500～1800	
36	LM705 型	平幅碱减量联合机	—	50～60	1500～1800	
37	M125A—180 型 M125B—180 型	等速卷染机	—	660m/（台·班）	60	
38	MA206—180 型 MA206—280 型	恒张力卷染机	—	5000m/（台·班）	150	
39	SM315C—180 型 SM315C—280 型	卷染机	—	660m/（台·班）	60	
40	BMA207—200 型	巨型卷染机	—	5000m/（台·班）	150	
41	M141—180 型	高温高压卷染机	—	1000m/（台·班）	80	1 台高温高压卷染机配备 2 台普通卷染机
42	MH141—180 型	卷放轴两用机	60～70	50	1500	
43	LMH305D—180 型 LMH305M—180 型	热溶染色机	30～70	45～50	1000～1200	
44	LMH323—180 型 LMH323B—180 型 LMH325D—180 型 LMH325Y—180 型	连续轧染机	35～70	45～50	1500	
45	LMA206 型	连续轧染联合机	35～70	50～60	1500～1800	

序号	设 备 型 号	设 备 名 称	机械车速/ (m/min)	设计车速/ (m/min)	设计产量/ (万米/年)	备 注
46	LMH401—180 型 LMH401B—180 型 LMH404DJ—180 型 LMH404MJ—180 型	红外线打底机	35～70	45～50	1500	
47	LMH422D—180 型	悬浮体打底机				
48	LMH423—180 型 LMH423B—180 型 LMH424MJ—180 型 LMH424DJ—180 型	热风打底机				
49	LM534A—180 型 LMA301—180 型 LMA536—180 型	八色滚筒印花机	15～20	12000～17000 m/(台·班)	棉 1200 涤/棉 1000	
50	SLMA5301 型	八色滚筒印花机	20～120	12000～17000 m/(台·班)	棉 1200 涤/棉 1000	
51	LMA331—180 型 LMH571A—180 型 RD—Ⅳ—AF—185 型	圆网印花机	6～80	—	600	
52	LMH552—180 型 LHM5V—210 型 LHM5V—275 型	平网印花机	6～10	—	200	
53	ZV993—170 型	转移印花机	4～20	—	200	
54	LM442—180 型	蒸化机	10～35	15	500	单头
55	LM433—180 型	还原蒸化机	20～70	30×2	1500	双头
56	MH251—220 型 MH251B—280 型 ARTOS5601—180～380 型	长环蒸化机	5～40、5～30 4～40、5～50 8～80、10～100	30 30×2 30×2	750 1500 1500	
57	LMA611 型 LMH611 型	松式绳状皂洗机	35～70	50	1500	
58	LMH631J—180 型	平幅皂洗机				
59	LMH636—180 型	高效平幅皂洗机	17.5～75	50	1500	
60	LMH641J—180 型 LMH643 型	平幅显色皂洗机	35～70	50	1500	
61	MH683(M、Y、D)—180 型	焙烘机	35～70	50	1500	
62	LM714—180 型	15m 布铗拉幅机	25～75	50	1500	
63	LMH731A—180 型	热风拉幅机	35～70	50～60	1500	
64	LMH722Y—180 型	浸轧短环烘燥定形机	15～50	35	1000	
65	LMH724AM—180 型 LMH724AD—180 型 LMH724AY—180 型	浸轧短环烘燥拉幅机	40	35	1000	

续表

序号	设 备 型 号	设 备 名 称	机械车速/ (m/min)	设计车速/ (m/min)	设计产量/ (万米/年)	备 注
66	LMH703AY—180型	快速树脂整理机	30~70	30~40	1000~1200	
67	LMH701D—180型	树脂整理机	35~70	40~50	1200~1500	
68	M222—180型	预缩整理机	20~80	30	1000	
69	LMH751B—180型 LMA441A—180型	防缩整理联合机	20~80	30~40	1000~1200	
70	M231J—180型	三辊轧光机	25~70	50	1500	
71	M241—180型	六辊轧光机				
72	MA421A—180型	轧花机	2.5~15	10	300	
73	MB342A型	磨毛机	—	5~30	150~900	
74	LM882—180型	验布折布联合机	—	40	800~1000	
75	MA501—180型	验卷联合机				
76	MA521—180型	对折卷板机	—	40	1200	
77	M492型	电动打包机	—	24包/h	—	
78	A752型	液压打包机	—	24包/h	—	

注 本表列出的主机设备以"—180型"为主,实际上印染设备制造厂多有成套系列门幅设备,设计中可根据设计厂织物品种的幅宽选择相应门幅的设备。

（三）设备计算台数与安装台数的确定

印染厂设计中印染主机设备的计算台数按下列公式进行计算:

$$设备计算台数 = \frac{设备的加工任务(m/d \text{ 或万米/年})}{设备的生产能力(m/d \text{ 或万米/年})}$$

计算出来的设备台数通常为小数,在实际设计中当然不可能安装非整数台设备,这就需要确定合理的安装台数,通常是取比计算台数多的整数台。安装台数是否合理可由设备负荷率的大小来决定。

设备负荷率按下式计算:

$$设备负荷率 = \frac{设备计算台数}{设备安装台数} \times 100\%$$

从充分发挥配置设备的作用而言,希望其负荷率高些,但由于加工品种多,市场需求变化大,主机又不可能配置备用台,所以应考虑设备负荷率不宜太高而适当留有余地,使生产运作具有一定的潜力和灵活性。

一般来说,前处理以及后整理的常规连续设备,如退煮漂联合机、丝光机、热定形机以及后整理中的拉幅机、验布机等,负荷率可以高一些,可在90%左右;染色和印花机台的负荷率可适当低些,可在75%左右;对于一些间歇式设备、加工任务有季节性变化的设备或加工少数品种的设备,如轧光机、电光机、轧纹机、涂层整理机等,其负荷率较低些是合理而允许的。

根据设备的负荷率,可以计算出设备的每昼夜运转小时数:

设备的每昼夜运转小时数 = 8h × 运转班数 × 设备负荷率

知道了设备的每昼夜运转小时数,就可以根据设备的水、电、蒸汽等指标的消耗定额计算出设备的水、电、汽、煤气、压缩空气等的消耗量。

进行设备计算时,往往需考虑各方面因素反复进行斟酌,以达到前后协调平衡,最终确定合理的设备安装台数。印染设备计算可按表 2-18 或表 2-19 进行。

表 2-18 印染主机设备计算表

序 号	设备名称	设计车速/(m/min)	有效时间系数	日生产能力/(m/d)	日加工量/(m/d)	设备台数		设备负荷率/%	备 注
						计算	安装		

表 2-19 印染主机设备计算表

序 号	设备名称	年生产能力/(万米/年)	年加工量/(万米/年)	设备台数		设备负荷率/%	备 注
				计算	安装		

注 1. 可以机台加工任务表中所列机台顺序依次填写此表中"设备名称"一栏。

    2. 普通卷染机一般每 3 台为一组,其安装台数应为 3 的整数倍。

    3. 每台高温高压卷染机应另配 2 台普通卷染机以作套染及后处理用。

表 2-18、表 2-19 的计算方法中,前者是以每昼夜的加工品种和平均加工量为计算依据,但实际生产中每昼夜的加工量往往并非很均衡,特别是按市场需求生产,加工任务和产品多变的情况更为突出。因而,近年来设计单位采用以设备年生产能力和设备的年加工量计算,比较符合当前实际生产情况,简化了计算过程。

印染主机设备计算表确定了各种主机设备的安装台数,但一般尚没有确定设备的具体型号。接下来可根据前面所述设备选型的原则,再参考附录(见随书光盘)所列常见印染设备的技术规格、外形尺寸等有关资料,选择确定各台设备的具体型号,并结合机器平面排列图决定各台设备的车别(即左手车或右手车),然后填写"主机设备一览表"(表 2-20)。表中所列各台设备的外形尺寸是画主厂房设备平面排列图所依据的重要数据之一。

表 2-20 主机设备一览表[5]

序 号	机器型号及名称	台数/台		外形尺寸(长×宽×高)/mm	备 注
		左手车	右手车		

三、车间布置和设备排列

生产设备的类型和数量确定之后,即可进行车间布置和设备排列。车间布置的任务就是确定各生产车间及有关附属房屋在厂房中的相互位置。这项工作应结合生产区总平面布置、厂房形式、工厂规模、产品种类、分间面积、建筑防火规范和机器排列方案等综合考虑。合理的车间布置不仅应为生产提供方便,而且要为土建、电气、空调、供水、排水等提供方便。

(一)车间布置的原则

(1)按照厂区总平面图布置方案,车间的原料进布和成品出口的布置应接近有关仓库。如坯布间应靠近坯布库,成品间应靠近成品库。

(2)各车间的相互位置,应保证生产中制品尽可能直线前进,应使运输路线缩短至最小限度,并要避免迂回交叉,便于运输。在考虑工艺路线的同时,也要照顾到车间的整齐。

(3)各主要生产车间宜划分清楚,以便分区管理。干湿车间和散发有毒气体或灰尘的车间,应尽可能分隔以便布置空调。换气次数多、蒸汽散发多的车间应设在易透风的地方。腐蚀严重的车间安排在一起,污染严重的沟道放在一起,以便清浊分流。但面积不大的厂房隔墙不易太多,厂房内隔墙宜取整柱网,不宜在厂房内随意隔小间。

(4)生产辅助设施应尽量靠近生产车间和使用机台。如碱回收站应靠近练漂车间,雕刻间应靠近印花车间,调浆间应靠近印花机头,变电所、热力站要求设在负荷中心以缩短管路,减少电能、热能的损失,且便于工作联系。

(5)在多层厂房中,重量大、用水用汽多的机台,应尽量布置在底层。

(6)车间布置应尽量满足天沟排水的要求,东西宽最好在160m以内。

(7)厂房外形应尽量整齐,布置成长方形较好,不宜做正方形布置。

(8)车间位置和结构,应符合建筑和防火规定,如烧毛间应以防火墙隔开。

(二)车间布置的几种形式

印染厂的车间布置有多种形式,取决于生产规模、厂区特点和建厂地区气候条件。常用的有以下几种设计形式[15]。

1."U"字形厂房的布置　坯布仓库与成品仓库一般设在主厂房后面的仓库区,因此主厂房的坯布进口与成品出口也应设在厂房的后侧。为适应这种情况,车间内部的生产路线就排成"U"字形。漂练车间与整装车间在靠近厂后区的一侧,染色车间与印花车间在厂前区的一侧,如图2-2所示。

图2-2　"U"字形布置

2."凵"字形厂房的布置　在比较炎热的地区,为了充分利用自然通风,使厂房连在一起的跨数尽量减少,将厂房排成多条形式,如排成"凵"字形,如图2-3所示。条形的划分常常与车间划分相结合,各条之间的运输,则利用厂房的端部与条形厂房相垂直,即这一条的出口必须对准另一条的进口,因此条形厂房门的位置可移动范围较小。厂房"凵"字形布置,其特点是自然通风好,采光好,各生产车间之间依靠通道连成一体,便于生产联系和运输。其缺点是厂房占地面积较大。

3. 矩形厂房的布置　在规模较大的印染厂中,由于漂白半制品要分送染色、印花、整装三个车间,而在白布的运输中,又要尽可能做到不穿越其他车间,因此通常在厂房中间留有一条中央通道,供运输半制品之用,也可兼作临时储存布车之用。由于中央通道位于厂房中间,可作为上下班时的人流通道,地下作为管道与地下沟道的主干线。这种形式的厂房对车间划分和附房的安排都比较方便,同时对生产和设备的变更有较大的适应能力,如图2-4所示。

图2-3　"凵"字形布置

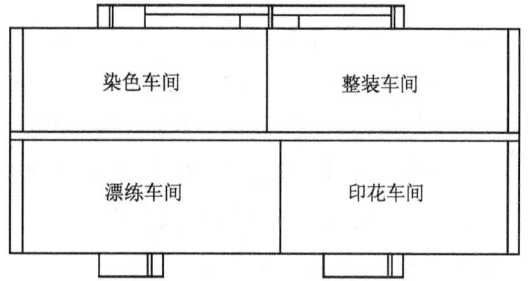

图2-4　矩形厂房布置

图2-5　多层厂房布置

4. 多层厂房的布置　在场地比较紧张的情况下,尤其是老厂扩建受场地的限制时,宜采用多层楼房厂房,如图2-5所示。楼房厂房的车间布置和排列更为复杂,楼房厂房的宽度有一定限制,太大了对自然采光与自然通风不利。楼房不仅是分层的,也有分条的,既有上下联系与运输,又有条与条之间的联系和运输。一般楼房厂房坯布的进口在底层,半制品逐层向上运输。堆布车在下一层,在楼板开一条狭长的穿布缝,由上层的机器将车内的布不断拉上去。这样就能化整为零地解决垂直运输,最后成品在顶层包装,布包用滑梯滑下,木箱或纸箱则由电梯运至底层,再送入仓库。因此,上下层的机台的排列应要求下层机台的落布与上层机台的进布靠近。各条楼房之间的通道布置与平房的条形厂房相同,某些机台的基础较深如印花机、六辊轧光机等,不宜安装在楼层上。在楼房厂房的排列中,湿加工的机台尽可能设在底层,如若布置在楼上,则要做好防水措施。

(三)厂房的建筑结构形式、柱网和高度的选择

1. 厂房的建筑结构形式　印染厂厂房主要有锯齿形厂房、气楼式厂房、多层楼房式厂房、钢结构厂房等几种结构形式。印染厂传统的厂房形式多为锯齿形厂房,近年来钢结构厂房也较流行。各种厂房的结构形式及特点详见第三章第二节厂房设计部分。

2．柱网尺寸选择 在厂房建筑中，为支撑屋顶需设柱子。柱子在平面上排列所形成的网格称为柱网。柱网尺寸是指在横向和纵向上相邻两根柱子间的距离。柱网一般用"跨度×柱距"来表示，跨度是指屋架方向相邻两柱之间的距离，柱距是指沿大梁方向相邻两柱之间的距离。

选择柱网尺寸应考虑印染主机设备的尺寸和设备的排列、工人操作、检修和布车运输距离要求等诸多因素。从工艺设计的角度来讲，柱网尺寸越大，柱子数量越少，机器排列越灵活方便。但在选择柱网尺寸时，也应考虑建筑结构是否经济合理，施工是否可行等因素，经过综合分析研究后加以确定。

印染厂通常把两台设备排列在一个跨度内，厂房跨度尺寸一般为：

13.5～14.0m（排列2台1800mm幅宽设备）；

12.0～14.0m（排列1台3200mm幅宽设备）；

18.0～20.0m（钢结构厂房，排列2台3200mm幅宽设备）。

厂房柱距一般为：6m、7.5m、9m、12m。

3．高度确定 印染厂厂房高度主要取决于设备的高度，还要考虑车间采光、通风的要求。

（1）锯齿形厂房：机器平行锯齿天窗排列时，梁底高度为5～5.5m；机器垂直锯齿天窗排列时，梁底高度为6m。

（2）气楼式厂房：檐高为6m。

（3）楼房式厂房：层高为6～9m，一般底层、二层层高为9m，顶层整理车间层高为6m。

（4）钢结构厂房：高度为7～8m。

（四）分间面积的计算

印染厂设备排列时，除了要考虑设备的机械外形尺寸之外，还需考虑根据染整工艺的要求留出适当的工作区间，以便于工人操作和布匹周转。常见必要的工作间（不一定是车间）有原布间、白布间、装潢间、打包间。车间内分间面积应根据设计规模并适当考虑今后扩建的可能进行计算。传统的分间面积（m²）计算方法比较烦琐，现可根据《印染工业企业设计技术规定》FJJ 104—84中的下列方法进行比较简便的计算。

$$原布间面积 = 每天加工布重×15$$

$$白布间面积 = 每天加工布重×8 + 每天印花布重×6$$

$$装潢间面积 = 每天加工布重×34 + 每天印花布重×35$$

$$打包间面积 = 每天加工布重×4.4 + 打包机台数×32$$

式中每天加工布重（t）可根据各织物品种的无浆干重和加工数量进行计算（见表2-11）。

（五）设备排列的原则

1．设备排列方向的确定 设备平面排列按车间布置和工艺流程的要求进行设计。设备排列时首先须确定设备排列的方向，这对大面积矩形厂房的车间更为重要。设计者应从生产路线、采光、设备安装高度和宽度、柱网尺寸、大梁凝结水滴等方面分析，来确定设备排列方向。以锯齿形厂房为例，近三十年来多采用平行大梁方向排列设备（简称"顺锯齿"），并在一个跨度内排列两台设备，这种排列方式特别有利于安装较高设备，避免大梁底面滴水造成布面疵病，同时也有利于均匀采光。

2.缩短在制品的运输距离　按工艺流程排列设备应尽量缩短有关设备和工段之间在制品的运输距离,避免其往返交叉运输。但由于各品种的工艺流程不尽相同,往往不能处处满足这一要求,则应保证主要品种的生产路线顺畅。

一般锯齿厂房东西向长,南北向窄,这样设置有利于缩短在制品的运输距离。比如某印染厂设计为锯齿形厂房,南采光,设备顺锯齿排列。但整个生产厂房东西向窄,南北向长,结果使得前处理、丝光、连续轧染、印花、蒸化、平幅皂洗、拉幅定形等设备在东西方向上只能排一台,造成推布车不断拐弯,运输路线不顺畅。因此,不宜采用南北长条形厂房。

3.某些设备应隔离,同类设备宜集中　为了保证生产安全,改善劳动条件,便于空调、分区管理以及有利于产品质量,应将散发烟尘、纤维屑、有害气体的一些设备与邻近其他设备分隔,并尽可能布置于厂房外侧(如烧毛、蒸化、磨毛、起绒等设备);干、湿工段的设备应尽可能隔开;同类设备宜集中排列,如丝光机、卷染机、溢喷染色机等各自按类集中于同一地段排列,以便于将排放的碱液或染液集中处理,管路电器等集中安装。

4.烧毛间的布置　由于印染厂大多采用气体烧毛机,热源为煤气、汽油汽化器,烧毛间内有明火及可燃性气体存在,应单独分隔烧毛间,并配备消防设施,以保证安全生产。

5.卷染间的布置　卷染间最好能靠边跨排列,在外墙设地脚窗通风降温。卷染机排列时,前后两台中心距为 2500mm 左右,两排之间中心距为 5500mm 左右为宜。

6.印花间的布置　印花车间应单独隔开。印花机、蒸化机应与皂洗机分隔,干湿分开,对地下排水沟道的布置和空调通风的安排都有利。

7.设备四周的留空距离　排列设备应满足生产、维修、堆布车、布卷车运输、地下沟道、柱基以及在制品堆放等要求,通常要求印染设备四周的留空距离如下。

(1)在一个跨度或柱距内排装两台设备时,应将设备的传动侧分别布置在各自的屋柱或墙壁一侧,即设备的操作面向二机间的通道。该通道宽度单向运输为 1.2m 左右,双向运输为2.2m左右,视设备公称宽度和布车、布卷车运输需要而定。

(2)为保养、检修设备需要,设备最宽部分距墙壁应不小于 0.7m,距柱子应不小于 0.5m。

(3)设备的进布架和落布架各距墙面 6m 左右,高速平幅设备进布、落布留空距离还应适当加大。若几台设备并列而其进布端或出布端面向墙壁的情况下,还需考虑该处布车、布卷车横向运输需要而适当加大留空距离。

(4)前后紧接的两台设备之间的距离,即落布架到进布架为 6m 左右,用 J 形容布箱连接者,则间距为 3m 左右。

8.有关工序之间须留堆放在制品的面积　除原布间、白布间、装潢间、打包间等按计算面积留出位置外,有关工序之间由于前后设备车速相差较大,或因工艺操作致使设备车速变化,或因某些设备间歇性生产而不能连续加工,因而还要留出堆放在制品的必要面积,如烧毛后退煮漂之前、卷染之前、印花后蒸化之前、整理后检布量布之前等都要留有一定的在制品堆放区。

9.电源柜与开关箱的布置　电源柜与开关箱的布置,既要考虑尽量靠近机台,以节省线路,方便操作,又要考虑机台周围环境的影响,应考虑防潮、防腐蚀的要求,必要时可在机台旁设单独房间专门放置电源柜、开关箱,保证机台正常运转。

10. 染化料调配的布置 染化料的供应是集中调配还是在机台旁调配视工厂的规模而定。一般讲,机台多,宜集中调配管道输送染化料,以保持车间整洁;机台少,则在机台旁边调配供应,较灵活方便,管道短,不易产生染化料的沉淀。

第四节 印染厂定员计算

定员计算是印染厂工艺设计的重要内容之一。印染厂定员计算受生产规模、产品品种、工作制度、机器设备和性能等诸多因素的影响。合理的劳动定员对印染厂正常生产、提高劳动生产率具有重要意义。

一、工作制度

工作制度是工厂组织生产的基本制度,它直接关系到工厂设计的生产能力、机器配备、公用工程设施、劳动定员、基建投资和生产成本等一系列重大问题。根据印染生产特点,我国印染工厂一般均实行三班制连续生产,每班 8h。生产车间的少数工段和辅助生产部门,根据工种性质可实行常日班或两班制生产,行政管理部门实行常日班制。目前,印染厂一般按每位职工周工作 40h,年工作 251 个工作日进行设计(实际生产中一般工厂每年为 300 多个工作日,超过工作日应作为加班)。

二、定员计算的目的

定员计算是印染厂工艺设计的一个组成部分。定员计算的目的是:为所建印染厂配备生产工人、制定培训计划、安排工程技术人员和管理人员提供依据,以保证顺利开工生产;为设计过程中计算附房面积包括办公室、男女浴室、更衣室、厕所等提供设计依据,并且为职工宿舍、卫生所、食堂等其他生活设施提供设计依据。

三、全厂人员比例

印染厂职工由生产工人、辅助生产工人和非生产人员三部分组成。

生产工人指从坯布检验到成品打包的全部运转工以及图案设计、雕刻、设备检修(保全、保养等)、试化验、污水处理等部门的生产工人。

辅助生产工人指机、电、锅炉、修缮、供销、仓库等部门的工人,一般按全厂总人数的 20% 计算。

非生产人员指生产管理人员(包括车间技术人员)、食堂、勤杂等人员,非生产人员过去一般按全厂总人数的 18% 计算。

随着印染设备自动化程度的提高、生产管理体制的变化以及管理水平的完善,生产工人和各部分人员的比例也在发生变化。目前,企业中辅助生产工人和非生产人员的比例已经远低于上述数据,设计中可根据实际情况进行选择。

四、印染设备单机台定员参考定额

合理的劳动定额是进行定员计算的基础。劳动定额一般以每台机器配备的定员数或工人在单位时间(如8h)内所完成的工作量来表示。影响劳动定额的因素很多,主要有机器的性能(如车速、自动化程度等)、产品品种、工艺流程、前后工段分工协作关系等。单机台劳动定员一般可参照1983年纺织工业部制定的《印染企业运转生产工人劳动规范》(试行本)中的定员规定进行计算(表2-21)。

表2-21 印染设备单机台劳动定员[4] 单位:人

设备名称		工 种	每班定员		备 注
			男	女	
原布间		检布工		4400m/(人·班)	坏布抽查率5%
		翻布打印工	4万米/(人·班)	—	
		缝头工	—	4万米/(人·班)	
气体烧毛机		挡车工、出布工	1	1	汽油烧毛者加1人
双层气体烧毛机		挡车工、进布工、出布工	2	1	
平幅酶退浆机		挡车工、进布工、出布工	2	1	
漂练车间	平幅碱退浆机	挡车工、进布工、出布工	2	1	
	平幅氯漂机	挡车工、进布工、出布工	2	1	
	平幅氧漂机	挡车工、进布工、出布工	2	1	轧卷式另加1人
	平幅亚漂机	挡车工、进布工、出布工	2	1	
	煮布锅	挡车工、轧碱工	2		2台
	绳状练漂机	挡车工、轧碱汽蒸工、轧漂工、轧酸工、水洗工	3	2	
	布铗丝光机	挡车工、进布工、出布工	2	1	
	直辊丝光机	挡车工、进布工、出布工	2	1	
	轧水烘燥机	挡车工、出布工	1	1	
	开幅轧水烘燥机	挡车工、出布工	1	1	
	热定形机	挡车工、进布工、出布工	2	1	两台并列减少1人
	半制品收发	收发工			
	漂液调配室	漂液、硫酸调配工	1		
	碱液回收站 不苛化	挡车工、配碱工	1~2		
	苛化	挡车工、配碱工、苛化工	3~4		

设备名称		工种	每班定员		备注
			男	女	
漂练车间	碱液回收站 苛化	滴定工	—	1	
		半制品收发工	1	—	
		次氯酸钠、硫酸调配工	1	—	
		洗油污工			根据漂布产量确定
染色车间	热溶染色机（热溶染色部分）	挡车工、配液工、进布工、出布工	3	1	
	连续轧染机	挡车工、配液工、进布工、还原进布工、出布工	3	2	
	卷染机	挡车工	3台/人	—	
	高温高压卷染机	挡车工	2台/人	—	
	卷轴放轴两用机	卷轴工	1	1	
	轧烘机	挡车工、出布工	1	1	
	称料室	配染化料工	1	—	5台染色机以上增加1人
印花车间	滚筒印花机	挡车工、副手、助手、进布工、进布助手、衬布工、出布工、打样工	6	2	
	平网印花机	挡车工、副手、进布工、加浆工	3	1	
	圆网印花机	挡车工、副手、进布工、出布工、打样工	3	2	
	转移印花机	挡车工、进布工、出布工	2	1	
	蒸化机	挡车工、出布工	1	1	
	平幅显色皂洗机	挡车工、进布工、出布工	2	1	
	平幅皂洗机	挡车工、进布工、出布工	2	1	
	绳状洗衬（花）布机	挡车工、进布工、出布工	2	1	
	打底机	挡车工、进布工、出布工	2	1	
	装拆花筒机	正手、副手			70套以下/月，设2人 70套以上/月，设4人 150套以上/月，设6人
	调浆间	基本色配制工			大中型厂设常日班1人
		调色正手、副手			每台印花机设2~3人
		煮糊工	1		3台印花机以上增设1人
		磨料工			大中型厂设常日班1人
		配染化料工	1		3台印花机以上增设1人
		剩浆管理工			设常日班1人
		白布管理工		1	
		衬布管理工		1	
	雕刻间				1.3套花样/（人·月）

设 备 名 称	工 种	每班定员		备 注
		男	女	
热风拉幅机	挡车工、进布工、出布工	2	1	
布铗拉幅机	挡车工、出布工	1	1	
树脂整理机	挡车工、树脂浸轧进布工、出布工、焙烘机进布工、出布工、平洗机进布工、出布工	4	3	
快速树脂整理机	挡车工、进布工、出布工	2	1	
防缩整理机	挡车工、出布工	1	1	
简易预缩机	挡车工	1		
磨毛机	挡车工、出布工	1	1	
轧光机	挡车工、出布工	1	1	
电光机	挡车工、出布工	1	1	
轧花机	挡车工、出布工	1	1	
验布量布联合机	成品检验工、码剪定等工、复查折布工		3	门幅107～127cm可增1人;门幅127cm以上可加倍增设
卷板机	挡车工、打印工、纸包工			卷板3000m/(人·班);圆筒2500m/(人·班)
打包装箱	打包装箱工、绞包过磅工			内销25箱(件)/人;外销15箱(件)/人
	裁包布刷字工			150包/(台·班),每班1人
	制袋工			150包/(台·班),每班1人
	敲打包铁皮工			大中型厂有外销,包装可设常日班1人
	拼件工			内销漂、色布50件/人;花布40件/人;外销35件/人
	堆布接头工			5台验布机1人/班
	商标工			大中型厂设常日班1人
	样本工			每月75只配备1人
	理零布工			1200m/人
	洗油污渍工			根据生产任务、返工情况定
	车间杂务工			300人以上车间设常日班1人

整
装
车
间

第五节　印染厂附房

印染厂附房(attached houses)是指分布在主厂房周围的附属房屋建筑,其作用是满足生产的需要,保证车间生产的正常进行。这些附房有工艺专业设计的,也有土建专业和其他公用工程专业设计的。附房一般有以下两类:

生产性附房:工艺专业设计的——包括碱液回收站、漂染液调配间、雕刻间、制网间、调浆间、实验室和化验室等;公用工程专业设计的——空气压缩站、保全室、高温热源、空调室、热力站、锅炉房、配电室、仓储、机修间、控制室等。

生活性附房:土建专业设计的——包括车间办公室、会议室、休息室、更衣室、车间厕所、车间食堂、淋浴室等。

一、生产性附房

(一)碱液回收站[15]

碱液回收站是为丝光、煮练及退浆用碱配套服务的辅助生产系统,包括碱液的储存、蒸发、调配、供应,有时还有固碱的溶解、碱液的净化等。

纯棉、涤/棉织物在丝光过程中须从织物上洗下 40~50g/L 淡烧碱液,量很大,一般是织物重的 5~6 倍,除其中 1/6 左右供退浆、煮练、印花后处理等利用外,还有 5/6 左右应予以回收利用,从而节约烧碱,降低生产成本及污水处理费用。若在工厂附近有需要大量淡碱液的用户,则应争取将淡碱液卖给用户。这样既节省本厂基建投资和节约能源,又可减轻回收淡碱液的管理和费用,更重要的是新碱液含杂量少,有利于保证丝光质量。如果无此协作条件,碱液回收站必须设淡碱蒸浓装置。

碱液回收站的功能是:配制新碱液、回收淡碱液、蒸浓碱液的计量储存;回收淡碱液的净化与残渣处理;回收淡碱液蒸浓;煮练、丝光碱液的调配及供应等。

碱液回收站在厂区的布置一般掌握以下原则:

(1)碱液回收站应靠近主厂房内的丝光机,有足够能源(水、电、汽)供应,站旁有卡车运输道路。

(2)碱液回收站厂房结构应与主厂房分开,厂房一般为长方形二层或三层楼房,层高按设备要求,屋顶设水喷射冷凝器及水冷却塔。

(二)漂染液调配间

织物印染加工过程中,需要多种一定浓度的生产用液,其调配方法有繁有简,有的在调配过程中散发出有害气体,有的具有腐蚀性,故对各种用液的调配场所、设备和配置方法应区别对待。对调配过程比较复杂或调配时散发有害气体的,宜在靠近机台的附房内配制,并应适当排风;对调配工程简单的,则以在机台旁调配为好。

(1)碱液:印染厂使用的碱液有退浆液、煮练液及丝光液等数种。前两种液体,一般都利用丝光淡液配置,在中小型印染厂用量不大时,可直接将丝光淡液送至退浆及煮练机旁的调配供应桶中进行调配使用。调配桶用两只,置于 2m 左右高的平台上,一只调配,一只供液,交替使用。桶的材质用钢板或不锈钢板制作,这样可以节省碱液往返碱液调配回收站的输送管道。丝光碱液则在碱液调配回收站配制。在大型厂可将煮练液与丝光液集中在碱液调配回收站配制后由管道送至车间机台选用。

(2)漂白剂:漂白剂有次氯酸钠、亚氯酸钠和双氧水(过氧化氢)数种。次氯酸钠价格低廉,对设备要求不高,但很容易产生氧化纤维素而损伤纤维,适用于中低档棉漂布及一般色布;亚氯酸钠是一种优良的漂白剂,白度高,对纤维损伤小,但成本较高,对设备材料要求高,有毒性,适用于高档产品;双氧水是目前应用最为普遍的漂白剂,其调配槽一般直接设在机台旁,调配槽需用不锈钢槽,并配备夹持式搅拌器,以便在调配时充分搅拌。

(3)硫酸液:若用量不大时可采用酸坛供酸,可将浓硫酸直接通入机台旁的地下耐酸容器(耐酸地槽或耐酸缸等)中,然后用耐酸泵送至高位调配供应桶调配使用。在运送酸坛时要用专用的小车,工人需戴必要的防护品,以免被酸液灼伤。

(4)染液:染液的制备根据染色机台的不同,分机台旁调配及集中调配两种。如卷染机用的染液,在卷染间旁一般都设有染化料储存称料室,由称料工根据工艺处方称料,然后送至卷染机旁调配。而轧染机可设染液调配间,因其使用的某些染料(如还原染料悬浮体或分散染料)一般要求颗粒直径不超过 $2\mu m$,因此必须经过砂磨机或胶体研磨机研磨后方可使用。配备研磨机可按一台轧染机配两套(包括给液桶、砂磨机、齿轮泵),如果两台轧染机则应配三套。研磨后的染料浓液,可调配到染色所需浓度,用泵通过管道压送至机台旁高位供应桶使用。亦可将浓液直接送至机台旁的调配供应桶,调配后供机台使用。调配供应桶容积约为500L,材质为不锈钢板,并配有夹持式搅拌器。

其他如肥皂液、上浆液、加白液、树脂液等均可在机台旁调配,调配桶的容积、材质同上,亦配夹持式搅拌器。

(三)雕刻间

雕刻是印花前准备的关键工序,印染厂传统的雕刻方法有缩小雕刻、照相雕刻、钢芯轧纹雕刻等。其中缩小雕刻仅适用于滚筒印花机的花筒雕刻;照相雕刻由于花型生动活泼,浓淡匀称,且能减轻劳动强度,故被广泛采用,照相雕刻对滚筒印花机和平、圆网印花机均能适用;钢芯雕刻用来制作排列整齐、花纹精细的图案,也只适用于滚筒印花机的花筒雕刻。设计时应根据印染厂印花布的生产量以及印花机的种类和数量,选择不同的雕刻方法和相应的雕刻设备。

如只有 1~2 台滚筒印花机时,一般配缩小雕刻即可,如有 2 台以上滚筒印花机兼有平、圆网印花机时,可增配照相雕刻等设备。

雕刻间一般应与主厂房分开,单独建筑,位于整个厂房的下风向。规模大的雕刻间可以建楼房,将镀铬、腐蚀等工序设在底层,缩小、照相等工序设在楼上。雕刻间若设在主厂房的附房内,因雕刻间的部分设备如缩小机、连晒机等均需避震,故雕刻间最好与主车间离开适当的距离。如条件不允许时,必须注意尽量避开震动较剧烈的机器。缩小机、手工修理台等应有良好的采光,尽可能沿窗安置。腐蚀、镀铬、剥铬等工序均有腐蚀性气体散发,应考虑通排风装置,且应位于整个雕刻间的下风向,若能与雕刻间脱开则更好,可以尽量减少腐蚀气体及污水对雕刻间的影响。雕刻间的地面和排水沟道应采用能耐酸性化学药品腐蚀的材料;花筒装拆机安装于雕刻间或印花机房均可。

(四)制网间

传统的雕刻工艺烦琐而冗长,操作方式落后。随着技术进步,目前情况已有较大改观,现在正逐步推广应用制网雕刻的自动化设备。

1.圆网自动制网机

(1)杭州宏华数码科技股份有限公司的圆网喷墨制网系统:速度快,可免去激光照排的时间;接版好控制,软件和工作原理可保证精细线条、满地泥点和云纹图案无接缝;成本低、操作方便,即开即用,不需要任何待机时间;水溶性墨液在显影冲洗时非常方便。

(2)杭州开源电脑技术有限公司的圆网喷蜡制网机:该机采用热蜡直接制网,160个喷头同时工作,速度高,在1016dpi条件下,平均为6~7min/m²,重复精度为±0.2mm;机器寿命长,压电晶体喷头腔体为陶瓷材料,喷蜡次数可高达600亿次,且具有自身排气防堵的功能;印制质量好,由于喷出的蜡点极细且立即凝固,不会渗透扩张,更能体现出云纹和精细线条等效果;因蜡紧密结合在网上,可延长曝光时间,使感光胶凝固更彻底,制成的网结实耐磨。

(3)绍兴轻纺科技中心有限公司的jc3500型圆网激光制网机:计算机按花样分色的数字信息控制激光打点,直接在已涂胶的网上瞬时烧蚀(气化),雕刻出所需花纹。

激光直接制网,图案未经胶片、蜡液或墨汁等中间介质传递,也不需要曝光、显影等过程,故其工艺最短,也能最大限度地保留花型信息。激光制网以其激光束聚焦系统的稳定性及激光发生器、激光头对网坯雕刻点、恒定距离等,保证恒定的激光功率,从而使"雕刻"均匀,同时,网版重制时,重现性也能得到保证。

2.平网自动制网机

(1)杭州宏华数码科技股份有限公司的平网喷墨制网机:该机的定位精度为0.035mm,生产速度为8min/m²(360/720dpi),最大花型尺寸为2991mm×3055mm。

(2)杭州开源电脑技术有限公司的平网喷蜡制网机:采用热蜡直接在平网上喷绘图案,之后曝光冲洗即可制成专业级丝网,省却贴感光胶片的工序,克服了由此而产生的接缝不准、网点损失、有杂质等缺陷,色彩重现度好,其精度与圆网喷蜡制网大致相同,最大花型为2800mm×3000mm。

(五)调浆间

调浆间是将不同浆料调制成原糊,将染料制成基本色,然后再将原糊、基本色及其他助剂根据印制色泽的深浅要求,按比例调成色浆,供印花时使用。

调浆间的规模根据印花机的生产能力而定。不同类型的印花机和不同品种的印花织物使用的染料、浆料不同,其调浆设备的种类和数量就不尽相同,因而调浆间的面积差别也较大。一般1~2台滚筒印花机的调浆间面积约为350m²,两台以上滚筒印花机的调浆间面积约为550m²。若为筛网印花机,因其车速远不及滚筒印花机,故调浆间面积可大大缩小。调浆间内可划分为原糊制备、染料研磨、基本色储存、色浆调制、染化料储存称料等几个区域。

布置调浆间时,应与印花车间分隔,但又必须尽量邻近印花机以利于色浆的输送。色浆的输送可存放于浆桶中用小车推送,也可用浆泵管道输送,可视具体情况及规模而定。调浆间应有较好的通风排气条件,以利于排除湿热气体;墙、地面、排风罩等均应做耐腐蚀处理。调浆间往往有大量排水,并带有黏稠的浆料,故应设置带有漏空盖板的明沟,以利于排除黏性废水及清疏沟道。

2005 年获得国家科技进步二等奖的杭州开源电脑技术有限公司研制的全自动电脑调浆系统正在实际生产中推广应用。全自动调浆系统则是基于电脑自动测色、配色的功能软件,以及精确控制的自动化给料、称重手段来实现调配色浆的准确、精确、重现性的一种先进的工艺设备。杭州开源电脑技术有限公司的印花调浆系统可以按照设定的配方,自动、连续地控制各部分物料的计量、投料、搅拌和出料,同时具有对数据进行浏览、查询、统计和打印等管理功能,适用于还原、活性、分散和涂料等染料的印花工艺。

该设备拥有小样和生产两套独立的色浆分配系统,小样调浆量为 5 ~ 3000g,生产调浆可调浆料 25kg/min[16]。由于印花用染料已先期溶解并储存在母液罐中,配制印花色浆时,只要输入处方,电脑就会快速准确地将所需染料发入已加有原糊的浆桶,避免了人工称料造成的误差,经调整黏度和重量,再经全自动搅拌机及自动输送带,将色浆直接送入印花机使用,节省了劳动力,减少了误差,并极大地节省了染化料的消耗,提高了生产效率。

(六)实验室和化验室

实验室的全称为物理实验室,它的主要任务是负责半成品和成品的各项染色牢度和物理机械性能的检验。化验室除开展一些科研工作外,主要任务是负责进厂染化料以及助剂的验收工作,配合车间快速测定所需的标准溶液以及做小样实验等。

1. 化验室的设置及注意事项

(1)化验室可考虑安排在车间附房或邻近车间的办公楼内,但应注意化验室有防震、防火、防爆要求,所以要远离车间空调室、变电间、热力站等。为便于事故疏散,化验室的门应向外开。

(2)化验室内要求光线明亮,通风良好,但要避免阳光直射。一般化验室无特殊温湿度要求。

(3)根据防尘要求的不同,化验室的地面可分别采用一般水泥地面和水磨石地面。

(4)为排除操作过程中产生的有害气体,室内应设置排毒柜。排毒柜的位置不宜靠近门口,以防气流短路。

(5)化验台必须与有窗的外墙垂直,以利采光。化验台、天平台、水磨石台的规格可参照国家标准设计。

(6)化验室使用的电热及用电的测试仪器较多,故应在适当位置留有足够的三相和两相插座。

2. 实验室的设置及注意事项

实验室可考虑设置于综合办公楼内,亦可设于车间附近。由于半成品、成品的某些物理指标会随温度的变化而波动,故应在实验室中设恒温恒湿间(温度:20℃ ±2℃,湿度:65% ±3%)。

(七)空气压缩站

空气压缩站用以提供各机台轧车部分所需的压缩空气。空压站的位置应尽量靠近用气负荷多的地方,且宜布置在散发腐蚀性和有毒气体以及粉尘等有害物的建筑物的上风侧。储气罐应布置在室外。空气压缩站的占地面积,在年产 4000 万米的印染厂中一般为 $50m^2$ 左右,在年产 8000 万米的印染厂中为 $70m^2$ 左右。

(八)保全室

保全的任务是负责车间的日常机械维修和保养。保全室在大中型厂中一般分别设置在所属各车间内,小型厂可各车间合并设置。保全室占地面积,在年产4000万米的印染厂中可取100~200m²,在年产8000万米的印染厂中可取260~300m²。

(九)高温热源

印染厂高温热源是指除常压蒸汽之外所需的热源。使用高温热源的设备有气体烧毛机、热定形机、连续轧染机、热溶染色机、常压高温蒸化机、树脂整理机、高温拉幅机、焙烘机等。高温热源有电、汽油、水煤气、城市煤气、天然气、液化石油气(丙丁烷)、载热油等。

选择高温热源应根据建厂地区燃料来源情况、高温热源需用量、成本高低等技术经济条件,因地制宜地进行选择。从使用方便、经济、安全、卫生上看,城市煤气是高温热源中最理想的一种。在有条件的地区,可直接使用城市煤气。采用城市煤气且用量较大的企业(一般≥1000m³/h),应在厂内设置煤气分配站。煤气分配站的位置常设在生产车间的附房内,靠近用气负荷中心。没有城市煤气、液化石油气和天然气,但有煤供应的大中型企业可自设煤气发生站,占地面积为400~600m²。若无条件建煤气发生站,烧毛可用汽油汽化器,每台汽化器占地20~30m²;定形机、热溶染色机等可用电或油锅炉,每台油锅炉占地30m²左右。

其他生产性附房如热力站、空调室、配电室、各种仓储(包括坯布库、成品库、染化料库、危险品库、机物料库等)、锅炉房、污水处理站等可根据工艺需要和专业特色要求安排在主厂房附近,其布置原则参见第三章其他专业设计简介中各有关章节。

二、生活性附房

根据车间生产卫生要求、车间规模及所在地区条件不同,可在车间附近设置一些必要的生活性附房。各种生活性附房的相对位置应与工人上下班使用服务设施的路线相符合,即按上班→更衣→进车间→下班→洗浴→更衣→出车间的顺序布置各相关生活用房,应尽量避免在使用过程中的人流交叉和互相干扰。用水的房间应尽可能集中,以便节省管道。

各生活性附房的占地面积可按以下方法估算:

(1)车间办公室的使用面积,按办公人员每人3.5~4.5m²计算。

(2)生产厂房内更衣室的建筑面积,按车间和班组在册工人,每人0.2~0.3m²计算。

(3)车间会议室、休息室按设计编制车间在册职工总人数的93%计算,建筑面积定额按每人平均0.6m²计算。

(4)车间厕所的设置不应过于集中,且与作业点的距离不宜太远,其服务半径一般不大于75m。规模不大的多层厂房,男女厕所可隔层布置。车间厕所按设计编制车间最大班职工总人数计算,建筑面积按每一大便蹲位5m²计算。

① 男厕所:每25人设置一个大便蹲位,100人以上每增加50人加设一个。此外,还应按每一蹲位加设0.4m长的小便槽,并设洗手盆1~2个,污水池一个。

② 女厕所:每20人设置一个蹲位,100人以上每增加35人加设一个。并设洗手盆1~2个,污水池一个。

(5)最大班女工人数在100人以上的印染厂,应按照有关规定,单独设置有专人管理的妇女卫生室,其面积一般为20~30m²。

(6)若需设车间餐厅时,其使用面积可按一个运转班人数每人 0.6m² 计算。餐厅的位置要靠近就餐人数最多的车间。

以上粗略介绍了印染厂附房的占地面积及其布置原则。总的来说,有的附房可以直接插空布置在主厂房内,这样便于实现"相关相近"的原则;有的附房可安排在主厂房周围。附房通常不采用锯齿形建筑,一般采用宽 6m、高 4m 的平顶房屋,以降低厂房造价。但注意不应围绕厂房四周布满附房,对散发大量湿热空气的车间外墙,更应避免附房遮挡。如必须设附房时,可在厂房和附房之间设置天井。附房布置应考虑发展生产、扩建车间规划需要,在扩建的一侧不宜或少建附房。

表 2-22～表 2-24 分别为不同规模印染厂的附房(包括生产和生活附房)面积实例,仅供参考。

表 2-22　1500 万米/年涤/棉漂染厂附房面积实例参考

附 房 名 称	面积 /m²	附 房 名 称	面积 /m²
漂液调配间	36	空压室	48
染化料间	50	煤气控制间	54
染液调配间	60	机修保全间	72
碱液回收站	90	空调间	72×2
零布室	36	电气保全室	36
包装材料间	36	配电室	100
树脂存储间	18	控制室	72×2
试化验室	180	厕 所	18×2
办公室	18×8	淋浴间	72
餐 厅	72		

表 2-23　4000 万米/年涤/棉漂染厂附房面积实例参考

附 房 名 称	面积 /m²	附 房 名 称	面积 /m²
漂液调配间	70	办公室	18×12
染化料间	60～70	厕 所	40×4
染液调配间	120	更衣室(男)	50
试化验室	200	更衣室(女)	40
碱液回收站	300	空调间	72×4
空压室	54	空调运转室	30
电气保全间	42	热力站	50
配电室	120	热力站办公室	20
机物料室	100	漂整保全间	30
包装材料室	80	染色保全间	30

附 房 名 称	面积 /m²	附 房 名 称	面积 /m²
五金材料库	150	建材库	100
润滑油库	20 ~ 30	废品库	60
汽油库	30 ~ 40		

表 2 - 24　8000 万米/年印染厂附房面积实例参考

附 房 名 称	面积 /m²		附 房 名 称	面积 /m²
硫酸调配间	48		碱液回收站	562
漂液调配间	104		控制室(1 ~ 8 间)	120/间
办公室	192		厕　所	48 × 4
会议室	60		妇女卫生室	24
印花调配间	100		更衣室(男)	60 × 2
染化料间	100		更衣室(女)	48 × 2
调浆间	500		淋浴室(男女)	92
调浆间染化料储存间	150		餐　厅	276
染料调配室	160		乳儿卧室	82
染料调配称料间	96		哺乳室	48
树脂物料室	70		空调间	78 × 8
零布室	96		空调运转室	60
样本室	48		热力站	114
材料室	72		漂染保全间	120
存包间	102		整装保全间	113
化验室	180		空压室	72
天平室	22	298	配电室	96 × 2
实验室	96		电气保全间	96
雕刻间	818		电气运转室	48

第六节　生产用水、汽、高温热源、压缩空气以及染化料消耗量计算

计算生产用水、汽、高温热源、压缩空气以及染化料用量是印染厂工艺设计的内容之一,计算出的各种数据结果可为各专业提供设计依据。

一、生产用水

印染厂是用水大户，一般年产 4000 万米的印染厂，用水总量约为 5000t/d。供水压力要求至机台进水口压力不小于 19.6×10^4Pa（2kgf/cm²）。印染厂生产用水分软水和硬水两部分。硬水硬度要求一般为 140mg/L 左右，如大于 180mg/L，则需进行软化。软水的硬度为 18mg/L。一般调配用水、进烘筒烘燥以前的一格平洗、间接冷却用水以及整装车间的生产用水等均为软水，其余部分可用硬水。

印染工厂生产用水量的计算方法，以每台机器每小时耗水量乘以该机器一天实际生产时间，计算出该机器一天用水量。用水量与布幅有关，一般窄幅（1000～1200mm）织物按每百米织物平均用水 2.5～3t 估算，宽幅（1400～1600mm）织物按每百米织物平均用水 3.3～4t 估算，机台用水量与时间有关，所以必须先算出各机台每天运转小时。机台小时用水量数据可供给排水配管设计用。生产用水量计算参考定额见表 2–25。

表 2–25 印染设备用水量参考定额[4]

序 号	设 备 名 称	工 序	用水量/（t/h）		
			硬 水	软 水	合 计
1	LMH004A 型化纤气体烧毛机	冷却辊	—	1.5	3.0
		冷却导辊	—	1.5	
	LMH005、005A 型棉织物气体烧毛机	轧 液	—	1.5	1.5
2	LMH041 型平幅酶退浆机	平 洗	6	—	19.5
		轧 酶	0.5	—	
		平 洗	13	—	
3	LMH042、LMH043 型平幅碱退浆机	平 洗	—	6	19.5
		轧 碱	—	0.5	
		平 洗	—	13	
4	M082 型立式煮布锅	热 洗		5	20
		冷 洗	15	—	
5	LMA071 型松式绳状练漂联合机	热 洗	—	1.5	66
		冷 洗	10	—	
		轧 碱	—	1.5	
		热 洗	—	10	
		冷 洗	10	—	
		轧 漂	1.5	—	
		冷 洗	10	—	
		轧 酸	1.5	—	
		冷 洗	10	—	
		冷 洗	10	—	

续表

序号	设备名称	工序	用水量/(t/h)		
			硬水	软水	合计
6	LMH067、067J型平幅煮练机	平洗	—	6	19.5
		轧碱	—	0.5	
		平洗		13	
7	LMH071型平幅退煮机	平洗	—	6	33
		轧碱	—	0.5	
		平洗		13	
		轧碱	—	0.5	
		平洗		13	
8	LMH062、062A型平幅氧漂机	轧漂	—	0.5	13
		平洗	12.5	—	
9	LMH066、0663型平幅氧漂机	轧漂	—	0.5	13
		平洗	12.5	—	
10	LMH063、063A型平幅亚漂机	轧漂	0.5	—	13
		平洗	12.5	—	
11	LMH064、064J型平幅氯漂机	轧漂	0.5	—	18
		平洗	6	—	
		轧酸	0.5	—	
		平洗	11	—	
12	LMA045型平幅退煮漂联合机	平洗	—	6	46.5
		轧碱	—	0.5	
		平洗		13	
		轧碱	—	0.5	
		平洗		13	
		轧漂	—	0.5	
		平洗		13	
13	LMH101J、AJ、LMA101型轧水烘燥机	轧水	—	1.5	1.5
14	LMH131、LMH131J、AJ型开幅轧水烘燥机	轧水	—	1.5	1.5
15	LMH201、201A型布铗丝光机	轧碱	—	0.5	10.5
		平洗		10	
16	LMA142、142A型高速布铗丝光联合机	轧碱	—	0.5	13.5
		平洗		13	
17	LMA125型高速直辊布铗丝光机	轧碱	—	0.5	13.5
		平洗		13	

序 号	设备名称	工序	用水量/(t/h)		
			硬 水	软 水	合 计
18	M751A、MH774 型涤/棉织物热定形机	冷却辊	—	1.0	1.0
19	M122、122B、Ml25A、125B、MA206 型卷染机	染色,水洗	—	2	2
20	M141 型高温高压卷染机	染色,水洗	—	2	2
21	MH141 型卷轴放轴两用机	轧水	—	1.5	1.5
22	LMH305 型热溶染色机	热风打底机部分 轧液	—	0.5	27.5
		冷却辊	—	1	
		焙烘机部分 冷却辊	—	1	
		热风打底机部分 轧液	—	0.5	
		冷却辊	—	1	
		显色皂洗机部分 轧液	—	0.5	
		平洗	11	—	
		轧氧化液	—	0.5	
		轧皂液	—	0.5	
		平洗		11	
23	LMH323、323B、LMH325 型连续轧染机	轧液	—	0.5	25
		冷却辊	—	1	
		轧液	—	0.5	
		平洗	11	—	
		轧氧化液	—	0.5	
		轧皂液	—	0.5	
		平洗		11	
24	LM534A、LMA301、LMA536 型八色印花联合机	冲洗	3.5	—	3.5
25	圆网印花机	冲洗	—	10	10
26	平网印花机	冲洗	—	8	8
27	LM442 型蒸化机 LM433 型还原蒸化机		—	1.0	1.0
28	LMH631 型平幅皂洗机	轧液	—	0.5	23
		平洗	—	—	
		皂洗	11	0.5	
		平洗		11	
29	LMA611、LMH611K 型松式绳状皂洗机	皂洗,水洗	14	10	24
30	LMH731 型热风拉幅机	轧液	—	1.0	1.0

序 号	设 备 名 称	工 序	用水量/(t/h)		
			硬 水	软 水	合 计
31	LMH724A 型浸轧短环烘燥拉幅机	轧 液	—	0.5	0.5
32	LMH751、751A、7518、LMA441 型防缩整理联合机	给 湿	—	0.5	0.5
33	LMH701 型树脂整理机	轧 液	—	1	14
		平 洗	11	—	
		冷却辊	—	2	
34	LMH703、703A 型快速树脂整理机	轧 液	—	0.5	0.5
35	碱回收站	1 台丝光机	—	—	26
		2～3 台丝光机	—	—	52～78
		4～5 台丝光机	—	—	101～130
36	调浆间	2 台印花机	—	—	100t/d
		3 台印花机	—	—	150t/d
		4 台印花机	—	—	200t/d

注　本表中为机器公称幅宽 1600mm 设备的用水量，幅宽超过 1600mm 的设备用水量相应增加。

二、生产用汽

印染厂热源主要是蒸汽，蒸汽用量以每小时耗用蒸汽量（kg/h）表示。蒸汽性质一般为饱和蒸汽，进汽设备有直接蒸汽与间接蒸汽两种。

蒸汽压力：热风烘燥、不锈钢烘筒约为 $39.2 \times 10^4 Pa（4kgf/cm^2）$，喷射染色、高温蒸化为 $58.8 \times 10^4 Pa（6kgf/cm^2）$，其他为 $19.6 \times 10^4 Pa（2kgf/cm^2）$，个别机台根据需要确定蒸汽压力。

各种印染设备生产用汽量计算参考定额可参考表 2-26。

表 2-26　印染设备用汽量参考定额[4]

序 号	设 备 名 称	工 序	用汽量/（kg/h）		
			直接蒸汽	间接蒸汽	合 计
1	LMH003、003A、003J、003AJ 型棉、涤/棉两用气体烧毛机	轧 液	150	—	150
	LMH004A 型化纤及混纺用气体烧毛机	轧 液	150	—	150
	LMH005J、005AJ 型纯棉用气体烧毛机	轧 液	150	—	150
2	LMH041 型平幅酶退浆机	轧 液	70	—	520
		平 洗	450	—	
3	LMH042J、043 型平幅碱退浆机	轧 碱	70	—	1300
		汽 蒸	580	—	
		平 洗	650	—	

序 号	设 备 名 称	工 序	用汽量/(kg/h)		
			直接蒸汽	间接蒸汽	合 计
4	M082 型立式煮布锅	升 温	—	—	—
		保 温	—	—	
		热 洗	—	—	
5	LMH083A 型绳状练漂联合机	—	—	—	2000
6	LMA071 型松式绳状练漂联合机	—	—	—	1400
7	LMH067、067J 型平幅煮练机	轧 碱	70	—	1950
		汽 蒸	580	—	
		轧 碱	70	—	
		汽 蒸	580	—	
		平 洗	650	—	
8	LMH071 型平幅退煮机	轧 碱	70	—	2600
		汽 蒸	580	—	
		平 洗	650	—	
		轧 碱	70	—	
		汽 蒸	580	—	
		平 洗	650	—	
9	LMH062、062A、066、066J 型平幅氧漂机	轧 漂	70	—	1300
		汽 蒸	580	—	
		平 洗	650	—	
10	LMH063、063A 型平幅亚漂机	轧 漂	70	—	1300
		汽 蒸	580	—	
		平 洗	650	—	
11	LMH064、064J 型平幅氯漂机	轧 酸	70	—	720
		热 洗	650	—	
12	LMA045 型平幅退煮漂联合机	轧 碱	70	—	3250
		汽 蒸	580	—	
		轧 碱	70	—	
		汽 蒸	580	—	
		平 洗	650	—	
		轧 漂	70	—	
		汽 蒸	580	—	
		平 洗	650	—	
13	LMH101J、AJ、LMA101 型轧水烘燥机	烘 燥	600	—	600

续表

序 号	设 备 名 称	工 序	用汽量/(kg/h)		
			直接蒸汽	间接蒸汽	合 计
14	LMH131、131J、AJ 型开幅轧水烘燥机	烘 燥	600	—	600
15	LMH201、201A 型布铗丝光机	布 铗	430	—	1040
		蒸 箱	350	—	
		平 洗	260	—	
16	LMA142、142A 型高速布铗丝光联合机	布 铗	560	—	1360
		蒸 箱	460	—	
		平 洗	340	—	
17	LMA125 型高速直辊布铗丝光机	布 铗	—	—	—
		蒸 箱	—	—	
		平 洗	—	—	
18	M122、122B、M125A、125B、MA206 型卷染机	—	135	30	165
19	M141 型高温高压卷染机	—	200	130	330
20	MH141 型卷轴放轴两用机	轧 水	60	—	60
21	LMH305 型热溶染色机	轧 液	—	50	2840
		热 风	—	270	
	热风打底机部分	烘 燥	—	250	
		轧 液	—	50	
		热 风	—	270	
		烘 燥	—	250	
		轧 液	—	50	
		还原蒸箱	200	—	
	显色皂洗部分	皂蒸箱	200	—	
		长蒸箱	130	—	
		平 洗	520	—	
		烘 燥	—	600	
22	LMH323、323B、325 型连续轧染机	轧 液	—	50	2270
		热 风	—	270	
	热风打底机部分	烘 燥	—	250	
		轧 液	—	50	
		还原蒸箱	200	—	
		皂蒸箱	200	—	
	显色皂洗部分	长蒸箱	130	—	
		平 洗	520	—	
		烘 燥	—	600	

序　号	设　备　名　称		工　序	用汽量/(kg/h)		
				直接蒸汽	间接蒸汽	合　计
23	LM534A、LMA301、LMA536 型八色印花联合机		热　风	—	260	720
			烘　燥		460	
24	圆网印花机		烘　燥	—	400	400
25	平网印花机		烘　燥	—	200	200
26	LM442 型蒸化机		汽　蒸	—	—	—
27	LM433 型还原蒸化机		汽　蒸	1560	—	1560
28	LMH631J 型平幅皂洗机		轧　液	—	50	1500
			显色蒸箱	130	—	
			皂蒸箱	200	—	
			平　洗	520	—	
			烘　燥	—	600	
29	LMA611、LMH611A 型松式绳状皂洗机		皂　洗	—	—	—
30	LM714 型 15m 布铗拉幅机		给　湿	—	70	200
			烘　燥	—	130	
31	LMH731A 型热风拉幅机		轧　液	—	70	720
			烘　燥	—	250	
			拉　幅		400	
32	LMH724A 型浸轧短环烘燥拉幅机		轧　液	—	70	70
33	LMH703A 型快速树脂整理机		轧　液	—	70	620
			烘　燥	—	300	
			拉　幅		250	
34	LMH701、701C、701D 型树脂整理机	浸轧烘燥部分	轧　液	—	70	1320
			热风预烘	—	300	
		平洗热风拉幅部分	平　洗	300	—	
			烘　筒		250	
			热　风		400	
35	M222 型预缩整理机		预　缩	—	70	70
36	LMH751A、751B、LMA411A 型防缩整理联合机		预　缩	—	70	320
			烘　燥	—	250	
37	M231、M231J 型三辊轧光机		轧　光	—	70	70
38	MA421 型轧花机		轧　花	—	100	100

序　号	设　备　名　称		工　序	用汽量/(kg/h)		
				直接蒸汽	间接蒸汽	合　计
39	碱液回收站	1台丝光机	蒸　碱	—	770	—
		2~3台丝光机			1540~2310	
		4~5台丝光机			3080~3850	
40	调浆间	1台印花机	煮糊调浆	—	100~150	
		2台印花机			150~200	
		3台印花机			200~250	

注　本表中为机器公称幅宽1600mm设备的用汽量,幅宽超过1600mm的设备用汽量相应增加。

三、生产用高温热源

印染生产加工过程中烧毛、热定形、红外线预烘、热溶染色、焙烘、常压高温蒸化、树脂整理等设备均需高温热源。染整生产所采用的高温热源及其应用特点如下。

1.城市煤气　城市煤气是一种较好的高温热源,使用方便而经济,但热值较低。

2.天然气　天然气热值高、成本低,是一种很有前途的燃料,但目前国内因受气源和输气条件限制,使用天然气的染整厂很少。

3.液化石油气　液化石油气又称丙丁烷,是炼油的副产品,热值高、使用方便,是一种较好的燃料。

4.汽油汽化气　汽油汽化较简便,地区适应性强,早已应用于气体烧毛机,但因其成本较高,在其他高温工序推广使用受到限制。

5.载热油　载热油是以重油、柴油或烟煤为燃料,燃烧加热密闭循环的热载体(如有机芳烃),再由热载体间接加热,空气喷入烘房加热织物。加热热载体的油锅炉结构简单、投资少,地区适应性强,温控较好,比较经济。

6.电　用电作为高温热源,温控方便,卫生,投资少,适应性强。但目前我国供电仍较紧张,电费高,因此仅在电力充裕地区和个别工序才用电作高温热源。

设计中可根据以上各种高温热源的应用特点及热值、设备所需高温热源量、建厂地区燃料来源情况、成本高低等技术经济条件,因地制宜地选择合适的高温热源。表2-27为印染设备需要的高温热源的热值,表2-28为常见高温热源的热值,可供设计时参考。

表2-27　印染设备需要高温热源热值参考

序　号	设　备　名　称	需要热值/(MJ/h)(10^4 kcal/h)
1	LMH003—200型气体烧毛机	732(17.5)
	LMH004—200型气体烧毛机	
	LMH005—200型气体烧毛机	
2	M751A—180型热定形机	1172(28.0)

续表

序 号	设 备 名 称	需要热值/(MJ/h)(10⁴ kcal/h)
3	LMH401—180 型红外线打底机	1724(41.2)
	LMH404—180 型红外线打底机	
	LMH423—180 型热风打底机	
	LMH424—180 型热风打底机	
4	MH251—220 型长环蒸化机	920(22.0)
	ARTOS5621—180 型长环蒸化机	1046(25.0)
5	MH683(Ⅰ)—180 型焙烘机	670(16.0)
	MH683(Ⅱ)—180 型焙烘机	1088(26.0)
6	LMH724—180 型短环烘燥拉幅机	1674(40.0)
7	LMH703—180 型快速树脂整理机	1674(40.0)
8	LMH701—180 型树脂整理机	2761(66.0)

表 2-28　常见能源及耗能热值换算表[17]

名　称	单　位	换算热值/MJ(kcal)	折标准煤/kg
标准煤	kg	29.3(7000)	1.000
原　油	kg	28.5(6800)	1.429
重　油	kg	41.9(10000)	1.429
轻　油	kg	41.9(10000)	1.500
汽　油	kg	44.0(10500)	1.471
柴　油	kg	43.1(10300)	1.571
天然气	m³(标)	35.6(8500)	1.214
液化石油气	kg	50.2(12000)	1.714
城市煤气	m³(标)	18.0(4300)	0.614
电	kW·h	11.8(2828)	0.404

四、生产用压缩空气

压缩空气主要用于各机台轧车部分,气质要求除油、除水。进机台压缩空气压力一般为490~588kPa。各轧车使用压缩空气的用量列于表 2-29。

表 2-29　印染设备各轧车压缩空气用量参考

序　号	轧车名称	用气量/(m³/min)	序　号	轧车名称	用气量/(m³/min)
1	均匀轧车	0.05	5	二辊卧式轧车	0.09
2	二辊立式轧车	0.06	6	中小辊轧车	0.06
3	二辊卧式轧车	0.08	7	小轧车	0.04
4	三辊立式轧车	0.075			

根据设备压缩空气耗用量定额可以计算出印染设备的压缩空气耗用总量：

$$压缩空气耗用总量 = 设备台数 \times 单机消耗定额$$

根据计算出的印染设备压缩空气耗用总量，可计算空压机配备台数：

$$空压机配备台数 = \frac{压缩空气耗用总量 \times 70\%}{空压机排气量（容积流量）}$$

其中，空压机排气量是空压机的主要参数之一。

五、生产用染化料

印染厂使用染料、化工料、助剂品种繁多，用量随织物的厚薄、幅宽、颜色和加工工艺的不同而差异很大，即使同一企业每年消耗量亦不相同。尤其是当前染化料更新换代周期很短，新型助剂层出不穷，要在工艺设计中规定各种品种和工艺的消耗定额很难有代表性。工艺设计中沿袭过去使用的染化料消耗定额已无多大的实用价值，本书根据全国印染行业近十年统计资料得出的总定额计算出染化料的消耗量，供仓储设计和计算运输量时参考，见表 2－30。

表 2－30　染化料消耗参考定额

织物规格	染料消耗定额/(kg/100m)	化工料消耗定额/(kg/100m)
窄幅织物	0.30～0.45	1.4～1.7
宽幅织物	0.45～0.60	1.8～2.2

☞ 复习指导

1. 产品方案的概念及其确定原则。
2. 印染厂常见原布种类及其风格特征。
3. 选择原布品种和规格对后续设计的影响。
4. 确定工艺流程须考虑的因素。
5. 纯棉、涤/棉、粘胶纤维、纯涤常见大类织物的工艺流程。
6. 我国印染设备发展概况。
7. 常见印染主机设备型号的含义。
8. 车别的规定及其选择原则。
9. 高效退煮漂联合机、平幅松弛碱减量联合机、直辊布铗丝光联合机、热溶轧染联合机等新型印染设备的组成及主要工作参数。
10. 印染设备的选型、配置与排列各阶段的任务及其之间的联系。
11. 车间布置与设备排列的原则。
12. 附房的分类及布置原则。
13. 印染生产中水、汽、高温热源、压缩空气以及染化料消耗量的计算方法。

☞ **思考题**

1. 产品方案是指什么？确定产品方案应考虑哪些因素？

2. 当前国内纺织面料发展有哪些特点？

3. 从设计实质上讲,填写"原布规格和成品产量表"和"产品加工种类及分配数量表"是什么过程？

4. 试从表2-13、表2-14以及纯涤织物幅宽加工系数等数据,分析总结影响织物幅宽加工系数大小的因素。

5. 印染生产设备可分为哪几大类？各自包括哪些设备？

6. 液氨整理可达到什么整理效果？

7. 设备选型须考虑哪些因素？

8. 印染主机设备的理论台数如何计算？如何确定设备的安装台数？设备每昼夜运转小时如何计算？有何意义？

9. 为何印染主机设备多采用"顺锯齿"排列？

10. 印染厂设计时采用何种工作制度？全厂人数及比例如何确定？

11. 生产性附房包括哪些？通常分别由何种设计人员设计？

12. 如何计算印染生产中水、汽、高温热源、压缩空气以及染化料的消耗量？

参考文献

[1] 吸湿排汗纤维Coolmax[J/OL].[2004-07-14] http://www.zgsxw.com/xianwei.

[2] lizzy采访整理.中国面料出口现状"面面观"[J/OL].[2005-05-28].http://info.china.alibaba.com/news.

[3] 于湖生.服装面料及其服用性能[M].北京:中国纺织出版社,2003.

[4] 上海印染工业行业协会,《印染手册》(第二版)编修委员会.印染手册(第二版)[M].北京:中国纺织出版社,2003.

[5] 李瑞恒,崔淑玲.印染厂设计[M].北京:纺织工业出版社,1993.

[6] 吴立.染整工厂设计[M].北京:中国纺织出版社,1996.

[7] 宋心远.新合纤染整[M].北京:中国纺织出版社,1997.

[8] 宋心远,沈煜如.新型染整技术[M].北京:中国纺织出版社,1999.

[9] 吴文英.辉煌的二十世纪新中国大纪录(纺织卷)1949~1999[M].北京:红旗出版社,1999.

[10] 方纪.我国印染机械迈上新台阶[J].新纺织,2003(5):34-35.

[11] 徐谷仓.关于构筑我国染整行业高地的设想[J].纺织导报,2004(6):44-47.

[12] 朱仁雄.染整机械要加快创新步伐[J/OL].[2005-09-19] http://news.ieicn.com/1570.html.

[13] 陈立秋.新型染整工艺设备[M].北京:中国纺织出版社,2002.

［14］朱仁雄. 印染设备要注重技术因素［J/OL］.［2005 - 09 - 30］. http:// news. ctei. gov. cn /show. asp？xx = 60557.

［15］《印染工厂设计》编写组. 印染工厂设计［M］. 北京：纺织工业出版社,1988.

［16］黄旭晨. 开源 Ancck 全自动电脑调浆系统创产值 2000 万元［J/OL］. 计算机世界,［2002 - 06 - 09］. http://www. chinakaiyuan. com/china/aboutus. 1/05 - 3. htm.

［17］各项能源热值单位换算对照表［J/OL］. http:// 219. 239. 34. 169 /was40 /detail？record = 1227&channelid = 3849.

第三章 印染厂其他专业设计简介

印染厂工艺设计是印染厂设计的核心,其他各专业设计均围绕工艺设计的要求展开设计内容,各专业相互配合,构成一个有机和谐的整体。

第一节 总图运输设计

一、总图运输设计的内容和程序

总图运输设计又称总平面设计(general layout),是指在满足印染工艺要求和城镇总体规划的基础上,根据车间的生产性质、建筑类别、交通运输、环境保护以及防火、安全、卫生、施工等要求,结合场地的地形、地质、气象等自然条件,合理地确定拟建建筑物、构筑物(指不具备、不包含或不提供人类居住功能的人工建造物,如烟囱、水塔、水池、过滤池、澄清池、沼气池等)、交通运输道路、工程管线、绿化美化等设施的平面位置,使其在空间上妥帖组合,在时间上适当衔接,在费用上经济节省,在环境上舒适安全,成为统一协调的有机整体。

印染厂总图运输设计的内容包括以下几个方面。

(1)总平面布置。

(2)竖向设计。

(3)道路运输。

(4)厂区管线及绿化。

总图运输设计对整个工厂建设项目具有非常重要的意义。因为这项设计是否合理、经济,不仅对厂区占地、建设期限和建设投资起着重要作用,而且对建成投产后的生产管理、经济效益、厂区环境和安全、厂内外交通运输,乃至以后发展生产等也有很大影响。

总图运输设计一般按以下程序进行[1]。

(1)设计初期,根据染整工厂总图运输设计原则,参考同类型染整工厂有关指标,结合所选厂址条件绘制总平面布置的初步设计图,对厂区各建筑物、构筑物、道路、管线等的相对位置作出原则性设计,供各专业设计时参考。

(2)在主厂房及附房布置和设备排列图完成的基础上,再按各专业设计内容列出各建筑物、构筑物项目及其占地面积,逐步修正调整,在初步设计图的基础上进一步进行总图运输设计。凡所有与建筑物、构筑物在水平和垂直方向相互有关的以及与厂区地形、地势、运输、安全、卫生、绿化、美化等有关的技术问题,都在此设计阶段中予以解决。

(3)基建结束后,视需要再经实测绘制总平面布置图,供工厂生产管理和以后发展生产,改建、扩建设计之用。

鉴于与选择厂址同样的原因,有条件的总平面布置也应设计几个方案,对基建投资和投产后的优越性进行比较论证,选定最合理而经济的方案。

二、总平面布置

(一)总平面布置的原则

厂区总平面布置的任务是合理地安排全部建筑物和构筑物的相对位置。进行总平面布置时应主要考虑以下原则。

(1)总平面布置应在总体规划的基础上,根据生产要求和自然条件,将全部建筑物、构筑物、堆场、运输路线、工程管线、绿化设施等综合进行平面布置,力求做到因地制宜、统筹安排、近远结合、合理紧凑。

(2)应保证生产过程的连续性,使生产作业线最短、最方便,避免往返运输和作业线交叉。货流量较大的仓库应靠近货运出入口,人流、货流分开。

(3)根据印染生产性质和防火卫生要求,进行功能分区。各种辅助和附属设施应靠近所服务的车间,各种动力供应设施应尽量接近负荷中心,并使产生污染源的设施,如厂区锅炉房、煤气站、污水处理站等位于工厂生产区和生活区的下风向或厂区风向变化频率最小的上风侧。

(4)在满足防火、卫生和厂区管线敷设的要求下,尽量缩小建筑物、构筑物之间的距离,尽可能合并建筑,并力求外形简单,以节约用地。

(5)总图运输设计应为施工方便创造条件。

(二)总平面布置的内容及要求

1. 生产厂房

(1)生产厂房(漂染印整车间)的方位,在采用锯齿形厂房时,在北方地区,为减少冬季室内结露及滴水,宜选用锯齿朝南的方位;在南方高温地区,宜选用锯齿朝北的方位。

(2)利用侧向天然采光的厂房,如气楼式厂房,尽量选用南北朝向,避免西晒。

(3)采用多层厂房时,一般以"一"字形平面为宜,附房设在厂房两端,以利通风和采光。

(4)厂房主要进风面宜与夏季风向变化频率最大的两个象限中心线垂直或接近垂直。

(5)L形、U形平面的厂房,开口部分应朝向夏季主导风向,并在0°~45°之间。

2. 仓库　印染厂的仓库一般设有坯布库、成品库、机物料库、染化料库、化学品库、储油罐等,其总图布置应符合下列规定。

(1)坯布库、成品库分别接近主厂房的原布间和成品包装间。

(2)机物料库宜接近主厂房与其有关的车间。

(3)染化料库宜接近生产车间的印染工序。

(4)化学品库、储油罐等应按现行国家标准《建筑设计防火规范》的有关规定单独设置,并应设置于厂区全年风向变化频率最小的上风侧。

3. 动力设施和辅助建筑物、构筑物

（1）锅炉房位置应尽量接近负荷中心,供热管线力求短捷,并结合地形,尽量满足重力回水的要求。锅炉房、煤场、灰场同时考虑,应布置在厂区最大频率风向的下风侧,并使燃煤和灰渣进出时尽量少污染厂区。

（2）煤气站的位置一般与锅炉房在同一区域内;锅炉房、煤气站、煤场与其他建筑物和构筑物间距应符合防火规范要求。

（3）变配电室应布置在高压线进线方向的地段,并接近厂区用电负荷中心。

（4）供排水建筑物、构筑物宜集中布置,以缩短管线,便于管理。污水处理站应布置在厂区风向频率最小的上风侧,且不影响附近企业和居住区等的卫生要求,污水处理站内宜充分绿化。

（5）机修车间各建筑物应集中布置,合并建筑,并靠近主要生产车间,在其周围设置一定的露天堆场。

（6）电瓶车库和汽车库合并建筑,布置在仓库附近。两辆消防车以上的车库宜单独设置在厂前区,如与汽车库合并,应完全隔开,并有不同方向的出入口,车库大门距主道路边缘应不小于15m。

4. 生活行政管理建筑物 由厂部办公楼、食堂、保健站等组成厂前区,布置在厂区比较明显的位置。厂前区的位置需结合城市规划要求,与住宅区有较方便的联系,并与厂区主要出入口、厂区干道、城市干道等统一考虑确定。厂前区建筑物的布置集中、紧凑,能合并的尽量合并。若设有乳儿托儿所,则乳儿托儿所的位置应接近厂房的主要出入口,在环境不被污染的地方。建筑物应保证有充足的日照和良好的通风,并应有户外活动场地。

（三）工业园区的兴建及其总平面布置

据国家统计局和国家环境保护总局调查统计,2005年我国有中小型企业2900多万家,占到了企业总数的99%。但这些中小型企业中,80%以上的工业生产存在污染问题,占我国污染源的60%。而且中小企业的污染源正由过去的点状分布发展为城乡复合型的面状分布。1996年,我国展开了关停取缔"十五小"和"五小"企业的环保行动,但是出于对地方经济利益的考虑,许多在环保行动中关闭的污染企业又恢复了生产,同时新的污染企业也在不断地开工。

随着环保意识的不断增强以及城市人口与用地规模的不断扩展,城市建设理念也在发生深刻变化。建设工业园区的做法应运而生[2]。通过工业园区的建设,可将区域内生产同类产品的企业集中到一起,将不同性质的工业废水集中处理,改变家庭工业生产条件简陋、环境质量差、安全隐患多等状况,还节省了费用,提高了产品竞争力。园区不仅仅是产品的加工中心,而且是市场的经营中心,园区能提供各种规格和品种齐全的产品,从而吸引更多的客户,成为同类商品的集散地。

我国印染行业集中在东部沿海地区,截至2003年底,浙江、江苏、广东、山东、福建5省的印染布产量已占全国印染布总产量的86.5%。而浙江、江苏、山东又是重点流域淮河、太湖所在地,因此,将中小型纺织印染企业集中在工业园区,统一标准厂房、统一供水供电、统一排水治污、改善生产条件,既降低了企业的生产成本,又提高了产品的质量和档次。目前,我国有越来越多的印染厂进入到工业园区内落户,印染废水治理以集中处理为主,部分大的印染企业单独建有污水处理设施。绝大部分印染废水经处理后达标排放。工业园区统一的标准厂房明亮整洁,环境优美,较好地改善了生产生活条件。图3-1是位于工业园区的纺织印染企业鸟瞰图。

图 3 – 1 位于工业园区的纺织印染企业鸟瞰图

印染厂若有条件落户于新兴工业园区,则总平面布置还须结合整个工业园的特点和要求进行设计。

(四)总平面布置的技术经济指标

总平面布置应进行多方案的技术经济指标比较,选定各项技术经济指标较为先进、合理的方案。总图布置中主要以下列技术经济指标作为衡量依据[2]。

(1)厂区用地面积(按厂区围墙中心线计算)。

(2)建筑物占地面积(按建筑物外墙建筑轴线计算)。

(3)构筑物占地面积,按下列规定计算:方形构筑物按外墙轴线计算;圆形构筑物按实际投影面积计算;设防火堤的储罐区,按防火堤轴线计算,未设防火堤的储罐区,按成组设备的最外边缘线计算。

(4)露天堆场占地面积,应按堆场的场地边缘线计算。

(5)道路及广场占地面积。

(6)建筑系数:

$$建筑系数 = \frac{建(构)筑物占地面积 + 露天堆场、作业场占地面积}{厂区用地面积} \times 100\%$$

(7)建筑容积率。建筑容积率是指项目规划建设用地范围内全部建筑面积与规划建设用地面积之比。附属建筑物也计算在内,但应注明不计算面积的附属建筑物除外。建筑容积率可按下式计算[3]:

$$建筑容积率 = \frac{总建筑物面积}{厂区用地面积}$$

(8)绿地率:

$$绿地率 = \frac{厂区绿化占地面积}{厂区用地面积} \times 100\%$$

三、竖向设计[1]

(一)竖向设计的内容

竖向设计的任务是根据建厂场地的地形、地势、水文、地质条件,确定厂区以及厂区各个单项建筑的标高(高程)关系,合理组织场地排水,并尽可能减少场地平整土地费用。

竖向设计属于总图运输设计的组成部分,与总平面布置密切相关,其主要设计内容有:选择厂区竖向布置方式,合理确定场地整平标高以及各建筑物、构筑物、露天堆场、道路、铁路等标高,合理计算场地挖土和填土石方工程量,尽量使其降至最小并接近平衡,以降低该项费用。

(二)竖向设计的方式

由于染整加工属连续化生产,主车间厂房占地面积较大,厂内外运输为水平运输方式,因而在场地地形、地势较平坦,无特殊情况下,一般都采用连续化(又称平坡式)竖向设计方式,即设计成一个方向或几个方向倾斜而利于排除场地雨水的平面,以满足染整生产的连续性、完整性和运输要求。另一种竖向设计方式为重点式(又称阶梯式),即整个厂区由几个不同标高的整平面相连接,此种方式适用于厂区地形、地势较复杂的地段,或占地面积较小的多层主厂房,或地形、地势变化较大的丘陵地带。一般在厂区自然地形坡度大于0.4%、建筑物之间地面标高差在1.5~4m情况下,可选重点式竖向布置,如此可减少土石方量,但在运输路线和管线布置方面却受到一定限制。此外,也有结合厂区地形、水文、地质条件采取以连续式为主,在个别地形、地势复杂地段采用重点式的混合式竖向设计方式。

(三)建筑物、构筑物标高的选择

为了确保安全生产,厂区设计标高应高于当地最高洪水水位。主车间、辅助生产车间、变配电室、锅炉间、仓库等主要建筑物的地面标高一般应高于最高洪水水位0.5m以上,并大于室外地面标高,以保证车间内顺利排水,不致雨水倒灌,有利于防潮。

(四)厂区雨水排出方式

确定厂区设计标高,一般应尽可能保持场地原有自然地形、地势,少挖少填,并使厂区地面雨水能迅速排除,而接近同一标高地区内地面坡度不致太大,便于生产联系和内外运输。同时,该标高还需满足地下管路的填埋深度和地下构筑物的设计深度。对于地下水位高的地区,适当填方可使建筑物和设备的基础能在地下水位以上。

排除厂区雨水有明沟排水和暗沟排水两种方式,也有采取两者兼用的混合排水方式,应视场地地势、地质条件、竖向设计方式、生产特点以及厂区排水条件等确定。

通常,采用重点式竖向设计,对于土质较硬或岩石地区不宜采用深挖敷设管道。在土壤冲刷力大而致管道易被泥沙堵塞,路面设计标高高于厂房标高等情况下,厂区的雨水排除方式和厂区边缘地带的排水沟、排洪沟以采用明沟排水为宜。交通跨越地段和厂区主要地段的明沟应加盖能泄水的盖板,有车辆通过盖板还需具有足够的承载强度。明沟排水易于施工,投资少,但易淤积泥沙,需经常疏通,且不美观、不卫生。

在厂区面积较大而地势又较平坦的地区,若采用明沟排水会导致沟底过深,用地紧张。为了满足厂区卫生、美观的要求,则宜用暗沟排水。暗沟排水场地整洁美观,便于管理和交通运输,但施工复杂,投资大。

由于染整厂主厂房面积大,地下管线沟道多,一般采用城市型道路,即采用暗沟排水。至于郊区型道路或在地形复杂地带,则可采用明沟或明沟与暗沟相结合的排水方式。

此外,在雨量较小或渗水性强的土壤地区,局部小面积地段雨水排入沟、管有困难的情况下,可采用自然排水的方式。

厂区雨水排出坡度一般采用0.5% ~2%,最小不得小于0.3%。

四、道路运输[4]

(一)运输设计

1. 厂区货物运输方式　印染厂运输方式的选用应根据建设规模、运量、单件运输质量、外形尺寸、运价等因素进行比较,考虑便于内部各个运输、仓储环节的衔接与当地运输系统相配合,然后确定选用。印染厂一般采用无轨运输比较经济。规模较大且厂址附近有铁路时,也可采用铁路运输;如厂址靠近江河、海岸可采用水路运输。当采用无轨运输方式时,货物运输车辆数可按下列公式计算:

$$N = \frac{Q}{q}$$

式中:N——需要的在册车辆总吨位数,车吨;

　　Q——无轨车辆年总运输量,吨/年;

　　q——平均运输量,吨/(车吨·年)。

2. 车间运输设备　车间运输设计应能将半制品及时准确地由上一工序运往下一工序,在搬运过程中不得损伤和弄脏半制品,并符合安全生产要求。车间运输设备的选择和数量可按下述规定确定:

(1)原布间运输设备采用油泵推布车或微型电瓶叉车,宜配置2~3辆。

(2)练漂、染色、印花、整理车间运输设备采用堆布车或卷布车,数量定额可按年产量1000万米印染布配置70~80辆计算。年产量小于3000万米的小型厂按定额计算后适当多配。卷染机可采用吊轨配0.5吨电动葫芦和布卷车运送布卷。车间内染化料等运输,可根据不同规模配置4~8辆平板车,也可采用电瓶车运输。

(3)装潢间运输采用堆布车和油泵推布车或微型电瓶叉车,油泵推布车或微型电瓶叉车一般配置2~4辆。布包的运送按不同规模配置4~6辆老虎车,也可配置电瓶车。

(4)多层厂房宜采用电梯作垂直运输设备,厂房内堆部分包装件的上下运送也可采用滑槽、电动葫芦等专用简易运输设备,还应设置载重2吨的大轿箱电梯,数量不宜少于2台。

(二)厂区道路布置

厂区道路设计的要求如下:

(1)厂区道路的布置应满足交通运输、安装检修、防火灭火、安全卫生、管线和绿化布置等各方面的要求,与厂外道路有平顺简捷的连接条件。

(2)厂内道路应与车间建筑红线平行成环状布置。个别边缘地段作尽头式布置时,端部应设回车道或回车场。

(3)汽车装卸台的地点,应留有足够的车辆停放和调车用地。当汽车平行于站台停放时,停车场宽度不小于3m;垂直于站台停放时,停车场宽度不小于10.5m;斜列60°停放时,停车场宽度不小于8.5m;集装箱运输车进入厂区,应具有30m×30m回车场地,并应设置集装箱货柜装卸平台。

(4)厂区道路一般采用城市型道路,厂区内次要道路或地形复杂地段也可结合地形采用郊区型道路。厂内道路主要技术标准应符合《厂矿道路设计规范》的规定(表3-1)。

表3-1 厂内道路主要技术标准

项 目		数 值	项 目		数 值
路面宽度/m	主要道路	6.0~7.0	纵坡/%	一般情况	2.0
	次要道路	3.5~6.0		最大	6.0
	车间引道	不小于门宽加0.5		行驶电瓶车时最大	4.0
	电瓶车道	3.0	路面横坡/%	水泥砼路面	1.0~1.5
	人行道	双1.5		沥青砼路面	1.5~2.0
转弯半径/m	行驶单辆汽车	9.0		沥青表面处治路面	1.5~2.5
	汽车拖带一辆挂车	12.0	最小计算视距/m	停车视距	15
	行驶电瓶车	4.0		交叉口停车视距	20
				含车视距	30

五、厂区管线及绿化[1]

印染厂厂区管线繁多,纵横交错。管线设计的任务是把厂区各专业设计的各种技术管线系统地组织起来,使总图上的管线与建筑物、构筑物之间在地下、地上相互协调,有交叉时能合理地、综合地解决。

(一)管线布置的要求

(1)在满足使用的前提下,管线布置应力求短捷,减少转弯次数和过于复杂的交叉。

(2)管沟宜沿道路和建筑物、构筑物平行敷设,但不宜横穿车间内部,并应减少管线与道路及其他干道的交叉。

(3)管沟敷设顺序应按管沟性质和埋深合理安排。一般自建筑红线向道路方向布置,其顺序如下:

① 通信、电力电缆(直埋,电缆或桥架);

② 热力管架或管沟;

③ 生产及生活、消防给水管道;

④ 工业废水(生产废水及生产污水)管道;

⑤ 生活污水管道;

⑥ 雨水排水管道;

⑦ 照明及电线杆柱(可设在路肩上)。

(4)管线综合布置发生矛盾,应按现行国家标准《工业企业总平面设计规范》规定的原则处理。

(5)地下管线、管沟,不应布置在建筑物、构筑物的基础压力影响范围内,除雨水排水管外,其他管线不宜布置在道路下面。

(6)相互干扰的管线不得直埋在一起或敷设在同一管道沟内,如热力管道与易燃液体管道或冷冻管、空调低温水管;易燃、可燃性液体及可燃性气体管道与强、弱电电缆线等。

(7)地下管线之间间距、地下管线与建构筑物之间的最小水平净距、管架与建构筑物之间的最小水平间距、架空管线或管架跨越道路的最小垂直净距均应符合现行国家标准《工业企业总平面设计规范》的规定。

(8)厂区预留发展生产用地和露天堆场不宜布置管线。

(二)管线的敷设方法

管线敷设主要有地下直埋、地下管沟、地面和架空敷设几种方式。此外还有采用管墩或低于支架的敷设方式。染整厂厂区室外的管线通常采用直埋和部分架空的方式。地下管沟一般用以敷设热力管道。

1. 地下直埋管线 这是最简便的一种管线敷设方式,投资少、施工快,但检修不便。地下管线一般布置在道路与建筑物之间的空地下。为了敷设安全,便于施工、检修和合理缩小建筑物间敷设管线的距离,必须按土壤冰冻深度和地面上重压影响来确定管线埋置的深度。对有多种管线埋置时,必须合理布置其安排顺序,将埋深相近、性质相同的管线尽量布置在一起,并按上述安全要求,避免互相干扰、污染、腐蚀,相互间保持必要的水平和垂直间距。

2. 架空管线 染整厂一般除给水、排水管道外,原则上其他管线都可以采用架空敷设方式。管线可搁装在高支架或外墙支架上,可使施工、维修方便。布置架空管线应注意:厂容美观,尽可能布置在厂区的背面或侧面;靠外墙布置时应不影响建筑物采光及其外貌美观;架空管线跨越道路、铁路时,须符合其规定的净空高度要求,通过汽车道路的不小于4.5m,通过铁路的不小于6m。

(三)绿化布置

统一规划厂区绿化布置时,不能单纯追求美化环境而铺张浪费,任意增加厂区用地,增长道路和管线。应充分根据生产特点和各地段实际需要进行绿化布置。应因地制宜,尽量利用厂区原有自然绿化环境,分期实施绿化规划,以节约绿化投资。应选择适宜于该地区气候条件,种植成本低、易于成长维护、抗菌抗烟尘能力强的常青树木、花卉、草皮绿化。

厂区绿化的重点应是厂区与生活区的防护带、厂前区的主要出入口、主厂房周围和主干道两侧。厂区与生活区之间防护带的绿化应根据生产特点、地区气候条件确定防护带的宽度,成片种植合适的常青树种;厂前区和工厂主要出入口处附近地带可以种植一些乔木、灌木丛和花坛草坪,其绿化应与建筑群体相协调,可布置成小花园,以保护和美化环境;主要道路两侧一般可种植行道树,组成林荫道;主厂房周围一般以种植合适的乔木为主,适当种植灌木,但须满足与建筑物、构筑物的最小间距要求而不遮挡建筑物、构筑物的自然采光,乔木与架空电线之间需满足安全所需的最小间距[4]。

此外还应注意种植树木的位置不能影响地下、地上管线的敷设、使用和维修。道路转弯处的绿化种植不允许遮挡车辆驾驶员的视线。

第二节　厂房设计

一、印染厂对厂房设计的要求[5]

1. 厂房建筑结构形式要求　由于印染厂漂练、染色、印花等车间气温高,湿度大,冬季凝雾及滴水严重,夏季气温非常高,因而在选择厂房建筑结构(building structures)形式时,应考虑通风排气好的厂房形式,以利于消凝排雾,在寒冷地区还要注意排气口的结冰问题。在选用建筑结构形式及材料时,应考虑适合当地气象等条件,做好车间的通风、排雾、排毒和建筑结构耐腐蚀的设计。采用钢筋混凝土厂房建筑结构有利于防腐,如果采用目前工业园区普遍使用的钢结构厂房,则要加强防腐、排雾、通风,以确保结构的安全可靠。

2. 防腐蚀要求　印染生产用水量较大,漂练液、染液、印花色浆都有腐蚀性,生产废水中带有酸、碱性,对地面及沟道都有腐蚀作用。设计时对漂练、染色以及印花车间的部分地面、墙面、柱子、顶棚、沟槽等都要作适当的防腐蚀处理。地面应有适当的坡度,以利地面水排除。

3. 消防要求　印染厂的火灾危险性分类:原布间、白布间、整装车间等干燥车间属于丙类;漂练等潮湿车间属于丁类;烧毛间有明火作业,宜与其他车间分隔。生产厂房建筑的耐火等级不低于二级。安全疏散等设计均应符合《建筑设计防火规范》(GBJ 16—1987)的有关条文规定。刷毛、起绒、磨毛等工序有大量绒毛、灰尘散发,在厂房设计时,要增加通风、防尘设施。

4. 车间内部运输要求　印染厂车间内部运输的主要运输工具为推布车,车宽约1m,车间通道须考虑车辆的来往通行。由于布车很重,车轮有的是铁制的,因而车间运输通道地面要求坚固、耐磨,有的厂甚至因此在车道上铺设铁板。在机台上方需要装吊轨的,还需考虑吊挂荷重。

5. 沟道管道要求　印染厂中沟道、管道较多,车间上部有风道、给水管、蒸汽管、压缩空气管、物料管、电缆桥架等架空管道,地面下有排水沟、凝结水管、回水管等管沟,在设计时要仔细进行沟管走向、标高的平衡协调工作。

二、印染厂厂房设计的主要内容[5]

(一)印染厂平面、剖面、立面设计

1. 平面设计　印染厂平面设计的主要任务是根据工艺生产特点和要求,解决车间的通风、采光、排雾和滴水问题,对厂房的建筑结构、施工、总图和地区特点加以综合考虑。其主要内容

包括以下几个方面。

(1)厂房平面形式(如长条形、U 形或山字形等)。

(2)确定厂房平面各种尺寸和墙柱轴线坐标。

(3)确定平面中柱网尺寸。

(4)结合生产、通风、采光等要求,进行车间及附房的平面布置。例如,组织好车间人流货流的通道路线出入口位置,以及楼房厂房中楼梯、电梯的布置等。

2. 剖面设计 剖面设计的主要任务是根据既定的平面布置、结构形式、工艺生产和其他专业的要求,用剖面图的方式,综合表示出厂房形式的概貌、主要机器设备的轮廓,工作平台、支架、管线、吊轨以及门窗等标高位置的相对关系,并表示出重要部分的工程做法。

从目前情况看,带排气井的印染厂房剖面形式对节能和改善车间环境效果比较显著,因而采用较多。

3. 立面设计 在平面、剖面基础上,根据主、次要求,将生产厂房的东、南、西、北四个立面,按实际比例,将屋面、楼层、门窗及其他建筑设施等表示在建筑立面图上,并且经过建筑艺术加工,配合景观刻画出协调的、美好的建筑风格,通过立面不但使人了解建筑外貌,而且得到一种艺术享受。当然在各个立面图的处理中,应根据环境条件区别对待。

(二)印染厂建筑构造设计

印染厂建筑构造设计的主要内容包括屋面设计、天窗设计、排气井设计、楼地面设计、沟道设计、防腐蚀设计等。

(三)印染厂附房设计

印染厂附房设计的主要任务是对生产性附房和生活性附房进行平面和剖面设计,并结合生产要求对各附房的墙面、地面等分别采取不同的防腐蚀及排水措施,对有特殊要求的附房则应特殊安排。

总之,通过上述一系列设计,应确定出生产厂房和各类附房的建筑和结构形式以及工程做法,确定好总体布置和厂房平面布置,计算各类建筑面积以及建筑材料的用量。

三、主厂房建筑结构形式及选择[4]

印染厂传统的厂房形式主要有:锯齿形厂房、气楼式厂房和多层厂房等。近年来钢结构无窗厂房结构形式也较为多见。

(一)单层厂房

1. 带排气井的双梁锯齿式排架结构 它的主要特点是采光好、空间大,有利于生产过程中散发的湿热雾气自然上升至顶部排气井排至室外,可减少水滴对车间内生产和成品质量的影响。在结构上利用两根大梁组成支风道,避免了车间内的吊风道,使车间整洁美观。这种结构形式,由于承重方式的不同又可分为锯齿屋架承重(图 3-2)和天窗架承重(图 3-3)两种形式,对印染生产无甚大差别。天窗架承重形式在厂房平顶上取消了锯齿屋架的斜梁,更为光洁美观。但在一个锯齿跨度内平行排列两条宽幅设备时,由于锯齿跨度较大,如采用天窗架承重形式,屋面板跨度也较大,需进行经济分析并考虑施工时吊装能力等问题。

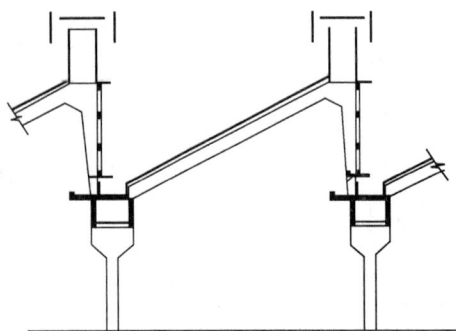

图 3 - 2　双梁锯齿屋架承重

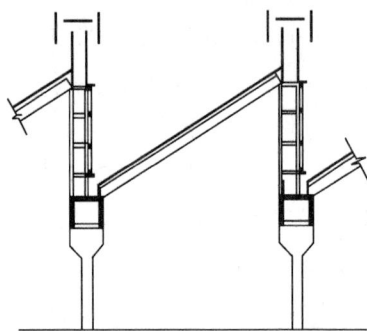

图 3 - 3　双梁天窗架承重

2. 带排气井的单梁锯齿式排架结构　它的主要特点基本上与双梁锯齿式排架结构相同,区别在于采用了单梁,锯齿屋架直接搁置在牛腿柱上,传力更直接,造价也较低,但在车间内需设置吊风道,增加了吊风道的安装和维护保养工作,在车间内整洁和美观上较差。按照承重方式的不同,分为锯齿屋架承重(图 3 - 4)和斜梁承重(图 3 - 5)两种形式。斜梁承重形式由于减少了垂直荷载下的水平推力,对柱子受力较为有利,造价也可较低些。

单层锯齿排架式跨度结构,必须掌握其特点,尤其是要重视屋架端部水平推力的传力路线和构件节点处理。应从结构体系布置、结构计算、构件节点构造上采取有效措施,以确保整个结构的强度、刚度和稳定性。虽然上述措施对其他结构形式同样重要,但对这类结构来说更需十分强调,以免一旦疏忽而构成工程隐患,甚至导致工程事故。

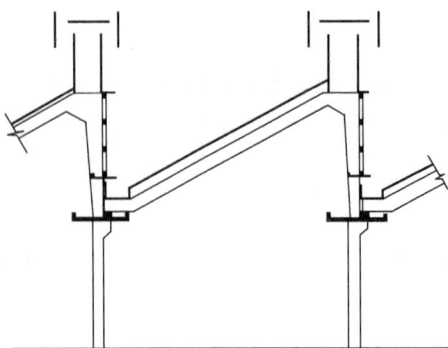

图 3 - 4　单梁锯齿屋架承重

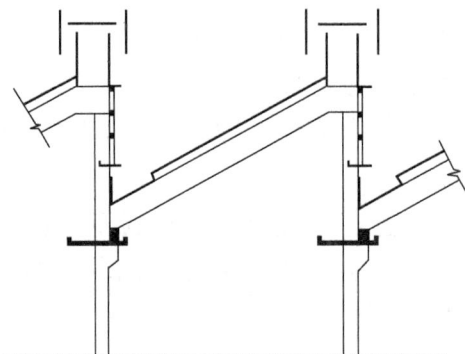

图 3 - 5　单梁斜梁承重

3. 带排气井的气楼式排架结构　它的主要特点是能较多地采用标准构件,施工较方便,造价也较低,在采光、防水滴上均逊于带排气井的锯齿式厂房,但在南方湿热地区较为适用,如图 3 - 6 所示。

4. 带排气井的门架结构　它的主要特点是空间较气楼式宽敞,有利于降低厂房高度,屋面坡度大,且排气井设置在中间,有利于雾气汇集在顶端自然排放,缺点是采光较差,柱距不宜过大,一般为6m,如图3-7所示。

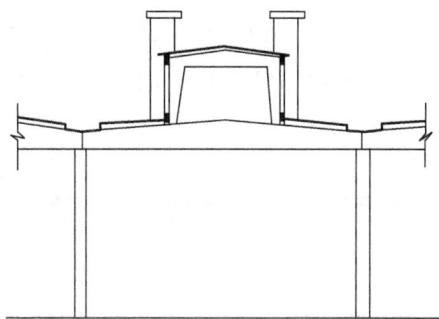

图3-6　带排气井的气楼式排架结构

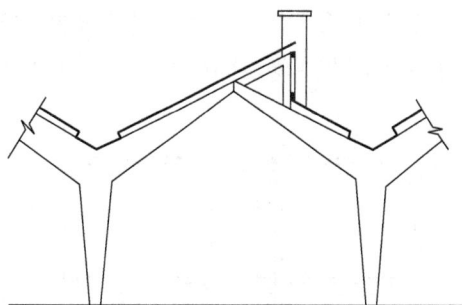

图3-7　带排气井的门架结构

5.带排气井的折线形屋面梁排架结构　它的特点类似气楼式排架结构,只是将屋面大梁改成折线形,增加了空间高度,更有利于雾气的排放,如图3-8所示。

6.钢结构厂房　随着新兴工业园区的发展,新建纺织印染企业并入了城镇工业园区。园区内新上厂房要求符合"大开间、大柱网、大空间"的发展趋势,以适应工艺不断变化、设备不断更新的需要。单层钢结构厂房因其施工周期短,柱网尺寸大(有的可达30m),造价合理,抗震效果好,采光、保温效果均匀,车间劳动环境好,厂房内有效面积较大,在总体布置上有很大的灵活性和通用性,所以钢结构厂房比其他结构体系具有更强的综合优势[6]。目前国内外新建印染厂采用较多。图3-9是一种带气楼的单层轻钢门式钢架结构。其厂房的大梁和柱子均采用钢结构框架,墙体均采用耐腐蚀的材料。

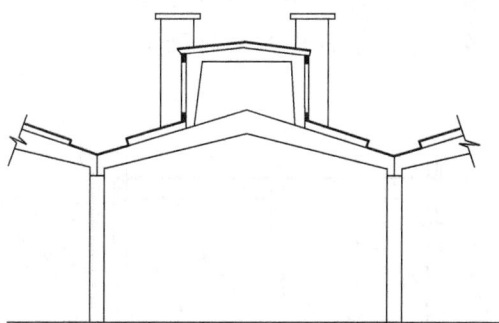

图3-8　带排气井的折线形屋面梁排架结构

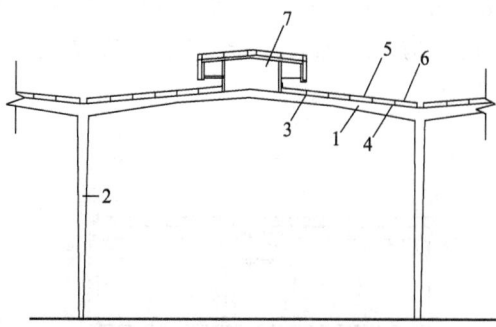

图3-9　带气楼的单层轻钢门式钢架结构
1—门钢梁　2—门钢柱　3—檩条　4—屋面底层压型钢板
5—屋面面层压型钢板　6—屋面保温材料　7—气楼

钢结构厂房是目前刚刚兴起的一种厂房结构,能不能适应印染厂尤其是我国北方印染厂的滴水和防腐要求,还有待于时间的考验。

(二)多层厂房

1.带竖向排气井的单梁框架结构　类同一般多层框架结构,在中间走道上增加了总风道,而通向两边的支风道则采用吊风道,在厂房两侧外墙设竖向排气井。主要特点是结构较简单,造价也较低,如图 3-10 所示。

2. 竖向排气井的双梁单柱框架结构 它的特点是将总风道设置在外墙面,支风道采用双梁搁置在牛腿柱上,使车间内部宽敞整洁,减少了风道保养维修,但造价较单梁式为高,如图 3-11 所示。

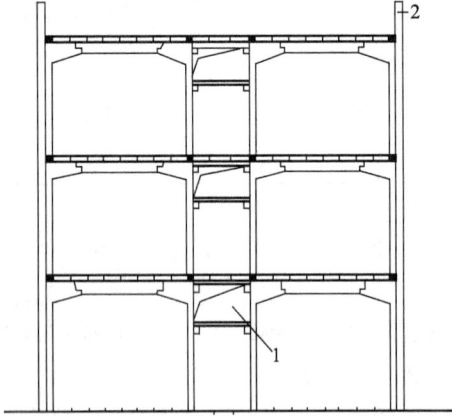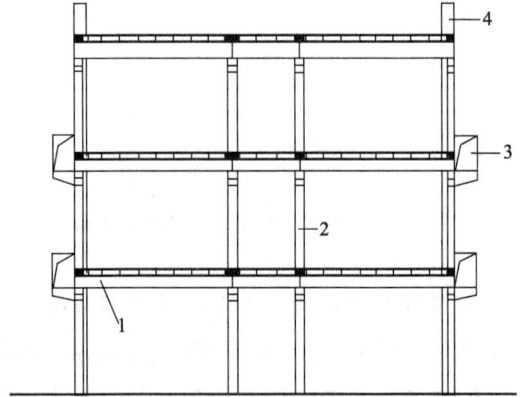

图 3-10　带竖向排气井的单梁框架结构　　　　图 3-11　带竖向排气井的双梁单柱框架结构
1—总风道　2—排气井　　　　　1—预制双梁组成支道　2—空腹柱　3—总风道　4—排气井

3. 带竖向排气井的双梁双柱框架结构 它的特点是采用双梁双柱构成支风道及竖向排气井,总风道设在走道上部,由于采用双柱,便于在车间中间设置竖向排气井,对改善车间排雾是有利的,当然造价也稍高些,如图 3-12 所示。

4. 带排气井的钢筋砼斜平顶框架结构 它的特点是在多层厂房底层上部设置钢筋砼斜平顶,使多层厂房底层获得类似单层厂房的排雾防水滴效果,并利用斜平顶上部作为技术隔层,此结构虽施工较复杂,造价也较高,在印染厂多层厂房设计中是一种新的尝试。如图 3-13 所示。

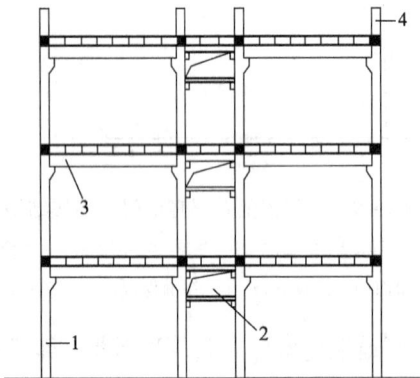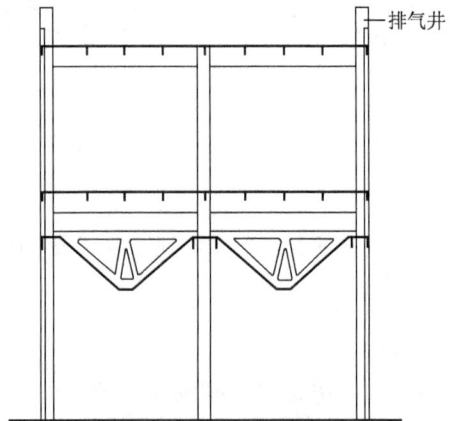

图 3-12　带竖向排气井的双梁双柱框架结构　　图 3-13　带竖向排气井的钢筋砼斜平顶框架结构
1—预制双柱　2—总风道　3—预制双梁　4—排气井

上面列举的各种形式的厂房结构仅作参考,选择时必须因地制宜。我国幅员广大,气候南北各异,带排气井的结构在严寒地区未必适用,可采用其他相应的通风排湿设施。

另外,各生产车间的结构形式必须以适应生产各过程而区别对待。例如,选用单层厂房时,对散发雾气较大的车间,可以用带排气井的结构,但以干处理为主的整装车间就不必采用同一形式。

四、主厂房柱网尺寸的选择

在厂房建筑中,为支撑屋顶需设柱子。柱子在平面上排列所形成的网络称为柱网。柱网尺寸是指在横向和纵向上相邻两根柱子间的距离。柱网一般用"跨度×柱距"来表示,跨度是指屋架方向相邻两柱之间的距离,柱距是指大梁方向相邻两柱之间的距离。

确定柱网是厂房平面设计中的重要内容,它涉及工艺设计的设备布置、土建设计的厂房面积和造价指标。因此,在平面设计时,土建和工艺专业必须密切配合,综合考虑选择合适的柱网,并为今后工厂的发展和设备改造留有一定的余地。

不同的厂房形式所选择的柱网尺寸不同。对于锯齿形厂房,首先应根据所选印染设备的宽度、检修通道、布车运输通道、地下沟道及操作台位置来确定设备排列宽度方向上的尺寸,即开间(如果设备平行锯齿排列,则该尺寸为跨度;若垂直锯齿排列,则该尺寸为柱距)。

单层厂房通常在一个开间内排列两条生产线。如果设备平行锯齿排列,则对跨度的要求比较严格,跨度的大小主要取决于两台设备的宽度以及中间通道的宽度,此时柱距可以稍小些;如果设备垂直锯齿排列,跨度可适当减小,而柱距则须满足两条生产线排列的要求。选择较小的跨度,可以得到更均匀的送风道分布与锯齿采光,而且建筑造价较低。常用的单层厂房柱网尺寸详见第二章第三节中的柱网尺寸选择。

对于多层厂房,由于荷重大,其柱网尺寸一般小于单层厂房。但因预应力结构特别是部分预应力结构的推广和应用,柱网有所扩大。为了考虑侧面采光及自然通风,多层厂房的总宽度不宜太大。根据印染设备的特点,柱网尺寸一般有 6m×7m,6m×7.8m,6m×8m,6m×12m 等,如果采用预应力技术,则跨度可达 20m 以上,柱距可达 9m 以上。

用于印染厂的钢结构厂房的柱网尺寸应根据所选印染设备类型、工作幅宽以及建筑造价等因素进行选择,一般设计跨度为 15～20m,柱距为 8～12m;钢结构无窗厂房的柱网尺寸还可以更大些。

在同一方案设计中,为了施工方便,柱网尺寸应尽可能统一,这样可减少单元构件品种,发挥加工预制的优点,加快施工进度。但若采用统一柱网,反而不经济时,允许采用不同的柱网尺寸。

五、厂房高度的选择

厂房高度对于锯齿形厂房是指车间内部地面至大梁底面的高度,对于气楼式厂房是指车间内部地面至檐口高度,对于多层厂房则以层高来表示。

厂房高度的选择是厂房剖面设计的主要内容之一。确定厂房高度除了要满足工艺设备的要求之外,还应综合考虑厂房高度统一化的要求,设备安装、检修操作和楼面屋面设置吊装工具的空间要求,以及厂房立面建筑艺术处理等要求。

在选择厂房高度时,不能按设备的最高高度来确定,因为印染设备不是一个整齐的箱体,只是局部高大,为局部高度而增加整个厂房的高度是不合理的。

在锯齿形厂房中,可以充分利用三角架下方的空间来安排较高大的设备。如果机器与锯齿天窗平行排列,厂房高度可适当低些,一般选择 5 ~ 5.5m;如果机器垂直于锯齿天窗排列,则由于机器要垂直通过大梁风道下方,厂房高度可适当高些,一般选择 6m。但垂直锯齿排列时机器最高处应与风道错开,否则会使厂房高度增高过大。

气楼式单层厂房柱顶标高一般在 5.4 ~ 6m 左右,多层厂房较高、较重的设备大部分布置在底层或二层,应适当提高底层或二层的楼层高度,一般均在 8m 左右,也有些厂高达 9m。钢结构厂房的高度一般在 6m 以上。

第三节 给水排水设计

印染厂给水排水(water supply & drainage)设计的任务是根据生产和生活用水要求进行全厂用水量的计算、确定水质、水压参数、选择给水水源及水处理方式、布置给水系统和管道、配置消防给水及灭火器、布置排水系统和管道、配套建设中水设施及废水回用等。

一、印染厂对给排水设计的要求[1]

印染厂用水分为生产用水、锅炉用水、空调用水、生活用水和消防用水。印染生产用水的特点是用水量大、水质要求高,而锅炉用水对水质要求更为严格。因而,水质、水量、水压必须符合各类用水的要求。

1. 生产用水 生产用水的水质如水的透明度、色度、硬度及铁盐含量较高时,都会明显影响加工品种的质量和染化料的耗用量。因此生产用水的水质应符合一定要求,见表 3 - 2。

表 3 - 2 染整生产用水的水质要求

项　目	标　准	项　目	标　准
透明度/cm	≥30	悬浮物/(mg/L)	<10
色度(铂钴度)	≤10	硬度/(mg/L)(以 CaO 计)	原水硬度<3,可全部用于生产;原水硬度>3 ~ 6.5,可用于大部分用水工序。溶解染料应使用硬度≤0.35 的软水,皂洗、碱液用水硬度最高为3
pH 值	6.5 ~ 8.5		
耗氧量/(mg/L)	<10		
铁/(mg/L)	≤0.1		
锰/(mg/L)	≤0.1	异味	无

2. 锅炉用水 锅炉用水要求清洁、透明、无臭,pH 值为 7 ~ 8.3,硬度≤0.1mg/L(以 CaO 计)。锅炉用水的硬度若过大,不仅会产生大量锅垢而影响传热,多耗燃料,而且还可能导致锅

炉安全事故。因此,锅炉用水须经软化处理,按锅炉类型控制用水的硬度。

3. 喷射冷凝器用冷却水 要求水温较低、洁净,硬度≤0.35mg/L(以 CaO 计)。

4. 生活饮用水 生活饮用水水质要求见表 3-3。

表 3-3 生活饮用水的水质要求

	项 目	标 准		项 目	标 准
感官性指标	色度	不超过 15,并不得呈现其他异色	毒理学指标	氟化物	不超过 1.0mg/L,适宜浓度 0.5~1.0mg/L
	混浊度	不超过 5		氰化物	不超过 0.05mg/L
	臭和味	不得有异臭异味		砷	不超过 0.04mg/L
	肉眼可见物	不得含有		硒	不超过 0.01mg/L
化学指标	pH 值	6.5~8.5		汞	不超过 0.001mg/L
	总硬度(以 CaO 计)	不超过 250mg/L		镉	不超过 0.01mg/L
	铁	不超过 0.3mg/L		铬(六价)	不超过 0.05mg/L
	锰	不超过 0.1mg/L		铅	不超过 0.1mg/L
	铜	不超过 1.0mg/L	细菌学指标	细菌总数	1mL 水中不超过 100 个
	锌	不超过 1.0mg/L		大肠菌群	1L 水中不超过 3 个
	挥发酚类	不超过 0.002mg/L		游离性余氯	在接触 30min 后应不低于 0.3mg/L。集中给水,除出厂水应符合上述要求外,管网末端水不低于 0.05mg/L
	阴离子合成洗涤剂	不超过 0.3mg/L			

5. 空调用水 空调用水是为了夏季降温,除要求水洁净、透明、无臭外,最重要的是水温要低。

二、用水量计算

1. 生产用水量 由染整工艺专业计算确定,通常有按染整设备单位时间用水量计算和按染整产品单位数量用水量计算两种方法。

(1)按设备单位时间用水量计算法:按每台设备正常运转时单位时间用水量乘以每天实际运转时间,求出单机台每天用水量,然后汇总就可以得到全厂每天工艺生产总用水量。此法有利于供水支管设计。主要染整设备的用水量参考定额可参照第二章表 2-25。

(2)按产品单位数量用水量计算法:按每一产品单位质量或单位长度的耗水量分别乘以当日产量,得到每一产品每天耗水量,最后汇总就可得到每天工艺生产总用水量。由于产品单位数量耗水量定额是由大量统计数据获得的,因而用此法计算用水量既简便又较准确。印染厂的生产用水量一般可按窄幅织物用水 2.5~3t/100m、宽幅织物用水 3.3~4t/100m 估算。

此外,生产车间冲洗地面用水量,常按生产用水量的 10% 计算。

2. 锅炉用水量 根据锅炉工艺要求确定,一般按比供汽量略多一些估算。

3. **空调用水量**　采用直接喷射,其用水量由空调专业按计算确定;若采用循环水,则每套空调设备的补充用水量一般可按 $0.5 \sim 1.0 \, \mathrm{m^3}$ 计算。

4. **碱液回收站喷射冷凝器冷却用水量**　按丝光机台数及其工艺要求确定。参考数据:1 台为 26t/h,2 台为 50t/h,3 台为 80t/h,4 台为 100t/h,5 台为 120t/h。

5. **厂区生活用水量**　一般可按下列定额估算:

(1)生活用水每人每班 40L。

(2)食堂用水每人每班 15L。

(3)淋浴用水每人每次 $40 \sim 60 \mathrm{L}$,淋浴延续时间为 1h。

(4)冲洗汽车用水每辆每日 $400 \sim 600 \mathrm{L}$。

(5)浇洒场地及绿化用水每日按 $3 \mathrm{L/m^2}$ 计算。

(6)设有给水净化站时,给水量还应考虑自用水量,一般按用水量的 10% 计算。

确定用水量时,某系统若需增加未预见用水量,通常可按水量的 10% 计算。

三、水压要求

染整厂给水的水压应根据不同的设备和用水部门的要求确定。

(1)单层厂房进口处给水压 $\geqslant 1.96 \times 10^5 \mathrm{Pa}(2 \mathrm{kgf/cm^2})$,一般染整设备供水的水压 $\geqslant 9.8 \times 10^4 \mathrm{Pa}(1 \mathrm{kgf/cm^2})$。对于采用冲洗的水洗设备要求水压较高,必要时水洗设备配水泵解决。

(2)单层厂房空调室,直接喷射给水水压 $\geqslant 1.96 \times 10^5 \mathrm{Pa}(2 \mathrm{kgf/cm^2})$;直接进入空调室水池给水水压 $\geqslant 4.9 \times 10^4 \mathrm{Pa}(0.5 \mathrm{kgf/cm^2})$。

(3)生活区生活饮用水管网上的最小水压头(地面以上)应按建筑层数确定:一层为 10m,两层为 12m,两层以上每增高一层增加 4m。

若以城市自来水为水源,当水量和压力能满足要求时可采用直接供水,否则,应设置蓄水池或水塔进行调解和水泵供水。

四、生产污水处理

(一)生产污水性质

不同类型的染整厂,由于生产的品种、工艺以及所用染化料的不同,生产污水的性质有很大差异。了解生产污水性质是为了有针对性地选择最佳的污水处理方法。加工棉及其混纺产品的印染厂其主要工序排出的污水性质介绍如下:

1. **退浆污水**　污水量不大,但有机物含量较多,如浆料(淀粉、聚乙烯醇、羧甲基纤维素等)及其分解物、酶等,另外还有烧碱、酸、纤维屑等,各物质含量视浆料和工艺不同而异。

2. **煮练污水**　含碱、表面活性剂、油脂、蜡质、色素、果胶及其分解物质等。

3. **漂白污水**　其特点是量大而污染轻。但含氯漂白剂的漂白废水常需脱氯处理。

4. **丝光污水**　丝光过程中的淡碱液虽经回收,但仍有相当量的废碱液排出,所以这类污水碱性很强,并含有纤维屑等悬浮物。

5. **染色污水** 由于纤维种类、所用染化料不同以及染色产品的变更,染色污水成分变化较大。染色污水主要含有染料、助剂,色泽较深,有些还含有少量有毒物质,污染较重。

6. **印花污水** 主要来源于调配色浆、印花(冲洗花筒、浆盘、印花平网、印花圆网、刮刀等)、皂洗,主要含有染料、助剂、表面活性剂和大量浆料等。

7. **花筒腐蚀和电镀污水** 主要含铜、铬等离子,排放量不大,但毒性高,应单独处理并尽量回收利用。

8. **整理污水** 主要含有树脂、甲醛、助剂、加白剂、柔软剂、浆料等,排放量不大,污染较轻。

(二)生产污水排放标准

为贯彻《中华人民共和国环境保护法》、《中华人民共和国水污染防治法》和《中华人民共和国海洋环境保护法》,促进纺织染整行业生产工艺和污染治理技术的进步,防治水污染,国家环境保护总局1992年制定了纺织染整工业水污染物排放标准 GB 4287—1992,取代了原来的 GB 4287—1984 标准[7]。表 3-4～表 3-6 分别为 GB 4287—1992 标准按年限规定的纺织染整工业水污染物最高允许排放浓度及排水量,每表中又按污水排入水域性质的不同分为三级排放标准。

1989 年 1 月 1 日之前立项的纺织染整工业建设项目及其建成后投产的企业按表 3-4执行。

表 3-4 纺织染整工业水污染物排放标准(1)

分级	最高允许排水量/(m³/100m 布)	最高允许排放浓度/(mg/L)									
		生化需氧量(BOD₅)	化学需氧量(CODCr)	色度(稀释倍数)	pH 值	悬浮物	氨氮	硫化物	六价铬	铜	苯胺类
Ⅰ级		60	180	80	6～9	100	25	1.0	0.5	0.5	2.0
Ⅱ级	2.5	80	240	160	6～9	150	40	2.0	0.5	1.0	3.0
Ⅲ级		300	500	—	6～9	400	—	2.0	0.5	2.0	5.0

1989 年 1 月 1 日至 1992 年 6 月 30 日之间立项的纺织染整工业建设项目及其建成后投产的企业按表 3-5 执行。

表 3-5 纺织染整工业水污染物排放标准(2)

分级	最高允许排水量/(m³/100m 布)	最高允许排放浓度/(mg/L)									
		生化需氧量(BOD₅)	化学需氧量(CODCr)	色度(稀释倍数)	pH 值	悬浮物	氨氮	硫化物	六价铬	铜	苯胺类
Ⅰ级		30	100	50	6～9	70	15	1.0	0.5	0.5	1.0
Ⅱ级	2.5	60	180	100	6～9	150	25	1.0	0.5	1.0	2.0
Ⅲ级		300	500	—	6～9	400	—	2.0	0.5	2.0	5.0

1992 年 7 月 1 日起立项的纺织染整工业建设项目及其建成后投产的企业按表 3 - 6 执行。

表 3 - 6　纺织染整工业水污染物排放标准(3)

分级[①]	最高允许排水量/ (m³/100m 布[②])		最高允许排放浓度/(mg/L)									
	缺水区[③]	丰水区[③]	生化需氧量 (BOD₅)	化学需氧量 (CODcr)	色度 (稀释倍数)	pH 值	悬浮物	氨氮	硫化物	六价铬	铜	苯胺类	二氧化氯
Ⅰ级	—	—	25	100	40	6~9	70	15	1.0	0.5	0.5	1.0	0.5
Ⅱ级	2.2	2.5	40	180	80	6~9	100	25	1.0	0.5	1.0	2.0	0.5
Ⅲ级	—	—	300	500	—	6~9	400	—	2.0	0.5	2.0	5.0	0.5

① 本标准分三级。排入 GB 3838 中Ⅲ类水域(水体保护区除外)、GB 3097 中二类海域的废水,执行Ⅰ级标准;排入 GB 3838 中Ⅳ、Ⅴ类水域,GB 3097 中三类海域的废水,执行Ⅱ级标准;排入设置二级污水处理厂的城镇下水道的废水,执行Ⅲ级标准。

② 100m 布排水量的布幅以 914mm 计;宽幅布按比例折算。

③ 水源取自长江、黄河、珠江、湘江、松花江等大江、大河为丰水区;取用水库、地下水及国家水资源行政主管部门确定为缺水区的地区为缺水区。

需要指出的是,2006 年 9 月,国家环境保护总局和国家统计局首次发布了《中国绿色国民经济核算研究报告 2004》,报告指出:我国环境污染严重,纺织业污水排放量位居第五,其中,印染工艺废水排放是形成水污染的主要环节。坯布退浆用的纯碱、漂白过程用的次氯酸钠都会对水和大气造成污染,另外,印染及后整理产生的废水中含有不可降解的有害化学品也是形成水污染的主要原因。我国的印染业污水排放标准是在 1992 年制定的,该标准并非对所有的企业有统一的排放标准,而是针对不同时期投产的企业制定了不同的排放标准。投产越早的企业标准越宽松,尤其是 1989 年 1 月 1 日之前投产的企业,对其污水排放标准比后成立的企业宽松得多。这虽然能保护一些早期成立的国有纺织印染企业,但无疑是以损害环境为代价的[8]。另外,在标准执行过程有漏洞,偷排事件不断出现。因此,国家将在"十一五"期间出台更为严格的纺织印染行业的污水排放标准,这就要求企业必须加大对污水处理的投资。

(三)生产污水处理方法和流程

印染生产污水属于治理比较复杂、量大多变的一类工业污水。我国环保部门规定,凡新建染整厂,污水处理与全厂建设必须做到三同时:同时设计、同时施工、同时运转;并经处理达标后方可排放。

染整生产污水治理既要达到国家规定的排放标准要求,又须从技术、经济和可能三方面综合考虑,这就是染整生产污水治理难度较大的原因所在。实践证明,染整生产污水治理最有效的途径是采取积极的综合治理措施,即除进行污水处理外,还应从以下两方面综合治理。

(1)染整工艺改革:改进水系统染色加工技术,如采用一浴法染色,即小浴比染色、续缸染色,研制高效水洗设备等,尽量减少染色残液量和水洗污水量。发展非水系统染整加工技术,如采用溶剂前处理,气相染色,转移印花,泡沫染色、印花、整理。

(2)清污分流排水:染整生产用水量大,但排水并非都是污染严重的污水。因此,采用清污分流排水,污染严重的污水经污水处理站处理达标后排放,污染轻的废水直接排放或经简单处理送往适宜的用水处回用。

1.污水处理方法 染整生产污水处理方法按其作用原理分为物理法、化学法、生物化学法三类。各类中又包含许多具体的处理方法,详见表3-7。

表3-7 污水中主要污染物及其处理方法[4]

水质项目	主要污染物质	处理方法
pH值	过量的酸或碱	中和、离子交换等
悬浮物	纤维屑、浆料、整理及其他工序的固体化学品	筛滤、自然沉降、凝聚沉降、凝聚上浮、过滤等
BOD	有机物(浆料、表面活性剂、油脂、蜡质、蛋白质、污垢、助剂等)	生化、氧化、凝聚分离、泡沫分离等
COD	化学还原性物质	
金属离子、有毒物质	铜、铝、锌、铬、锡、汞、氰离子和酚类载体等	中和、凝聚、吸附、离子交换、氧化、膜分离、还原等
色度	染料、颜料、天然色素	吸附、凝聚、氧化

染整生产污水处理通常以生化法为主,结合物理法完成其处理。处理方案按具体情况和条件综合考虑确定。

2.污水处理流程举例

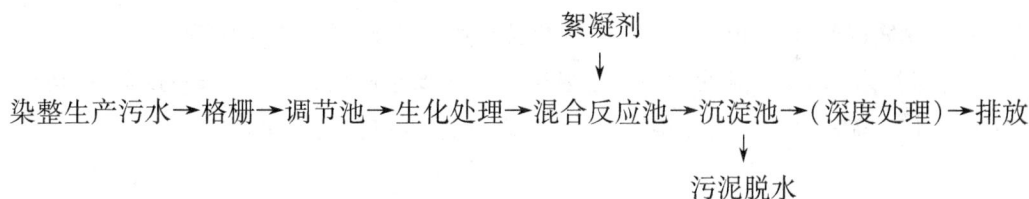

絮凝剂
↓
染整生产污水→格栅→调节池→生化处理→混合反应池→沉淀池→(深度处理)→排放
↓
污泥脱水

(1)格栅:一般设置于生产车间下水道出口处,以过滤截流污水中的布条、纤维等较大的悬浮物。

(2)调节池:集中生产车间排放的各种生产污水以调节、均化其水质和水量,便于处理。

(3)生化处理:在有氧的情况下,通过好氧微生物的作用,将污水中的有机物分解、氧化为无机物而去除。

(4)絮凝剂:是污水中的细微粒子相互结合凝聚形成絮凝物,并结合凝聚沉降法或凝聚浮上法加以去除。常用的絮凝剂有硫酸铝、硫酸亚铁、三氧化铁、石灰、碱式氯化铝等。

(5)污水深度处理:经生化法处理只能除去污水中的绝大部分有机物质,当污水排放标准要求较高时,可结合采用深度处理措施。深度处理有过滤法、活性炭吸附法、氯氧化法、光化学氧化法、电解氧化法、离子交换树脂法、反渗透膜法等,应按污水性质、排放标准和处理成本等选用。

(6)污泥处理:沉淀后的污泥应妥善处理,以防二次污染,因而不宜采用干化场法。一般多采用机械脱水法处理,常用设备有板框压滤机、真空叶片吸滤机、转鼓式污泥脱水机等。

给排水设计的其他内容如给排水管道布置、消防给水及设施、中水设施及回用水管等可参照国家有关规范要求及相关专业设计。

第四节　采暖通风与供热设计

一、采暖设计

1.采暖　采暖主要是为了在工作和生活场所建立起适宜的气象条件,以保护职工的健康,促进生产,为确保安全生产创造有利条件。

2.采暖区域的划分　我国采暖区域的划分,大致上把黄河以北划为采暖区,长江以南划为非采暖区,两者之间为过渡区。在非采暖区,除旅游宾馆外,对一般工业和民用建筑均不应设计集中采暖。

3.印染厂采暖设计(heating design)原则

(1)印染厂的生产车间和辅助生产厂房一般采用蒸汽采暖,蒸汽压力不超过 0.3MPa(3kgf/cm^2),有条件的地区应采用热水采暖。

(2)原布、白布、包装等车间,可装天窗排管采暖,生产附房或车间办公室可采用圆翼型散热器采暖。

(3)印染厂的维护结构应有良好的保温措施,其屋面、外墙、天沟等的最小热阻应满足减少能耗和防止结露的要求,其值应根据车间内的温湿度及室外气象条件计算确定。

(4)印染厂采暖设计在满足生产工艺及劳动保护要求的前提下,应采用投资少、运行费用低、技术先进、节能的设计方案,并满足施工、安装、操作及维护的方便。

二、通风设计[4]

印染厂生产车间的通风设计(ventilation design)应遵循自然通风为主、机械通风为辅的原则。在自然通风不能满足车间通风排气要求时,采用机械通风。

通风系统一般由排风与送风两大部分组成。

(一)排风系统

1.全封闭型隔离排气罩　对大多散发污染源的印染设备,凡是有可能的都应尽量予以全密闭,以免污染扩散,典型的使用场合就是烘筒烘干机。

烘筒烘干机是印染厂基本设备之一,其蒸汽耗量一般占全厂蒸汽耗量的30%左右,对此特殊设备,一般将烘筒从上至下用排气罩全部密封起来,蒸汽汇集于气罩上部,通过排气管排至室外,从而大大降低了水蒸气对环境的污染。

表3-8为一组烘筒的热量平衡测试数据,从表中可看到,烘筒在正常工作时每小时将要散发出219kg水蒸气,有64kg/h蒸汽的热量要向空气中传递,如此巨大的热湿源将严重污染工作

环境。当将烘筒予以全密闭后,热量将绝大部分排至室外,唯有密闭罩的壁面对车间空气传热,热湿源对空气的污染将大大减少。

表 3−8　烘筒热量平衡表

热 量 名 称		传热量/kW	折合蒸汽量/(kg/h)	百分比/%
输入热量		272.5	366	100
传出热量	水蒸发散热量	162.7	219	59.8
	壁面散热量	47.6	64	17.5
	疏水器带走热量	51.5	69	18.9
	布带走热量	10.7	14	3.8

2. 半密闭型伞形排气罩　对一些散热面积大,操作频繁,不宜设置全密闭隔离罩的机台,如平洗机、丝光机等,可在机台上方设伞形排气罩,气罩的宽度一般应比设备边缘宽 0.2m 左右,两侧面夹角要小于 90°,罩口高度应在兼顾便于操作观察原则下尽可能降低,这样一方面加强气罩内外的热压作用,同时亦能防止室内横向气流引起蒸汽偏至罩外的影响。当设备纵向长度较长时可每隔 3~5m 设置一个排气口,并且尽量使排气口接近蒸汽散发量最大的部分。此类排气罩一般选用耐潮、防腐的阻燃型玻璃钢拼制而成,排气口以伸出屋面 1~2m 为宜,上罩伞形风帽,以防雨水侵入。

3. 机械排风设施　机械排风分机台集中排风与全面排风两种。目前许多高温、高压设备在出厂时已经配置了专用箱体与排气风机,如热定形机、热风拉幅机、焙烘机等,故机台集中排风的设计主要是完成自动机台排风以后的排风管道系统,以使机台正常运转。而对某些特殊工段如烧毛、镀铬、腐蚀等必须结合机械特点设置独立排气系统。烧毛机一般采用煤气或汽油汽化气进行烧毛,常有火星带出,故需单独设置一个排气系统,管道材料要用薄钢板,风机采用铁制离心机,排出口要高于屋面 5m 以上。对带有腐蚀性气体的镀铬、剥铬、腐蚀工段,一般采用槽边吸气形式,风道材料要用耐腐蚀性的玻璃钢或塑料板制成,风机也要采用耐腐蚀的玻璃钢离心风机,不宜选用轴流风机,以防气流对传动电动机的腐蚀。大多数情况下,印染厂各车间、工段都存在分散的污染源以及一些不能靠自然通风进行换气的场所,此时就要进行全面机械排风,如树脂整理、调色工段等,一般可在污染源相对集中的墙面上设置低噪声的轴流排气风机,以使车间内的空气由清洁区向污染区流动,并排至室外,使污染影响保持在最小范围内。

在某些特殊场合亦可选择电动机外置型的轴流风机以及置于屋顶面的屋顶风机。

(二)送风系统

机械送风系统是整个通风系统最重要的组成部分,它以向局部操作岗位送风为主,兼顾控制气流的合理流向,以控制整个车间的工作环境。不同的车间工段由于其热散失量不一而需要不同的送风量,一般可用换气次数予以估算。换气次数是空调工程中常用的表示送风量的指标,它是指房间送风量(m^3/h)和房间体积(m^3)的比值[9]。印染厂各车间换气次数参考见表 3−9。

表 3 - 9　印染厂生产车间内各工段换气次数

工　段	换气次数 $n/$(次/h) （n = 送风量/车间体积）	工　段	换气次数 $n/$(次/h) （n = 送风量/车间体积）
原布	3 ~ 4	卷染	12 ~ 15
烧毛、印花	5 ~ 8	染化料调配、树脂整理	>12
练漂、皂洗、轧染	6 ~ 10	整装	4 ~ 6

注　1. 换气次数按层高 4.5m 以下空间计算。

　　2. 工段内热湿空气散发量大，换气次数取上限。

机械送风系统一般由空气洗涤室、送风机及送风管道三部分组成。

1. 空气洗涤室　印染厂空气洗涤室较多采用砼与砖砌而成，近年来玻璃钢和金属壳体的空调器亦有所应用。由于印染厂的送风参数属非工艺要求，加之车间内热湿空气及化工原料挥发气体较多，故一般夏季采用全新风与循环水蒸气冷却处理方式送风，冬季采用少量回风与新风混合加热后向车间送热风。

室外空气由进风窗至洗涤室内，水池内循环水经水泵通过喷淋管上的喷嘴将水雾化成细珠，与进入洗涤室的空气接触，由于水温低于空气温度，空气就被冷却并经挡水板后水气分离，由送风机送至风道内直至各工作点。在此过程中，循环喷淋水质量与处理空气质量之比称为水气比 u，一般为 0.4 ~ 0.6，空气的断面质量风速为 3.0kg/（m² · s），喷嘴可选用 FY 型或 FL 型喷嘴，布置密度为 12 ~ 20 只/m²，喷嘴孔径为 3 ~ 4mm，挡水板宜采用玻璃钢波纹挡水板，间距可为 25 ~ 30mm。

近年来，针对空调室占地面积大、布置不灵活的缺点，出现了悬挂式喷雾蒸发冷却或低温水喷淋的高速空调机组，它采用高速空调及喷雾风机技术，使结构大为紧凑，特别是用玻璃钢做壳体，更具有耐腐蚀性和安装方便的特点，现已被许多印染厂特别是老厂技术改造时所采用。

2. 送风机　送风机是机械送风系统中将处理好的空气送入工作场所的动力装置，按其结构和作用原理可分为离心式送风机和轴流式送风机两种类型。离心式送风机运行噪声较小，但风压较高，可用于送风管道较长的系统；轴流式送风机噪声较大，但风压略低，多用于对噪声要求不高及送风管道较短的系统。另因送风机制造材料的不同又分一般钢制送风机与防腐蚀玻璃钢送风机、塑料送风机、不锈钢送风机等，可针对不同使用场所分别予以选择。

在送风机选择中主要考察的技术指标是风量（m³/h）、风压（Pa）、功率（kW）、噪声［dB（A）］。风量是整个系统中最重要的一个性能指标，可参照表 3 - 9 所列的换气次数来估算，亦可按照整个系统送风量的多少以及车间内送风量的平衡来综合决定，对每一个送风点可按 1500 ~ 2000m³/h 风量计算。

3. 送风管道　送风管道是空气流动的通道，它将按照设计布置使空气按需要从各个风口送出，其设计内容主要有确定风道断面、计算空气在管道内的流动阻力、风口的布置以及整个风道的固定安装等。

风道的断面形状一般有圆形、方形、矩形，在印染厂的送排风系统中一般以制作安装方便的方形、矩形为宜。风道截面积可按下式计算：

$$F = \frac{L}{v \times 3600}$$

式中：F——风道截面积，m^2；

　　　L——送风量，m^3/h；

　　　v——风道内空气流速，m/s。

送风管道上的送风口主要是将气流送至工作点，以使环境温度保持在适当范围之内，一般均应采用单独分支的送风口，风口离地高度一般在 $2.0 \sim 2.2m$ 为宜。

由于车间内上部温度较高，风道的安装高度一般以 $3 \sim 5m$ 为宜，否则管道内气流温度将会升高，影响气流送出参数。

风道的材料一般采用镀锌铁皮及阻燃型玻璃钢。镀锌铁皮风道外形坚挺，机械强度好，但易腐蚀，维修工作量大；而阻燃型玻璃钢耐腐蚀，维修工作量小，但初次投资较大。

4. 印染厂消雾、防滴措施　在生产车间，当水蒸气含量超过饱和状态时，将有细小雾滴悬浮在空气中，影响正常的操作环境，而在低于空气露点温度的壁面上亦将有凝结水析出，造成滴水现象。当遇有冷空气侵入时，此现象更为严重，对生产及安全操作都带来很大的影响。为了防止这种情况发生，除了尽量减少机台蒸汽漏渗，加强通风效果以外，还应尽量提高空气中水蒸气的允许含量，而此又与空气温度有关。空气温度越高，其允许水蒸气含量也越高，所以在空气中出现雾粒时，如提高空气温度，水蒸气将重新溶合在空气中，这就是加热消雾作用。所以在冬季，可在空调室内开启蒸汽加热器以提高空气温度。冬季送风量的大小要根据车间内风量平衡而定，避免室内因排风量过大而造成的负压，使冷空气无组织地渗入车间内，造成局部温度过低的现象。在蒸汽散发较多的工段，为提高热风消雾作用，还单独增设暖风机组，以提高该区域空气温度。

在蒸汽散发较集中的场所，如有条件可安装特殊的除湿器，人为形成低温壁面，让含湿量极高的空气通过，与低温壁面接触而析出大量凝结水，这样就大大降低了空气中的含湿量，使空气呈微饱和状态，达到消雾防滴水的效果。

三、供热设计

印染厂用热负荷包括生产用热、空调、采暖和生活用热。印染厂用热负荷，应由工艺专业提出各生产用热机台的用热参数和生产机台小时平均热负荷及小时最大热负荷，经过热负荷计算，计入同时使用系数、管网损失、自用汽系数等后汇总成全厂热负荷，作为供热设备选型的依据。

印染厂所需蒸汽热源，应根据最大计算热负荷及用热参数、当地供热条件，通过技术经济分析，确定采用的供热方式。有条件的可使用城市热电站供给的蒸汽，一般自设锅炉房供热，大型印染企业若用热负荷较稳定，通过分析比较，可采用热电联产方式。

染整生产过程中除织物的烘燥、汽蒸、染液、溶液、洗液等的加热需耗用大量的水蒸气外，随着合成纤维纺织品数量的增加，热定形和各种高温焙烘加工日益增多，需要供给合适的高温热源。

1. 印染厂供汽要求 退浆、煮练、漂白、丝光、染色、蒸化等的直接加热汽蒸的设备采用饱和蒸汽,而间接加热的一些设备,如烘筒、热风烘燥机、煮布锅、高温高压染色机、常压高温汽蒸机等则宜采用过热蒸汽。

对供汽压力要求:紫铜烘筒和一般加热、汽蒸设备约需 1.96×10^5 Pa(2 kgf/cm^2),而煮布锅、高温高压染色机、不锈钢烘筒、热风干燥机等间接加热设备约需 3.92×10^5 Pa(4 kgf/cm^2)。

染整加工过程中生产用汽负荷可采用以下方法计算:

(1)单机台耗汽量计算:以实测机台小时耗气量计算。印染主机设备的耗汽量可参阅表2-26。

(2)单位产品耗汽量计算:采用产品耗气量的经验数据计算,简便而且较准确。如生产规模 1000 万米/年的印染厂,耗汽量约为 6.5t/h,视品种、工艺而定。

锅炉的最大负荷可按全厂的生产、生活、空调和采暖等用汽量另加 10% 的热量损失确定。

2. 高温热源要求 热定形、焙烘等高温工序的加工温度一般为 150～210℃,视工艺要求而定;而气体烧毛温度则高达 800～900℃。

高温热源有多种,应从技术、经济和所建厂的条件等方面分析、确定。

3. 印染厂供汽方式 印染厂的供汽方式有两种:自设锅炉供汽和由热电厂供汽。通常由印染厂自设锅炉供汽。锅炉间建设规模按全厂总用汽量并考虑近期发展生产需要确定,有关技术指标参见表3-10。

表3-10 锅炉间综合技术指标[1]

锅炉型号	SZP6.5—13 型			SZP10—13 型			SZP20—13 型		
安装台数/台	2	3	4	2	3	4	2	3	4
额定蒸发量/(t/h)	13	19.5	26	20	30	40	40	60	80
蒸汽压力/MPa	1.27								
额定燃煤消耗/(t/h)	2.0	3.0	4.0	3.1	4.6	6.2	6.2	9.2	12.4
锅炉热效率/%	80								
最大耗水量/(t/h)	21.2	26.6	32	26.4	33.4	40.4	48	61	74
装机容量/kW	150	176	219	302	400	500	453	664	823
建筑面积/m²	1415	1715	2015	1570	1879	2187	2170	2670	3171
占地面积/m²	575	715	855	606	760	914	805	1010	1250
三班定员/人	35	42	51	43	52	59	44	53	60

若由热电厂以其发电废汽供应印染厂,既能充分利用热能,又使印染厂省去自建锅炉间、煤场的投资和占地,对供汽和用汽双方都有益。但两厂相距不宜太远,且供汽的质量、压力、汽量均须符合印染厂生产要求。

4. 供汽设备系统 印染厂供汽负荷包括生产、空调、采暖和生活等用汽。

(1)蒸汽管道:

① 主进汽管:由锅炉间或热电厂到厂内热力站分汽包的蒸汽管称为主进汽管,它负担输送全厂所需的蒸汽,管径较大。

② 分汽包:即安装在热力站内,以容纳主进气管处送来的蒸汽,并进行分配和调节蒸汽压力的耐压容器,具有分水、缓冲、集中分配和控制蒸汽的作用。

③ 进汽干管:为便于对用汽的控制和管理,常将厂内各用汽设备按工艺和操作的不同要求,分为若干区域;每一区域设置一根进汽干管,统一于分汽包上,然后经该干管输送到该区域的用汽设备。对于用汽量大的联合机,有条件者应尽可能安装一根总支管。其他用汽量较少的车间或附房可合并于附近主车间的供汽管道系统。

(2)回水管道:印染厂用间接蒸汽加热的设备所产生的大量蒸汽冷凝水,水质好,又具有相当大的热量,应予以回收使用。回水管道系统主要包括回水管和回水箱。由于各有关机台的回水性质不同,应将回水管道分为:

① 清洁回水管:专供回流由烘筒、热风烘燥机、加热空气用热交换器以及防凝夹层等部分输出的蒸汽冷凝水,水质始终保持清洁,可回流至热力站回水箱回用。

② 条件回水管:回流由煮布锅、染色机、液槽、淡碱液蒸浓设备等的间接加热管流出的蒸汽冷凝水,当加热管连接不紧密或有损坏时,可能被管外的染液、化学溶液侵入而受污染。因而,称其为条件清洁回水或条件回水。条件回水应先汇集于中间回水箱,定时化验水质符合要求方可回流至热力站回水箱回用。

回水箱分中间回水箱和热力站回水箱。为避免各机台回水压力不同而互相干扰,常在车间内回水较为集中的地区设置中间回水箱。各机台的回水经单管自流至中间回水箱泄压后,再经总管流至热力站回水箱。

(3)热力站:为了有利于全厂供汽系统对供汽的分配和控制,大、中型印染厂一般常设置热力站。热力站的工作包括对供汽进行压力调整、温度调节、汽量分配、蒸汽冷凝回水的集中和检验,以及供应染整生产需用的热水和控制采暖系统的供热。

根据生产规模和需要也可分设几个热力站。热力站的位置恰当与否关系着管道布置是否合理,管理是否方便。通常,热力站多设在生产车间外围的附房中,以便利用自然通风降温,并尽可能安排在主进汽管的近旁。热力站通常需要上下两层建筑,上层布置分汽缸,测量仪表及值班室,下层布置回水箱、回水泵。下层地坪标高根据车间冷凝回水管的坡度计算决定。

热力站的主要设备有分汽包、减压阀、流量计、回水箱和水泵等。为了经济核算需要,分汽包前后的主进气管和支进气管上应分别安装水蒸气流量计,用以记录流量。

第五节 供电设计

一、印染厂生产用电特点

印染厂供电设计(electrical design)一般包括变配电、动力用电、照明用电和弱电等部分。有些厂根据本厂锅炉生产的蒸汽量及其压力、用汽量和地区供电情况,经综合技术经济分析可获得较好经济效益时,可利用压差发电供生产使用。压差发电就是利用锅炉生产的蒸汽与用汽设备使用的蒸汽压力差进行发电。

印染厂最大的用电负荷为生产设备用电,包括动力和电加热用电。染整生产用电特点可归纳如下。

(1)染整设备的电动机功率不是很大,但数量较多,运转过程中一般没有间歇负荷。

(2)染整生产连续化程度高,车速快,又多属化学性加工。设备运转过程中不允许因断电而突然中止生产,否则将严重影响在制品质量,甚至损坏部分在制品。

(3)有些设备变速范围广,启动电流大,对多单元单独传动的联合机有灵敏可靠的自动同步调速要求。

(4)电加热的红外线烘燥机和高温设备(如热定形机、焙烘机等)耗电功率大。

(5)染整车间有些工段温度高、湿度大,甚至还有酸、碱以及其他腐蚀性物质,对电动机、电器元件、照明设备以及电气线路敷设应采取相应措施。

二、印染厂用电设计的原则

(1)供配电系统设计应符合国家有关规范、标准和规定要求。

(2)供配电系统设计要做到保障人身安全、供电可靠、技术先进、操作维护方便、经济合理,并适当留有进一步提高自动化程度的可能条件。

(3)在地震区的电力设计应符合国家有关的规范要求。

(4)6~10kV变电所和配电所设计应根据工程特点、规模和发展规划正确处理近期建设和远期发展的关系,做到远近期结合,以近期为主,适当考虑扩建的可能。

(5)变电所、配电所的高压及低压母线一般采用单母线或分段单母线的接线方式。

(6)变电所中单台配电变压器(低压为0.4kV)的容量不宜大于1000kVA,当用电设备的容量较大、负荷集中、运行合理时,可选用较大容量的变压器。

三、印染厂供电设计的主要内容[4]

1. 供电配电系统

(1)印染厂的用电负荷一般属于三级负荷。

(2)供电回路数应按生产规模、性质和用电量,并结合地区电网的供电条件决定。

(3)车间变电所的低压配电系统应与工艺生产系统相适应,同一生产系统的各用电设备宜由同一母线供电。

(4)凡高压有两回路主进线的进线侧及母联应设断路器,母联宜设自控装置。

(5)从配电所以放射式向车间变电所的降压变压器供电时,在变压器的进线处,一般可不再设隔离开关。

(6)为满足检修和节约用电,当认为经济合理时,车间变电所之间可设置低压联络线。

(7)车间照明一般与动力负荷共用变压器供电。供电电压偏移允许值应满足照明要求。

（8）车间变电所中，一般变压器的负荷率宜为80%左右。

（9）负荷计算采用需要系数法和二项式法。

① 印染主机和辅机负荷计算采用需要系数法，计算数据参照表3-11。

② 空调风机、水泵、锅炉房设备等的需要系数一般取0.8。

③ 机修、电修和雕刻间一般采用二项式法计算。

④ 照明计算负荷，主厂房同时系数取1，办公楼同时系数取0.8。

（10）变压器负荷分散系数一般取0.9。

表3-11　印染机器需要系数

设备名称	传　动　方　式	需要系数	功率因数
71型印染设备	主传动为直流传动，直流电流为感应调压器硅整流系统	0.7	0.7
	辅助传动为交流传动	0.8	0.75
74型印染设备	主传动为可控硅直流传动	0.8	0.75
	辅助传动为交流传动	0.8	0.75
单独拖动设备	交流传动	0.8	0.7
附属设备	交流传动	0.7	0.7

2. 高压电配电及变电所

（1）所址选择：

① 配电所位置的选择，应根据下列要求综合考虑确定：

a. 接近负荷中心。

b. 进、出线方便。

c. 接近电源侧。

d. 尽量不设在有剧烈震动的场所。

e. 不设在多尘或有腐蚀性气体的场所，如无法远离时，不设在污源的下风侧。

② 变电所的位置应接近负荷中心，并应符合进出线方便、接近电源侧、运输方便的要求。

③ 配电所、变电所不应设在地势低洼和可能积水的地方。

④ 配电所、变电所不应设在厕所、浴室或其他经常积水场所的正下方。

⑤ 露天或半露天变电所，不应设置在有腐蚀性气体的场所，挑檐为燃烧体或难燃烧体的建筑物旁，耐火等级为四级建筑物旁，附近有易燃物大量集中的露天堆场，容易沉积可燃粉尘、可燃纤维、灰尘或导电尘埃且严重地影响变压器安全运行的场所。

（2）变电所和配电所形式与布置：

① 高压开关柜宜装设在单独的高压配电装置室内，当高压开关柜数量不超过4台时，也可和低压配电屏装设在同一房间内，当高压开关柜和低压配电屏为单列布置时，两者的净距不应小于2m。

② 高压配电装置室内应有适当数量开关柜的备用位置；有条件时，宜留有可扩建空间。

③ 配电所的值班室宜单独设置。当有低压配电装置室时,值班室可与低压配电装置室合并,此时低压配电装置的正面或侧面到墙的距离不应小于3m。

④ 高压配电装置室内通道的宽度一般不小于下列数值:

a. 10kV 固定式高压开关柜单列布置时,柜前通道为 1.5m。

b. 10kV 固定式高压开关柜双列布置时,柜前通道为 2m。

c. 10kV 成套手车式开关柜一面有开关时,柜前通道为双车长加 600mm。

⑤ 变压器外廓与变压器室墙壁和门的净距不应小于表 3 - 12 所列数值。

表 3 - 12　变压器外廓与变压器室壁和门的最小净距　　　　　　单位:m

项　目　　　　变压器容量	100 ~ 1000kVA	1250kVA 以上
变压器与后壁侧壁净距	0.6	0.8
变压器与门净距	0.8	1.0

⑥ 露天或半露天变电所的变压器四周,应设不低于1.7m高的固定围栏。变压器外廓与围栏或建筑物外墙的净距,不应小于0.8m,变压器底部距离地面不应小于0.3m,相邻变压器外廓之间的净距,不应小于1.5m。

3. 低压配电室

(1)低压配电装置室内通道宽度,一般不小于下列数值:

① 配电屏单列布置时,屏前通道为 1.5m。

② 配电屏双列布置时,屏前通道为 2m。

③ 配电屏后通道为 1m,有困难时,可减小为 0.8m。

(2)低压配电装置室内裸导电部分与各部分的净距应符合下列要求:

① 屏后通道内、高度低于 2.3m 遮护的裸导电部分与对面墙或设备的间隔不应小于1m,而与对面其他裸导电部分的净距不应小于1.5m。

② 屏后通道上方裸导电部分的高度低于2.3m时,应加遮护,遮护后的通道高度不应低于1.9m。

③ 跨越屏前通道的裸导电部分,其高度不应低于2.5m。

④ 在负荷和电压变动较大的情况下,低压电容器组尽量采用自动调节装置。

⑤ 低压配电装置室内不应有与配电装置无关的管道通过。

4. 低压配电线路的保护

(1)配电线路应装设短路保护,配电系统的各级保护之间宜有选择性地配合,当不能符合此要求时,应尽量使低压侧第一级保护有选择性动作。

(2)熔断器的熔体额定电流,或自动开关过电流脱扣器的整定电流应尽量接近,但不小于被保护的负荷计算电流。同时应保证在出现正常的短时间过负荷时(如电动机的启动或自启动),保护装置不应动作。

(3)配电线路采用熔断器作短路保护时,熔体和导体截面选择应符合下列规定:

① 熔断器熔体的额定电流不应大于电缆或穿管绝缘导线允许载流量的 2.5 倍,或明敷绝缘导线允许载流量的 1.5 倍。

② 在被保护线路的末端发生下列短路时:中性点直接接地网络中的单项接地短路;中性点不接地网络中的两相短路。其短路电流不应小于熔断器熔体额定电流的 4 倍。

(4)配电线路采用自动开关作短路保护时,整定电流应符合下列要求:

① 当采用只带瞬时或电流脱扣器的自动开关时,脱扣器的整定电流应躲开短时过负荷电流,整定电流与导体允许载流量的比例不作规定。

② 当采用长延时过电流脱扣器和瞬时或短延时过电流脱扣器的自动开关时,其长延时过电流脱扣器的整定电流,应根据返回电流值的要求,一般不大于绝缘导线或电缆允许载流量的 1.1 倍,其动作时间应避开短时过负荷电流持续时间。

③ 在保护线路的末端发生下列短路时:中性点直接接地网络中的单项接地短路;中性点不接地网络中的两相短路。其短路电流不应小于自动开关瞬时或短延时过电流脱扣器整定电流的 1.5 倍。

(5)装设过负荷电流的配电线路,其绝缘导线、电缆的允许载流量,不应小于熔断器熔体额定电流的 1.25 倍,或自动开关长延时电流脱扣器的整定电流的 1.25 倍。

(6)在配电线路上,凡导体截面减少处、配电线路分支处或保护必须有选择性的地方,均应设保护电器[但符合(7)中情况的除外]。当该连接处安装保护电器有困难时,允许安装在 3m 以内便于维护和检修的地方。以高处的干线向下引接分支线路时,允许将保护电器安装在距连接处 30m 以内便于操作和维护的地方。但应保证在该段分支线末端发生单相(或两相)短路时,离短路点最近的保护电器能够动作,且该段分支应有不延燃性外层或穿管敷设。

(7)下列情况的配电线路中,在导体截面减小处或配电线路分支处可不装设保护电器。

① 上一段线路的保护电器已能保护截面减小的那一段线路或分支线时。

② 采用 20A 及以下的保护电器所保护的分支线。

③ 配电装置内部从母线上接到保护电器的分支线。

④ 室外架空配电线路。

(8)用熔断器保护配电线路时,熔断器应装设在不接地的各相或各极上。用于接零保护的零线上不应装设熔断器。用自动开关保护配电线路时,其过电流脱扣器应装设在不接地的各相或各极上。

5. 低压配电线路的敷设

(1)明敷于潮湿场所或埋地敷设的金属管布线,应采用水煤气钢管。明敷或暗敷于干燥场所的金属管布线可采用电线钢管。

(2)硬质塑料管布线一般适用于屋内有酸碱等腐蚀性介质作用的场所,但易受机械损伤的场所不宜采用。当暗敷或埋地敷设时,引出地(楼)面的一段应采取防止机械损伤的措施。

(3)电线管路与热水管、蒸汽管同侧敷设时,应敷设在热水管、蒸汽管的下面;有困难时,可敷设在其上面。相互间的净距一般不小于下列数值:

① 当管路敷设在热水管下面时为 0.2m,上面时为 0.3m。

② 当管路敷设在蒸汽管下面时为 0.5m,上面时为 1m。

当不能符合上述要求时,应采用隔热措施。对有保温措施的蒸汽管与热水管,上下净距均可减至 0.2m。

电线管路与其他非散热管路的平均净距不应小于 0.1m,当与水管同侧敷设时,宜敷设在水管的上面。

(4)穿管绝缘导线(两根除外)或电缆的总截面(包括外护层),不应超过管内截面的 40%。

(5)电线、电缆穿楼板时,应穿管或采用其他保护措施。

(6)采用电缆沟配线时,电缆沟应有防水或排水措施,进入室内电缆沟应堵隔。

6.照明

(1)印染车间一般采用混合照明,并以机上照明为主。

(2)主厂房内一般采用日光色荧光灯,辅助建筑可根据具体情况采用荧光灯或白炽灯。

(3)印染车间和辅助生产车间的照明标准见表 3 – 13。

表 3 – 13　印染车间及辅助生产车间照明标准

名　　称	工作面上最低照度/lx		名　　称	工作面上最低照度/lx	
	混合照明	一般照明		混合照明	一般照明
漂练车间:	—	30	染料调配室	—	50
进布布面	150	—	碱液回收站	—	50
出布布面	300	—	热力站	—	50
染色车间:	—	30	保全室	—	75
进布布面	150	—	办公室	—	50
出布布面	500	—	存衣室	—	30
印花车间:			机修车间	—	30
机印印花机机头处	1000	—	水泵房	—	20 ~ 30
机印印花机出布处	500	—	仓　库	—	20 ~ 30
网印印花	—	150	食　堂	—	30
整装车间:	—	75	保健站	—	50 ~ 75
进布布面	150	—	高低压配电室	—	75
出布布面	500	—	锅炉房操作层	—	20
验布量布机	1000	—	输　煤	—	10
验布台	750	—			

(4)混合照明中的一般照明,其照度应按该等级混合照明度的 5% ~ 15% 选择,但不宜低于 50lx。

(5)生产车间的照明度一般采用点光源或线光源的逐点法计算,辅助建筑一般采用单位容量法计算。

(6)有腐蚀性场所的照明器及其安装附件,应采用经防腐蚀处理或耐腐蚀的灯具及附件。

(7)用手提灯的电压不应超过12V。

7.其他 印染厂还应根据国家有关规范要求,考虑防雷、接地、火灾报警、通信、广播和信号等设施。

第六节 仓储设计[4]

印染厂仓库通常包括坯布库、成品库、染化料库、酸碱助剂等化学品库、危险品库、机物料库、包装材料库、汽车库、润滑油库、建筑材料库、废品库、劳保用品库、文体用品等综合仓库等。

一、仓储设计要点

(1)各类物资的储备要符合保证生产、加快周转、合理储备、防止损失的原则。在满足生产需要的前提下,合理确定仓库的面积。

(2)仓库布置要方便生产、方便运输,尽量靠近使用部门,减少厂内运输。

(3)根据储存物资的性质来选择仓库的类别和建筑形式,各类仓库设计必须符合建筑设计防火规范的要求。

(4)在用地比较紧张的城市,尽可能设计多层仓库。性质相同或接近的仓库,尽可能合并设计建造,以节约用地。

(5)库内和库区货物的装卸运输,要适当考虑提高机械化程度,确保安全操作,提高劳动生产率,减轻工人劳动强度。

二、坯布库、成品库

(1)坯布的储存周期一般为9~12天,成品的储存周期一般为10~15天,视内外销情况而确定。

(2)坯布库、成品库的建筑面积可按下式计算:

$$S = \frac{Q \times T}{F}$$

式中:S——仓库建筑面积,m^2;

Q——坯布日需要量或成品日产量,t/d;

T——储存周期,d;

F——布包堆放密度,t/m^2。

布包堆放密度一般如下:

① 使用单梁悬挂式吊车作运输工具时:坯布库为0.75t/m^2;成品库为0.80t/m^2(布包),0.40~0.45t/m^2(纸箱或木箱)。

② 其他情况时（人工堆垛）：坯布库为 0.55t/m²；成品库为 0.60t/m²（布包），0.35 ~ 0.40t/m²（纸箱或木箱）。

（3）仓库设备和工器具：

① 堆布布包的装卸设备可采用移动式堆包机或单梁悬挂式吊车。使用吊车或堆包机时，电源必须设置在仓库外，并采用托线，不得使用滑线。

② 多层仓库垂直运输可采用电梯，也可采用电动葫芦、吊车及滑槽等设备，但要注意安全运行。

③ 坯布库、成品库布包底层必须设垫木，防止布包受潮。

三、染化料库和酸、碱及漂白剂的储存

（1）染料储存周期平均可按 6 个月计算，化工料可按 2 个月计算。

（2）烧碱储存以液碱为主，少数地区如液碱供应不足，也可少量或短期使用固碱。烧碱储存周期，当地供应可按 12 天计算，外地供应可按 18 ~ 25 天计算。液碱及固碱可储存在碱液调配回收站。

（3）硫酸、盐酸、醋酸、次氯酸钠、双氧水等储存周期，当地供应按 12 天计算，外地供应可按 25 天计算。均可储存于简易通风的棚内。

（4）如采用液氯自制次氯酸钠漂白剂，液氯钢瓶可储存在次氯酸钠调配室内，但储存室必须有安全设施。钢瓶装卸一般可用吊轨及手动葫芦。

四、危险品库

（1）危险品库主要储存保险粉、红矾、氯酸钠等易燃、易爆或有刺激性气味的物品。

（2）危险品库内应分隔成若干间，将各类物品分开堆放，以加强管理，保证安全。

（3）危险品库应防止太阳直晒，库内应干燥、阴凉、通风，并配置可靠的消防设施。

（4）危险品库面积，小型厂在 100m² 以内，中型厂在 100 ~ 200m²，大型厂在 200 ~ 300m²。

五、机物料库

（1）机物料库内各种小件物品的储存一般采用层式货架，人工存取的货架高度一般不超过 2.5m。

（2）机物料库应隔出 60 ~ 100m² 作为橡胶辊储存室，室内应有采暖设施，防止冬季温度过低，胶辊龟裂。

（3）机物料库内包括机配件、物料、五金材料等，其建筑面积：小型厂在 300 ~ 400m²，中型厂在 600 ~ 900m²，大型厂在 1000 ~ 1400m²。

六、其他仓库

（1）印染厂外销成品采用木箱或纸箱包装时，可设包装材料库，根据工厂外销成品比重及

当地运输情况,一般储存6~12天。一般年包装量在1500万米以内,面积为120m²左右。

（2）润滑油库面积一般为20~30m²。

（3）运输用汽车库面积一般为15~20m²。烧毛用汽油库面积可另增20m²。

（4）建筑材料库内包括木材、水泥、耐腐蚀材料等,其建筑面积:小型厂在100~150m²以内,中型厂在200m²左右,大型厂在300m²左右。部分材料可在露天堆放。

（5）废品库:其建筑面积小型厂在60m²左右,中型厂在100m²左右,大型厂在150m²左右。废品库旁边宜有少量空地,作废品处理场所。

（6）其他如劳动保护、文具用品等物品也必须有一定的储存量,可视工厂规模大小,在综合仓库增设若干面积储存。

（7）仓库定员:小型厂为10~20人,中型厂为12~14人,大型厂为16~20人。

第七节　设计概预算

设计概预算(budget estimate)是初步设计概算和施工图预算的统称,是按设计内容预先计算建设项目从项目筹建到竣工验收全部建设费用的技术经济文件。设计概算批准后是控制和确定工程建设项目总造价、编制固定资产投资计划、签订建设项目总合同和贷款总合同、实行建设项目投资包干的依据,也是控制建设项目的贷款和施工图预算以及考核设计经济合理性的依据。施工图预算经审定后是确定建筑和安装的造价、实行建设单位投资包干和办理工程结算的依据。因此,设计概预算对搞好基本建设计划,实行经济核算,合理使用建设资金,降低建设成本,充分发挥投资效果,多快好省地完成基本建设任务,都具有十分重要的意义和作用。

一、设计概预算文件的组成和内容[10]
（一）设计概预算文件的组成
1. **编制说明**　编制说明包括工程概要、编制原则、编制范围及依据、总概算金额、投资构成分析、主要材料估算数量以及有关问题的说明。

2. **总概预算**　总概预算由各生产车间、独立公用工程、独立建筑物的综合概算和其他工程费用概算汇总而成,为建设项目的全部建设费用。

3. **单项工程概预算**　单项工程概预算是各单项工程(如生产车间、独立公用工程或独立建筑物等)的全部建设费用。

4. **单位工程概预算**　以一个生产车间或独立的建筑物(或构筑物)为单位分别编制土建、工艺、电气、自控设备及安装,工艺管道安装,电气照明及防雷,室内给排水及采暖通风等单位工程概预算。

5. **其他工程概预算**　确定建筑、设备及安装工程之外的与整个建设工程有关的其他工程和费用,如土地征用费及补偿费、居民迁移费、建设单位管理费、工人进厂及培训费等。

(二)总概预算的内容

1.工程费用 根据建设项目的性质和设计要求确定。主要包括以下项目。

(1)主要生产项目:是直接参加生产产品的工程项目,包括生产车间或生产装置、工艺外管,以及与装置相联系的电气、自控、仪表和空调等。

(2)辅助生产项目:是指为主要生产服务的工程项目,如机修车间、中央试验室、原料、成品、物料及危险品仓库等。

(3)公用工程:包括给排水(水泵房、水塔、水池及全厂给排水管网);供电及电信(全厂变配电所、开关站、弱电工程、全厂输电管线及生产用调度电话);供热及动力(锅炉房、热电站、热力站、煤气站、冷冻站、空压站及全厂热力和动力管网)。

(4)环境保护工程:包括废水、废气、废渣、噪声等的处理和综合利用工程、全厂绿化工程。

(5)总图运输工程:包括厂区大门、传达室、围墙(挡土墙)、大型土方工程、汽车库、消防车库、厂区道路、码头、运输车辆等。

(6)厂区服务性工程:包括厂部办公楼、厂区食堂、浴室、自行车棚等。生活福利工程:包括宿舍、生活区食堂、职工医院、俱乐部、招待所、商业服务网点及相应的公用设施等。

(7)厂外工程:如水源工程、厂外输电线路及变电设施、厂外输水和排水管线、厂外通信线路、铁路、公路等(指建成后产权归属于建设单位的工程)。

2.其他费用 除上述工程费用外的其他必要的费用。如土地征用费,青苗赔偿费和安置补助费,拆迁费,建设单位管理费,生产职工提前进厂费和培训费,办公及生活用具购置费,工程项目前期工作费,勘察设计费,预算编制费,供水、电、汽、污水排放、增容补贴费,研究试验费,技术开发费,图书资料翻译复制费,引进技术和设备项目的其他费用,城建基础设施费等。

3.预备费 预备费包括基本预备费和涨价预备费。

4.固定资产投资方向调节税

5.建设期贷款利息

(三)单项工程概预算的内容

1.建筑工程费

(1)一般土建工程:包括各种厂房、仓库、站房、行政管理等建筑物;各种设备基础、工业锅炉座及基础、栈桥、管架、烟囱、地沟、水池、水塔、冷水塔、码头、挡土墙、围墙、道路等构筑物;上述建筑物及构筑物中的金属结构以及铁路专用线、公路等工程费用。

(2)场地平整、竖向布置、土石方工程以及厂区绿化等费用。

(3)室内给排水、电气照明、防雷接地、煤气管道、采暖等费用。

2.设备购置费(包括工器具及生产家具购置费)

(1)工程项目所需要安装的和不安装的全部设备,包括主要生产、辅助生产、公用工程项目的专用设备、机电、仪器、仪表等设备购置费。

(2)规定期间内备品、备件购置费。

（3）生产用工具、器具、家具购置费：指建设项目为保证正常生产所必须购置的仪器、工卡模具、器具及生产家具（如试化验台、橱、堆物架、更衣橱等）。

（4）车间内运输设备。

（5）随设备本体带来的填充物及内衬。

（6）其他。

3. 安装工程费

（1）主要生产、辅助生产、公用工程项目内的专用设备、机电、仪器、仪表等的安装费用。

（2）各专业工艺和公用工程（给排水、通风、除尘、空调、供热、电力与电信等）设备、管道与管线（电缆）安装工程费用。

（3）设备及管道的保温（冷）以及防腐工程，设备内部的填充物、树脂内衬（除随设备本体带来的填充物及内衬外）等安装工程费用。

二、设计概预算编制的依据和方法

如前所述，设计概预算是初步设计概算和施工图预算的统称。概算和预算主要有如下区别[11]。

（1）所起的作用不同。概算编制在初步设计阶段进行，作为向国家和地区报批投资的文件，经审批后用以编制固定资产计划，是控制建设项目投资的依据；预算编制在施工图设计阶段，它起着建筑产品价格的作用，是工程价款的标底。

（2）编制依据不同。概算依据概算定额或概算指标进行编制，其内容项目经扩大而简化，概括性大，预算则依据预算定额和综合预算定额进行编制，其项目较详细，较重要。

（3）编制内容不同。概算应包括工程建设的全部内容，如总概算要考虑从筹建开始到竣工验收交付使用前所需的一切费用；预算一般不编制总预算，只编制单位工程预算和综合预算书，不包括准备阶段的费用（如勘察、征地、生产职工培训费用等）。

（一）概算编制的依据和方法[4]

1. 编制依据

（1）国家有关工程建设的法律、法规和方针政策。

（2）建设项目可行性研究报告及有关批准文件和规定。

（3）初步设计的文字说明及图纸［总平面图，工程项目（子项）一览表，主要生产车间建筑平、立、剖面图及建筑结构特征一览表，设备、材料一览表］。

（4）工程建设所在省、市、地区现行的概算定额、综合概算定额，有关指标与相应的费用定额。

（5）地方颁发材料预算价格及类似工程预算和决算的造价指标等。

（6）各部颁发和以国家或地方主管部门颁发的设备（材料）现行出厂价及有关规定。

（7）工程建设所在省、市、地区制定和颁发的其他工程和费用定额。

（8）原纺织工业部颁发的《纺织工业工程建设概预算编制办法》有关规定。

2.编制方法

(1)建筑工程概算:有运用概算定额编制和套用类似概算或预算(决算)编制两种方法。用概算定额编制可按下列规定进行:

① 按设计图纸和设备材料表,根据概算工程量计算规则计算工程量,注意避免重复和遗漏。

② 套用相应定额计算直接费用(定额缺项或设计要求不一时,可以补充或换算套用类似定额)。

③ 由于初步设计深度和概算定额所限,可增加零星工程费用5%~10%,并根据规定增加材差补价和综合费率。综合费率包括施工管理、施工流动津贴计划利润、临时设施、劳保支出。材料差价等可按地方规定计算。

④ 其他直接费、间接费、有关各种费用,根据规定计算。各专业各类费用之和即为各专业建筑工程概算。

⑤ 各专业的建筑工程概算除以建筑面积,即为各专业技术经济指标,并作出主要材料耗用量分析。

土建工程运用概算定额编制一般应套用建厂所在省、市、地区现行的概算定额和费用计算,若无概算定额,则可套用设计单位所在地概算定额,但对主要材料、人工工资、施工机械使用费等应按价差计算方法进行调整。

建筑工程概算的另一种方法是利用收集到的资料套用类似概算或预算(决算)价进行概算,包括其他费用费率计算和主要材料分析均可参考,但需结合工程所在地的情况,做到因地因时制宜。

(2)设备购置概算:编制设备购置费一般根据初步设计文件中各专业设备一览表所列出的设备型号、规格、数量和有关设备价格进行计算。

设备购置费包括设备价(含设备包装费)、设备运杂费、装配机物料(印染行业专用)、备品备件、工器具及生产家具、车间内运输所属费用等。

① 设备价(含设备包装费)的取定可根据下列规定计算:

a.工艺设备以原纺织工业部颁发的《纺织机械产品供应目录》及有关规定计算。

b.通用设备以国家或地方主管部门规定的现行产品出厂价格及有关规定计算。

c.非标准设备均参照有关部颁发的规定计算,也可按类似设备现行价及有关资料估价计算。

② 设备运杂费指设备从生产厂或调拨地点运到工程建设项目的指定设备仓库或施工工地途中所发生的一切费用。包括各类运输费(过江费)、包装费、装卸费、采购保管保养费、供销部门手续费、标签费等。

设备运杂费可按下式计算:

$$设备运杂费 = 设备价 \times 运杂费率(项目所在地)$$

设备运杂费率见表3-14。

表 3 – 14　设备运杂费率

序　号	地　　区	运杂费率（占设备原价）/%
1	江苏、浙江、山东、河北、安徽、山西、上海、北京、天津、辽宁、吉林	7
2	河南、湖南、湖北、福建、陕西、江西、四川、黑龙江、广东	8
3	甘肃、内蒙古、广西、贵州、青海、海南、宁夏、云南	9
4	新疆、西藏	10

③ 装配机物料（印染行业专用）按工艺设备价及印染专业概算指标计算，列入生产车间的工艺设备购置费中。

④ 备品备件按各专业设备价及有关专业概算指标计算，列入设备购置费中。

⑤ 工器具及生产家具按各专业及各部门设备价及有关专业概算指标计算，列入设备购置费中。

⑥ 车间内运输按工艺设备价及印染专业概算指标计算。其中80%列入设备购置费中，20%列入安装工程费中。

（3）设备安装工程概算：编制设备安装工程概算分两部分，工艺设备和辅助生产设备及公用工程设备安装费按概算指标计算；各专业管道安装及其他材料安装费用可根据建厂所在省、市概算定额和概算指标计算。

印染设备安装工程概算指标见表 3 – 15。

表 3 – 15　印染设备安装工程概算指标

序　号	项　　目	指标（占设备原价）/%	说　　明
1	设备安装费： 直接费 直接费中工资	4.07 1.96 1.43	包括主、附机（染料调配、调浆、制冰设备）及配套的电动机、电气等附件的安装
2	装配机物料	0.5	包括瓷圈或不锈钢圈、导布带、传动带、绒布卷布木棍、各种衬布等印染专用器材
3	备品备件： 　漂染 　印染	 3 4	
4	工器具及生产家具	0.5	
5	车间内运输	1.5	
6	工艺管道： 直接费 直接费中工资	3.70 2.61 0.53	包括碱液管、空气管、煤气管、冷冻管、热力站及生产用汽管、软水及生产用水管等

注　装配机物料指标中不包括各种印花机的印花滚筒、镍网网架、筛绢的费用。有印花机时按印花机原价的百分率计算，滚筒印花费率按38%计算，圆网、平网印花费率按18%计算。

(4)其他费用概算:是指以上三种费用以外的其他费用,如建设单位管理费、生产工人进厂和培训费、研究试验费、勘察设计费、土地补偿费和安置补助费、办公和生活用家具购置费、竣工清理费、施工机械费、引进技术和设备的其他费用等,一般按有关概算指标计算,但应结合项目所在省、市、地区特点,或经上级机关批准列入的有关费用投资。

(二)预算编制的依据和方法

1.编制依据

(1)国家有关工程建设的法律、法规和方针政策。

(2)批准的初步设计及概算文件。

(3)工程建设项目的施工图及其说明书,有关工程地质资料,有关国家和各主管部、省市颁发的标准设计图集。

(4)建筑安装预算定额、费用定额(各主管部、省、市制定颁发的直接费、间接费和其他费等)、地区单位估价表(可采用全国统一有关定额,各部颁发专业专用或通用有关定额,工程所在省、市、地区制定颁发的有关定额和单位估价表)。定额缺项部分应作补充定额,并报有关定额管理部门备案。

(5)地区材料预算价。可采用工程所在地区或邻近地区的建筑、安装材料预算价格。

(6)各部颁发和以国家或地方主管部门颁发的设备(材料)现行出厂价(订货价)及有关规定。

2.编制方法

(1)建筑工程预算:包括熟悉施工图纸和了解现场情况;根据所在省、市建筑安装定额规定的计算规则进行工程量计算、工程量汇总;套用预算定额及编制缺项定额(补充单位估价表)计算各项费用;工料汇总分析(钢材、木材、水泥、砖、石灰、砂、石子、沥青、玻璃、油毡等);填写编制说明等步骤。

(2)设备及安装工程预算:基本参照概算编制办法,但与工艺设备有关的装配机物料、备品备件、工器具及生产家具、车间内运输等根据设备材料表实际需要数计算。也需进行工料(管材和板材)汇总分析、填写编制说明等。

① 工艺设备和管道安装、辅助生产设备、公用工程设备安装费用按原纺织工业部有关专业预算定额及全国统一安装定额和各省、市单位工程估价表编制,无专业预算定额可参考其他有关定额,如有困难,则仍采用概算指标计算。

② 各专业其他材料安装费可按建厂所在地省、市、地区预算定额或全国统一安装定额,采用全国统一安装定额应考虑换算材料、人工、机械等地区差价。

(3)施工图综合预算:与总预算基本相同,但其中的其他工程和费用按批准的初步设计概算第二部分列入,如在实际执行中有变动,允许调整。

(4)建筑安装工程预算:建筑安装工程预算费用包括直接费、间接费(包括施工管理费和其他间接费、施工企业计划利润和技术装备费、流动资金贷款利息、税金等)。

三、概预算表格[4]

(一)总概(预)算表(表3-16)

表3-16　总概(预)算表

设计编号：

工程名称：

序号	工程和费用名称	概(预)算价值						技术经济指标			占投资额/%
		建筑工程费/万元	安装工程费/万元	设备购置费/万元	其他费用/万元	合计		单位	数量	指标	
						人民币	美元				
	第一部分:工程费用	√	√	√	√	√	√				√
	第二部分:其他工程费用				√	√	√				√
	征地费				√	√					
	建设单位管理费				√	√					
	新职工提前进厂费				√	√					
	培训费				√	√					
	专利费				√	√	√				
	出国人员费用				√	√	√				
	办公和生产家具购置费				√	√					
	……				√	√					
	第三部分:预备费				√	√	√				√
	基本预备费				√	√	√				
	价差预备费				√	√					
	第一、第二、第三部分合计	√	√	√	√	√	√				
	固定资产投资方向调节税				√	√	√				√
	建设期贷款利息				√	√	√				√
	总　计	√	√	√	√	√	√				100

审核：　　　复核：　　　校对：　　　编制：　　　　　　　　　　　　年　月　日

（二）综合概（预）算表（表3-17）

表3-17　综合概（预）算表

设计编号：

工程名称：

序号	工程和费用名称	概（预）算价值						技术经济指标			占投资额/%
		建筑工程费/万元	安装工程费/万元	设备购置费/万元	其他费用/万元	合计		单位	数量	指标	
						人民币	美元				
一	建筑工程										√
	土建	√				√				√	
	给排水	√				√				√	
	采暖	√				√				√	
	照明	√				√				√	
	防雷接地	√				√				√	
	煤气管道	√				√				√	
二	工艺设备		√	√		√					√
	设备及安装		√	√		√					
	备品备件			√		√					
	化验仪器		√	√		√					
	装配机物料			√		√					
	工器具及生产家具			√		√					
	车间内运输		√	√		√					
三	工艺管道		√	√		√					√
四	自控		√	√		√					√
五	电气		√	√		√					√
	变配电		√	√		√					
	动力配线		√	√		√					
	消防报警		√	√		√					
六	通风、除尘、空调		√	√		√					√
	合计	√	√	√		√					100

审核：　　　复核：　　　校对：　　　编制：　　　　　　　　　　年　月　日

(三)建筑工程概(预)算表(表3-18)

表3-18 建筑工程概(预)算表

建设单位:　　　　　　　　　　　　　　　　　　　　　　　工程编号:

项目名称:　　　　　　　　　　　　　　　　　　　　　　　工程总量:　　　　m^2

工程或费用名称:　　　　　　　　　　　　　　　　　　　预算总价:　　　　元

编制依据:　　　　　　　　　　　　　　　　　　　　　　计经指标:　　　　元/m^2

序　号	编制依据	工程或费用名称	单　位	数　量	单价/元	总价/元

审核:　　　　　复核:　　　　　校对:　　　　　编制:　　　　　　　　　　　年　月　日

(四)设备及安装工程概(预)算表(表3-19)

表3-19 设备及安装工程概(预)算表

建设单位:　　　　　设计编号:　　　　　　　　　　　　　　　设备或工程种类:

根据　　年　定额及　价格编制、技术经济指标　元/m^2　元/m^3　概(预)算总价　　元

序号	设备价格根据及定额编号		设备及安装工程名称	数量	单位	概(预)算价值/元							
	设备价格根据	安装定额编号				单位价值				总价值			
						设备	主要材料	单价	其中工资	设备	主要材料	总计	其中工资

审核:　　　　　复核:　　　　　校对:　　　　　编制:　　　　　　　　　　　年　月　日

四、主要技术经济指标[4]

工厂设计的技术经济指标是分析和评估工程设计技术先进性和经济合理性的重要依据,印染厂建设项目在进行可行性研究和初步设计阶段,应对工厂设计主要技术经济指标进行核算,并列入设计文件。

为了便于进行技术经济分析,可将原纺织工业部组织编制的《印染厂建设标准》(1993年)、《纺织工业工程建设用地指标》、《纺织工业工程建设投资估算指标》中的有关技术经济指标作为控制工厂设计主要技术经济指标的依据。

(一)厂区各项工程的建筑面积(表3-20)

表3-20　厂区各项工程的建筑面积表

项　　目	单位	年产1500万米漂染厂	年产3000万米印染厂	年产4000万米印染厂
生产项目	m²	9500	15570	21000
辅助生产项目	m²	2460	4070	5490
公用工程项目	m²	3580	4960	6690
行政、生活福利设施	m²	2920	4460	6010
合　　计	m²	18460	29060	39190

(二)建设用地和建筑系数

新建印染厂的建设用地和建筑系数不应超过表3-21所列指标。

表3-21　建设用地和建筑系数指标

项　　目	单位	年产1500万米漂染厂	年产3000万米印染厂	年产4000万米印染厂
万米用地面积	m²	32	26.1	26
厂区占地面积	m²	48000	78300	104000
厂区建筑系数/%		≥35	≥35	≥35

(三)全厂劳动定员

应不超过下列规定,其中非生产人员比例应不超过全厂总定员的18%。

年产1500万米漂染厂:全厂定员415人;

年产3000万米印染厂:全厂定员720人;

年产4000万米印染厂:全厂定员960人。

(四)建设项目投资

印染厂建设项目总投资估算指标及分项目投资比例见表3-22。

表 3 – 22 总投资估算指标及分项目投资比例

名　　称	年产1500万米漂染厂	年产3000万米印染厂	年产4000万米印染厂
总投资指标/万元	2485	4009	6214
建筑工程/%	35.20	31.60	34.20
设备购置/%	35.20	39.60	36.30
安装工程/%	14.00	14.00	14.50
其他/%	15.60	14.80	15.00

注　本表根据的是纺织工业部1990年版《纺织工业工程建设投资估算指标》中确定的总投资指标及分项目投资比例。
　　仅供设计中参考。

(五)主要原料的消耗(表3 – 23)

表3 – 23 主要原料的消耗

名　　称	单　位	年产1500万米漂染厂	年产3000万米印染厂	年产4000万米印染厂
坯布	万米/天	4.9	9.8	13.1
烧碱	吨/万米	0.17	0.16	0.15

(六)水、电、汽消耗(表3 – 24)

表3 – 24 生产用水、电、汽消耗指标

名　　称	单　位	单位产品消耗指标
水	吨/万米	200~270
电	千瓦时/万米	1000~1300
汽	吨/万米	16~18

(七)综合能耗

新建印染厂单位产品综合能耗应低于3.2吨标准煤/万米。

(八)建设总工期

新建印染厂的总工期,应不超过下列指标:

年产1500万米漂染厂:18个月;

年产3000万米印染厂:21个月;

年产4000万米印染厂:23个月。

(九)基建三材用量

新建印染厂的基建三材用量指标见表3 – 25。

表 3 - 25　基建三材用量指标

名　　称	单　位	年产 1500 万米漂染厂	年产 3000 万米印染厂	年产 4000 万米印染厂
钢　材	吨/万米	1.13	0.74	0.72
水　泥	吨/万米	5.04	3.47	3.37
木　材	米³/万米	1.30	0.84	0.82

☞ 复习指导

1. 总图运输设计的内容。

2. 总平面布置的原则。

3. 总平面布置的技术指标。

4. 竖向设计的内容及方式。

5. 印染厂对建筑结构设计的要求。

6. 建筑结构设计的主要内容。

7. 常见的主厂房建筑结构形式及各自的特点。

8. 柱网尺寸与厂房高度的选择。

9. 染整生产用水的水质要求及生产用水量的计算。

10. 纺织染整工业水污染物排放标准及污水处理方法。

11. 空调机械送风系统组成。

12. 供汽设备系统的组成。

13. 印染厂用电设计的主要内容。

14. 印染厂仓储种类及设计要求。

15. 设计概预算的文件的组成和内容。

16. 概算和预算编制的依据和方法。

17. 概预算表格种类及内容。

18. 工厂设计的技术经济指标。

☞ 思考题

1. 何谓构筑物?

2. 印染厂总图运输设计的内容包括哪些?

3. 生产厂房总平面布置的原则是什么?

4. 将印染厂建在城市工业园区有何优势?

5. 建筑系数与建筑容积率有何不同?

6. 印染厂对厂房建筑结构有哪些要求?

7. 印染厂建筑结构平面、立面、剖面设计的任务是什么?

8. 对于一个位于我国北方的主要品种为幅宽 1800mm 机织物的印染厂,你选用何种厂房建筑结构形式、柱网尺寸、厂房高度？试说明原因。

9. 印染厂生产用水和排放污水的指标要求有哪些不同？

10. 试述印染厂污水中的主要污染物以及相应的污水处理方法。

11. 何谓换气次数？

12. 印染厂消雾防滴措施有哪些？

13. 印染厂何种设备加热采用饱和蒸汽？何种设备采用过热蒸汽？

14. 印染厂生产用汽负荷如何计算？

15. 印染厂用电设计主要包括哪些系统？

16. 印染厂主要有哪些类型的仓库？其设计要点有哪些？

17. 什么叫设计概预算？

18. 设计概预算的文件组成有哪些？

19. 总概预算的内容与单位工程概预算的内容有什么不同？

20. 概算与预算的主要区别在哪里？

21. 概预算表格主要包括哪几个？

22. 工厂设计主要有哪些技术经济指标？

参考文献

[1] 吴立. 染整工厂设计[M]. 北京：中国纺织出版社，1996.

[2] 探寻合适的治污融资模式[J/OL]. [2005 – 11 – 29]. http://news. xinhuanet. com / fortune /2005 – 11/29.

[3] 工业项目建设用地控制指标(试行)[J/OL]. [2005 – 5 – 20] http://www. dyjlawyer. com /Shownews. asp? id = 799.

[4] 上海印染工业行业协会，《印染手册》(第二版)编修委员会. 印染手册(第二版)[M]. 北京：中国纺织出版社，2003.

[5] 李瑞恒，崔淑玲. 印染厂设计[M]. 北京：纺织工业出版社，1993.

[6] 郭伟. 多层钢框架结构[J/OL]. [2006 – 11 – 29]. http:// co. 163. com /forum / content /1790_561824_1. htm.

[7] 纺织染整工业水污染物排放标准[J/OL]. [2006 – 12 – 28]. www. tex – asia. com / knowledge /standard /domes.

[8] "和谐社会"进一步规范纺织印染污水排放[J/OL]. http:// info. textile. hc360. com / 2006/11/09085749083. shtml.

[9] 赵荣义，薛殿华. 空气调节(第三版)[M]. 北京：中国建筑工业出版社，1994.

[10] 《印染工厂设计》编写组. 印染工厂设计[M]. 北京：纺织工业出版社，1988.

[11] 工程造价基础知识(二)[J/OL]. [2007 – 4 – 06]. www. eluban. com /zjs /index. php/ action_viewnews_itemid_4269. html.

第四章　印染厂清洁生产与节水节能设计

人口、资源和环境是当今世界经济面临的三大问题,也是人类生存和发展面临的重大问题。当前,自然资源匮乏和环境污染的现实已越来越引起人们的关注,重视自然资源的合理利用和保护人类的生存环境已成为每一个生产企业义不容辞的责任。

我国人均水资源量在世界银行近年统计的 132 个国家中居第 82 位,属于水资源紧缺的国家[1]。印染工业耗水、耗能大,污染严重,推行清洁生产与节水节能已成为当务之急。按照《纺织工业污染防治规划》的要求,到 2010 年,纺织工业中的大、中企业要全部推行清洁生产和清洁生产审核,对污染严重的印染企业,要强制实行清洁生产审核[2]。按照国家经济贸易委员会资源部[2001]1017 号"工业节水'十五'规划"要求,新建、改建和扩建工业项目,严格执行"三同时、四到位"制度[3],即工业节水设施必须与主体工程同时设计、同时施工、同时投入运行,工业企业要做到用水计划到位、节水目标到位、节水措施到位、管水制度到位。因此,在印染厂新建、扩建和改建的设计中,必须要考虑节省资源和保护环境,选用节水节能和低污染排放的清洁生产工艺。只有这样,才有利于印染企业的可持续发展。

第一节　印染厂清洁生产和节水节能的意义

1992 年 6 月,联合国环境与发展大会提出了实现利于环境良性发展模式的新目标。清洁生产作为一种使经济可持续发展的形式写入了联合国环境与发展 21 世纪议程[4]。

所谓清洁生产(cleaner production)是一种在生产过程、产品和服务中既满足人类的需要,又合理利用自然资源,追求经济效益最大化和对人类与环境危害最小化的生产方式。

具体来讲,清洁生产的含义主要包括以下五个方面:

(1)改进设计,在工艺和产品设计时,要充分考虑资源的有效利用和环境保护,生产的产品不危害人体健康,不对环境造成危害,能够回收的产品要易于回收。

(2)使用清洁的能源,并尽可能采用无毒、无害或低毒、低害原料替代毒性大、危害严重的原料。

(3)采用资源利用率高、污染物排放量少的工艺技术与设备。

(4)综合利用,包括废渣综合利用、余热余能回收利用、水循环利用、废物回收利用。

(5)改善管理,包括原料管理、设备管理、生产过程管理、产品质量管理、现场环境管理等。

传统的工业经济是"从摇篮到坟墓"式的,不注重资源的合理利用和回收利用,大量、快速消耗资源,并且经常使用有毒有害物料,对人类健康和环境造成危害。实施清洁生产的工业化进程,可以避免走工业化国家"先污染、后治理"的老路,减少或防止工业"三废"对环境和人体健康造成的危害,并使工业有可持续发展的物质基础。清洁生产是对传统的末端治理工业污染模式的根本变革,是环境保护战略由被动反应向主动行动的一种思想和观念的转变。

近几年,我国印染行业出现了前所未有的快速发展局面,多元化投资大量涌入,先进装备相继投产,新产品、新技术纷纷亮相,在全球的产能份额持续上升,已经成为世界印染业中规模最大的国家。在为国家创造经济效益的同时,印染行业带来的水污染压力也不容小觑。由于印染加工工艺的要求,印染布在加工过程中需要消耗大量的水,同时排放水污染物。据统计,每染 1 吨织物,用于染色的水为 $10\sim20t$,用于染色后水洗的水为 $80\sim120t$,总耗水在 $90\sim140t$。这么多的水将全部成为严重污染的废水!水洗中用于加热能耗约相当于 $430kg$ 标准煤,尚不计水洗中的动力消耗[1]。按 2003 年全国印染行业印染布生产量计算,印染行业年排放印染废水约 16 亿立方米,平均重复利用率不到 10%[5]。另一方面,在纺织印染生产过程中大量使用各种染料和助剂,同时要消耗大量电和蒸汽,排放大量的锅炉燃烧废气及相应的废渣,使得生产过程中排放的废水中污染物变得越来越复杂,处理的难度也在不断增大。因此,在印染行业中推行和实施清洁生产,是实现可持续发展战略的必然选择,也是我国应对绿色贸易壁垒,增强企业竞争力的重要措施。

对于新建印染厂的设计,应采用清洁高效的新技术,采用低废、无废工艺,选择高效节能设备,提高能源利用效率,节能、节水,不用有毒有害的原料,开展资源综合利用,从源头削减废水与污染物产生量。

需要指出的是,清洁生产是一个相对的概念,所谓清洁生产技术和工艺、清洁产品、清洁能源,都是同现在技术工艺、产品和能源比较而言。因此推行清洁生产是一个不断持续的过程,需要随社会经济的发展和科学技术的进步适时提出更新的目标,达到更高的水平。

第二节　有关清洁生产与节水节能的政策与标准

为了提高资源利用效率,减少和避免污染物的产生,保护和改善环境,保障人体健康,促进经济与社会可持续发展,2002 年 6 月公布了《中华人民共和国清洁生产促进法》[6],对涉及推行清洁生产的组织管理、规划、财政税收政策、资金支持和鼓励措施等方面的内容作出了具体规定,为全面推行清洁生产提供了法律依据。

同时,与清洁生产配套的各种标准也陆续出台。原有的纺织染整工业水污染物排放标准 GB 4287—1992 现已落伍,许多地区正在或已实行了统一的污水排放标准,国家也将有更为严格的纺织印染行业的污水排放标准在"十一五"期间出台。

国家环境保护总局 2001 年 8 月 8 日发布了《印染行业废水污染防治技术政策》[7],政策对各类纺织品的印染工艺提出了比较全面的规定,鼓励印染企业采用清洁生产工艺和技术,严格控制其生产过程中的用水量、排水量和产污量。

2006 年 7 月 3 日国家环境保护总局又发布了《清洁生产标准纺织业(棉印染)》,标准用于纺织棉印染生产企业清洁生产的审核和清洁生产潜力与机会的判断。该标准对生产工艺与装备等五个大指标及其中具体的指标均提出要求,比《印染行业废水污染防治技术政策》更加全面和具体。该标准对企业的评级分为三级:一级是国际清洁生产先进水平;二级是国内清洁生产先进水平;三级代表国内清洁生产基本水平。该标准为指导性标准,虽然不具有强制性,但在国际对环保要求呼声越来越高的情况下,企业若被评定为具有较高的清洁生产水平,无疑对于其出口是有利的。

除了对纺织业废水排放制定标准之外,我国借鉴国外有关法规和要求,对纺织产品上有害物质的限定和检验制定了相关标准(GB/T 18885—2002)。在环境保护标准制定方面,欧盟虽然起步较晚,但到目前为止法规最为完善。其中影响最广泛和深远的是"Oeko – Tex Standard 100",这是由一个国际性民间组织"国际生态纺织品研究和检验协会"发布的有关纺织品上有害物质的限定值和检验规则的生态防治技术要求。1992 年 4 月 7 日正式公布第一版 Oeko – Tex Standard 100,以后在 1995 年 1 月和 1997 年 2 月 1 日发布修订版,1999 年 12 月 21 日发布了 2000 年版,对过去的几个版本作了重大的修订。1999 年以来几乎每年都要对标准进行修订,其中最重要的版本是 2002 年版,我国国家标准 GB/T 18885—2002 就是以此作为蓝本的。2002 版对纺织品的 pH 值、甲醛、10 种重金属、杀虫剂、三种含氯酚及 OPP(邻苯基苯酚)的化学物质、PVC 增塑剂、有机锡化合物、有机氯染色体等有害物质都规定了限值[8],并且禁用一些致癌、致敏染料,禁用 PBB、TEPA、TRIS 三种阻燃剂。目前禁用的致癌芳香胺有 24 种,致癌染料有 9 种,涉嫌可还原出致癌芳香胺的染料(包括某些颜料和非偶氮染料)约为 210 种[8]。

为全面推进清洁生产和节水节能,引导企业采用先进的清洁生产工艺和技术,国家经济贸易委员会从 2000 年起编制并陆续公布了《国家重点行业清洁生产技术导向目录》[9]。其中第一批目录涉及冶金、石化、化工、轻工和纺织 5 个重点行业,共 57 项清洁生产技术。这 57 项清洁生产技术是在行业主管部门对本行业清洁生产技术进行认真筛选、审核的基础上,组织有关专家进行评审后确定的。这些技术是经过生产实践证明,具有明显的环境效益、经济效益和社会效益,可以在本行业或同类性质生产装置上推广应用的技术,是各级经贸委和行业主管部门推荐和审批清洁生产项目的依据,也是各金融机构和企业投资环境保护项目的方向。纺织工业共有 13 项清洁生产工艺项目被列入其中,分别为:转移印花新工艺、超滤法回收染料、涂料染色新工艺、涂料印花新工艺、棉布前处理冷轧堆一步法工艺、酶法水洗牛仔织物、丝光淡碱回收技术、红外线定向辐射器代替普通电热元件及煤气、酶法退浆、粘胶纤维厂蒸煮系统废气回收利用、用高效活性染料代替普通活性染料减少染料使用量、从洗毛废水中提取羊毛脂、涤纶仿真丝绸印染工艺碱减量工段废碱液回用。可以看出,印染行业推行的清洁生产工艺项目的主要原则是节水节能、减少污染排放量、资源回收利用、替代禁用染化料等。

纺织印染行业水污染排放标准的提高和对棉纺企业清洁生产水平的审核和评定对纺织印染行业有两个影响:一是提高行业进入门槛,对于不能支付环保开支的企业很难进入行业,提高了纺织印染业的准入门槛;二是现有企业必须要支付更高的环保资金,这对于利润微薄、资金少的企业来说无疑是一个打击。

第三节　印染厂清洁生产及节水节能的途径

在印染厂推广清洁生产主要有四种途径：采用清洁生产与节水节能技术、采用无污染少污染的染料和助剂、加强生产管理、资源回收利用。

一、采用清洁生产与节水节能技术

目前印染行业已经推行和正在研究推行的清洁生产与节水节能技术主要包括生物酶处理技术、高效短流程技术、低温等离子体技术、涂料染色和印花技术、小浴比染色技术、超临界流体染色技术、喷墨印花技术和微胶囊技术等；还包括推广使用某些对人体健康有害或污染环境的染料和助剂的代用品，诸如禁用染料的替代品，含有甲醛、氯代有机物、重金属等有害物质的各种整理剂的替代品，以烷基酚为原料的聚氧乙烯醚、含氯和含磷等具有毒性的表面活性剂的替代品等。

(一)生物酶处理技术

由于酶在生产使用中不会产生有害的副产品，排放物也不会污染环境，酶处理条件温和、节能，处理后的纺织品上不含有对人体健康有害的物质，因此，酶处理被公认为是一种有利于环保的清洁生产工艺。目前酶处理已研究应用于棉、麻、毛、绢丝、粘胶纤维、Tencel及其混纺织物的前处理和后整理加工中。

生物酶处理可在常规间歇式或连续式前处理设备上与纤维素纤维织物退浆、煮练、漂白等工艺结合进行，采用淀粉酶、果胶酶、纤维素酶和脂肪酶等生物酶均可将杂质彻底分解成可溶于水的小分子，降低废水中的 BOD 和 COD 值，减少污水处理负担。纤维素酶用于靛蓝牛仔服装的酶洗，取代了化学洗和石洗，既可获得具有褪色仿旧风格的效果，又降低了污染物的排放量。

蛋白酶处理羊毛不但可去除羊毛纤维鳞片，改善织物起球和缩水现象，提高上染率，而且可用于羊毛织物防缩整理加工，代替氯化处理，降低废水中的 AOX 指标。

绢丝用纤维素酶和蛋白酶进行精练和漂白，不仅可以除去杂质，提高织物的柔软性和润湿性，而且能降低废水处理的负担。

(二)冷轧堆技术

1.冷轧堆前处理　冷轧堆前处理工艺是将传统的退煮漂三步法合并为一步法，它与传统的三步法相比用碱量低，节约用水近两倍，节约能源近三倍。因此，采用该工艺既可降低生产成本，又可以减少污水排放量，降低废水处理负担。

对于规模不大、品种较多的企业，可以采用冷轧堆工艺。对于有些品种，如含氨纶的弹力织物，用冷轧堆工艺有独到的优越性，它可使织物避免在高温下强力收缩和起皱。另外，特阔幅高档紧密织物必须进行平幅加工，若配专线，投资大，不合算，使用冷轧堆工艺投资小、效果较好。

适合冷轧堆前处理工艺的设备是由高给液装置、组合汽蒸箱和高效平洗装置等通用单元机优化组合而成。

高给液装置是冷轧堆联合机的关键单元机,低浓度高给液量的工作液均匀渗入织物,是确保织物在堆置过程中充分完成各项化学反应的关键。高给液装置具有浸渍、轧吸、增效三个功能,带液量在100%~150%范围,可控制布表面不淌水,以改变"表面"的浸渍、轧液,解决低毛效的弊端。

组合汽蒸箱有多种形式,如导辊/辊床式、导辊/条栅式和导辊/网辊式等,它们各有特点,可根据加工织物的不同进行选用。组合汽蒸箱应使织物均匀地吸收蒸汽,营造剧烈的反应条件,有效防范折皱、横档、风干等疵点的发生。

高效水洗设备必须具有高温洗涤、强力冲洗、低水位逐格倒流和机械振荡等功能才能达到节水及将汽蒸后分解的杂质充分洗除的作用。目前,已开发的高效水洗单元都在平洗槽内设机械振荡、回形穿布、突沟网洗及"水刀"式冲洗等装置。

2.冷轧堆染色 冷轧堆染色的特点是工艺较卷染简便,较轧染省去了中间烘燥和汽蒸或焙烘两道工序,设备投资省;可在室温下染色,能耗、水耗低,准备周期短,染料利用率高,牢度好,重现性好,适合于小批量生产。

目前欧洲和美国冷轧堆染色分别占轧染工艺的79%和39%,亚洲只占21%。冷轧堆染色已成为当今重要的染色工艺。其中活性染料冷轧堆染色应用最为普遍。

活性染料冷轧堆染色的加工过程是先将织物浸渍染料和碱剂后,打卷包扎,在室温下慢速转动,染料在纤维上的吸附、扩散和固色反应是在缓慢旋转3~24h的堆置过程中完成,最后水洗烘干。

活性染料冷轧堆染色一般选择反应性和扩散性能较高的活性染料染棉和粘胶纤维,可获得布面色泽均匀,透染性良好的染色效果,而且厚薄织物均使用此法。

以下列举活性染料冷轧堆染色的具体工艺[10],供设计中选择参考。

(1)工艺程序:

轧染→打卷→堆置→水洗→皂洗→水洗→烘干

(2)配方及工艺条件:

①X型、K型活性染料(表4-1)。

表4-1 活性染料冷轧堆染色工艺条件(X型、K型)

项 目		X 型	K 型
轧染液处方	染料用量/g	10~50	10~50
	尿素用量/g	50~100	50~100
	纯碱用量/g	5~25	—
	烧碱[30%(36°Bé)]用量/mL	—	25~40
	液量/L	1	1
皂洗液	净洗剂用量/mL	2~4	

续表

项　目		X 型	K 型
工艺条件	轧　染	室温,压力196kPa,轧余率:棉布60%～70%,粘胶纤维(富强纤维)80%～90%	
	打　卷	室温,慢速转动	
	堆　置	室温2～4h	室温16～24h
	水　洗	室温2格溢流	
	热水洗	—	70～80℃ 2格溢流
	皂　洗	加盖平洗2格,95℃以上	
	热水洗	70～80℃2格溢流	
	水　洗	室温1格流动	
	烘　干	圆筒烘燥	

②KN 型、ME 型、C 型活性染料(表4-2、表4-3)。

表4-2　活性染料冷轧堆染色工艺条件(KN 型、ME 型、C 型)

轧染液处方	染　液	KN 型、ME 型、C 型活性染料	x
		尿素/(g/L)	0～100
		金属络合剂(软水剂)/(g/L)	0～3
		润湿剂/(g/L)	0～5
	碱　液	烧碱[32.5%(38°Bé)]	y
		硅酸钠(36%～38%)/(g/L)	50～70
	按混合装置(4:1)的混合比,染液加至轧染液总量的80%,碱液加至总量的20%		
工艺条件	轧　染	室温,均轧,轧余率60%～70%,轧槽力求小容积,更新染液力求不超过10min,用比例泵追加补充液	
	打　卷	室温,布边要对齐,布卷用塑料膜包裹固定并扎紧封密	
	堆　置	室温,保持6～8r/min,慢速不停转动,时间按染料品种分别规定	
	水　洗	冷水溢流水洗1格	
	热水洗	50～70℃,2格,先高后低,保持溢流	
	皂　洗	加盖平洗,2格,95℃以上	
	热水洗	70～80℃洗,2格	
	水　洗	冷水冲洗	

表4-3　活性染料与碱剂用量对照表

KN 型、ME 型、C 型活性染料/(g/L)	<10	20	30	40	50	60	70～100
烧碱[32.5%(38°Bé)]/(mL/L)	10～15	18～20	21～25	24～25	25～27	30	30～35
硅酸钠(36%～38%)/(g/L)	KN 型、ME 型50 C 型70						

注　C 型活性染料碱用量应比 ME 型偏高。

(三)高效短流程前处理技术

高效短流程前处理技术是把退浆、煮练和漂白三步法变为二步法或一步法,根据各厂的具体情况可以安装、利用或改造各种现有设备,添加必要的各类助剂,采用高温汽蒸方法。该工艺与常规工艺相比,不仅可缩短生产时间、节能、节约染化料,而且能节约用水、减少废水排放量。

要实现高效短流程工艺,关键是要配备符合工艺要求的浸渍、汽蒸和水洗设备。高效短流程工艺种类较多,主要可分为以下两类[10]:

1.二步法工艺(two step pretreatment)

(1)织物先经退浆,再经碱氧一浴煮漂的二步法工艺。此工艺适用于含浆较重的纯棉厚重紧密织物。此工艺的关键是退浆及随后的洗涤必须彻底,要最大限度地去除浆料和部分杂质,以减轻碱氧一浴煮漂工序的压力,并使双氧水稳定地分解。

其工艺流程按采用的设备不同可分为下列五种:

① 烧毛→浸轧退浆液堆置4~10h(若淀粉浆则以酶退浆为宜;若为PVA等混合浆则选用氧化剂退浆)→90℃以上热水高效水洗→浸轧碱氧液→液下履带箱60℃浸渍20min→短蒸100℃ 1h(使织物上留存的双氧水进一步分解,以提高白度)→高效水洗→烘干

② 烧毛→浸轧退浆液大卷装→室温堆置4h以上→90℃以上高效水洗→浸轧碱氧液(轧余率100%)→履带汽蒸箱100~102℃汽蒸20min→高效水洗→烘干

③ 烧毛→轧堆退浆→90℃以上高效水洗→多浸多轧碱氧液(提高轧余率)→J形箱堆置10~15min→多浸多轧碱氧液→高效汽蒸箱102℃汽蒸2~4min→90℃以上强力水洗→高效水洗→烘干

④ 烧毛→浸轧退浆液(烧碱)→042退浆机95~100℃汽蒸60min→90℃以上高效水洗→浸轧碱氧液→履带汽蒸箱100~102℃汽蒸20min(95~100℃汽蒸60min)→高效水洗→烘干

⑤ 如坯布皱条严重,加上重浆,则可采用下列工艺:

浸轧退浆液大卷装→高温堆置4h以上→高效水洗(90℃以上)→烘干→烧毛→浸轧碱氧液(轧余率100%)→履带汽蒸箱100~102℃汽蒸20min(95~100℃汽蒸60min),若高效汽蒸箱102℃汽蒸2~4min→高效水洗→烘干

(2)织物先经退煮一浴再经常规漂白的二步法工艺。此工艺对浆料不重的纯棉中薄织物及涤棉混纺织物较为适用。退浆与煮练合并,然后漂白,由于漂白不与烧碱同浴,因而对双氧水稳定剂要求不高,一般稳定剂都可使用。此工艺双氧水分解速度相对缓慢,对纤维损伤较小,工艺安全系数较高,但浆料在强碱浴中不易洗净,而影响退煮效果,为此退煮后必须充分水洗。

2.一步法工艺(one step pretreatment)

(1)汽蒸一步法工艺。退煮漂一浴汽蒸法工艺,在高浓度碱和高温情况下,很容易引起双氧水的快速分解和加重织物损伤,否则就得降低烧碱或双氧水的浓度,或加入性能优异的耐碱稳定剂。而降低化学品用量,又必然会降低退煮效果,尤其对重浆和含杂量大的纯棉厚重织物有一定的难度,故此工艺适用于涤棉混纺织物和轻浆的中薄织物。其工艺流程按采用设备不同可分为下列四种。

① 采用L汽蒸箱:

烧毛→浸轧碱氧液(高给液)→L形汽蒸箱100℃汽蒸60min→高效水洗→烘干

此工艺适用于涤棉混纺织物和轻浆含杂少的纯棉轻薄织物。

② 采用高温高压卷染溢流染色机:

烧毛→高温高压溢流染色机130℃处理5min→高效水洗→开轧烘干

③ 采用巨型卷染机:

烧毛→巨型卷染机(80℃)→高效水洗→烘干

以上②、③工艺流程系采用复配的高效助剂,在中性或弱碱条件下(不用烧碱)进行的退煮漂一浴法加工工艺,适用于绒布及色织布,尤其能解决色织布采用常规工艺无法用烧碱,造成白度低、润湿性差的问题。

④ 采用一步半工艺:

烧毛→轧退浆液卷装堆放3~4h→高效水洗→轧碱氧液→L形汽蒸箱100℃汽蒸60min→高效水洗→烘干

(2)冷堆一步法工艺。冷堆一步法是指室温条件下(不需加热)堆置一定时间、实现退煮漂一步完成的碱氧一浴法工艺,是实现清洁生产、节能降耗的重要技术手段。广泛适用于各种棉织物退煮漂一步法前处理。

由于温度较低,故需高浓度的化学品和长时间(16~24h)的堆置,才能使反应进行得充分。和常规氧漂碱液浓度比较,其碱氧用量要比汽蒸工艺高出50%~100%。冷堆前处理工艺其烧碱浓度一般在50g/L左右,双氧水用量在10~18g/L,还需添加各种高效助剂。

冷堆法同样需要工作液的充分渗透。欲取得好的效果,其关键同样在于水洗工序,冷堆后的水洗要比汽蒸法还重要。冷堆后必须加强热碱处理,效果才更加明显,若冷堆后只用大量热水冲洗,将使去杂反应不充分,从而不利于浆料、果胶质及棉蜡的去除。

由于碱浓较高,双氧水在强碱浴中的分解速率加快,增加了棉纤维损伤的危险性。因此,短流程前处理工艺的安全系数较低,对短流程工艺条件的掌握要求更为严格。

冷堆工艺流程举例如下:

①采用大卷装卷染机热碱处理:

烧毛干落布→浸轧碱氧工作液(高给液)→大卷装→转动(转速4~6r/min)堆置16~24h(温度低时需保温)→大卷装卷染机高温碱洗2道(95~100℃)→高温流动水洗2道(95~100℃)→60~70℃热水洗1道→下卷烘干

②采用高速高效练漂机热碱处理:

烧毛干落布→浸轧碱氧工作液(高给液)→大卷装转动(转速4~6r/min)堆置16~24h→高速高效练漂机进行高温热碱处理→102℃汽蒸2~4min→强力冲洗→高效水洗→烘干

(四)活性染料湿短蒸染色技术

短流程高温湿蒸一浴染色,即织物浸轧染液后不经干燥,而是利用安装在固色反应箱内入口处的电热红外加热器加热,使之迅速升温。反应箱内的载热体是少量蒸汽和干热空气组成的混合气体,利用干湿球温度调节反应温度和湿度,在织物延长临界含水率30%的情况下,使活性染料充分渗透固着。活性染料湿短蒸染色工艺是目前最简单、流程最短的连续轧染工艺。与轧—烘—焙和轧—烘—轧—蒸工艺比较,省去了预烘、固色区加热以及蒸化过程,固色率提高10% ~20%,得色均匀鲜艳、节约染化料,同时节约能源15%以上。

目前开发的活性染料湿短蒸工艺和设备,主要适用于纤维素纤维织物的活性染料湿短蒸工艺和纤维素纤维与涤纶混纺织物的活性染料和分散染料的湿短蒸与焙烘工艺。

湿短蒸设备由平幅进布、浸轧装置、红外线预烘、高温蒸焙箱和落布装置组成。

1. 工艺程序

浸轧染液(一浴)→高温湿蒸固色→水洗→皂洗→水洗→烘干

2. 配方及工艺(表4-4)

表4-4 活性染料湿短蒸工艺配方及条件[10]

项 目					用量 / (g/L)	
轧染液	KN 型、K 型、ME 型、B 型活性染料				x	
	小苏打				10 ~20	
	金属络合剂				0 ~3	
	尿素				0 ~30	
皂洗液	活性染料专用净洗剂				2 ~4	
工艺条件	浸轧染液	室温,均轧,轧余率60% ~70%				
	固 色	活性染料	相对湿度	温度/℃		时间/min
				薄织物	厚织物	薄织物	厚织物
		KN 型	40% ~44%	120	120	1 ~1.5	1 ~1.5
		K 型		160	160	2	3
		M 型、ME 型		120	140	3	3
	水 洗	室温,1 格,流动				
	热水洗	60 ~80℃,2 格,溢流				
	皂 洗	加盖平洗,2 格,95℃以上				
	热水洗	70 ~80℃,2 格,溢流				
	水 洗	室温,1 格,流动或溢流				
	烘 干	圆筒烘燥				

(五)低温等离子体技术

人们尝试将低温等离子体技术用于染整加工已有二十多年的时间。低温等离子体技术属于气体与固体之间的直接反应,是一种不用水和化学品的干法加工方式,可大幅度地节水、节能、减少环境污染。由于低温等离子体技术工艺简单、操作方便、加工速度快、处理效果好、环境污染小、节能,因此,近年来低温等离子体在材料表面改性中的研究与应用显示出强大的生命力,正处于蓬勃发展的时期。

低温等离子体中粒子的能量一般约为几个至几十电子伏特,大于聚合物材料的结合键能(几个至十几电子伏特),完全可以破裂有机大分子的化学键而形成新键,但其能量又远低于高能放射性射线,因而只涉及材料表面,不影响基体的性能。利用低温等离子体这一特点,可进行材料的表面改性。通过低温等离子体表面处理,材料表面发生多重的物理、化学变化,或产生刻蚀而粗糙,或形成致密的交联层,或引入含氧极性基团,使亲水性、黏结性、可染色性、生物相容性及电性能分别得到改善[11]。

有两种不同的低温等离子体技术系统可应用于纺织品的加工,即电晕放电(低压放电)和辉光放电(高压放电)。目前人们已就低温等离子体在羊毛、纯棉、涤纶、丙纶等纤维的改性、染色、整理等方面做了大量的研究工作,但在染整加工中工业化的应用还不普遍,毋庸置疑,低温等离子体技术具有广阔的发展前景。

(六)涂料染色和印花技术

涂料染色对各种纤维都适用,特别是各种混纺交织品种,工艺简单,重现性好。涂料染色是将不溶性颜料借助黏合剂使其固着于织物上,染色后可不必水洗,有时与树脂整理同浴进行则可少用或省去交联剂或催化剂,可减少废水及污染物的排放量。

在纺织品的加工中,涂料印花是一种综合费用较低的加工方法。涂料印花工艺简单,操作方便,成本较低,适用于任何纤维织物。由于采用乳化糊,印花后乳化糊中的火油挥发,不需要水洗。因此,污染程度较轻。

国际上用涂料印花比较普遍,对涂料工艺不足之处如手感、牢度等问题,近年有了不少改进办法。美国、英国、意大利等国家的有些公司生产的黏合剂、增稠剂都有较好的效果,国内也有不少改进技术及产品。如将纳米技术应用于涂料印花,当进行涂料印花时,只要添加 0.3% 的纳米级硅基氧化物,印花设备不必做任何变动,即可获得很好的效果,添加纳米材料后,色浆触变性良好,涂料色浆透网性和印制花纹清晰度明显改善,日晒牢度可提高 0.5 级。

近年来,在解决手感等问题方面,除黏合剂、增稠剂有大的改进外,后整理方面也有不少新助剂、新手段。

(七)小浴比染色技术

应用各类小浴比的染色设备,可降低染色浴比,用水量少,产生很少的废水,节约染化料,减少污染物的排放量。

小浴比染色设备有液流染色机和气流染色机两类。传统的液流染色机浴比一般为 1:8 ~ 1:10,而现在的液流染色机和气流染色机的浴比可小到 1:3 ~ 1:5。

单布环快速液流染色机和 ECOFECH 生态环保系列液流染色机,既降低浴比(最低浴比降至 1:3.5 ~ 1:4),减少水和染化料的消耗,又缩短了染色周期,减少了能耗,是较好的清洁生产设备。

(八)超临界流体染色技术

超临界流体染色从源头上杜绝了废水的生成,还兼有不用助剂、织物染色后不需清洗烘干、染料利用率高等优点,所以自 1991 年德国 Shollmeyer 等人发表了该染色方法的论文后,就立即成为纺织化学界科技工作者竞相研究的热门话题。

虽然可形成超临界流体的化合物很多,但从达到超临界状态的难易、使用时的安全性、化合物的稳定性以及是否容易获得等因素来综合考虑,最合适的是二氧化碳。二氧化碳的超临界温度和压力较低(分别为 31.1℃,7.4MPa),且不燃、不爆、无毒、无腐蚀性,又容易获得,因此其应用最为广泛。

超临界流体染色只需一道染色工序,所使用的是不加任何添加剂的染料滤饼,染色后织物也不用任何清洗,因为二氧化碳挥发后织物是干燥的,也不需要烘干。所以,该技术不仅具有加工中不排放污水,染料可回收使用,二氧化碳循环使用效率高(达90%)等优点,而且其工序十分简单,能耗低。据有关研究人员估计,其染色耗能仅为常规染色的2/3。

超临界CO_2流体染色设备由充液加压、染色、染料回收、染液升温、压力控制、流量控制等系统组成。染色时将被染物装入染色釜,首先启动加压泵,将液态二氧化碳注入染色系统,使二氧化碳成为超临界流体状态。然后启动循环泵,使超临界二氧化碳在染色系统中不断往复循环。此时,固态染料就不断溶解到流体中,并上染到织物或纱线上。由于超临界流体的不断循环,就可使染料不断溶解、上染,直到染色平衡。

关于超临界流体染色目前国内外已有用于聚酯纤维染色的报道,聚酰胺、三醋酯纤维也有应用。天然纤维超临界流体染色也在研究中。超临界CO_2流体染色的重点是要开发相应的染料系统。

(九)喷墨印花技术

喷墨印花(也称喷射印花或数码印花)可减少染料用量和未染着染料量,从而降低废水的色度和有色废水的排放量。据介绍,其废水排放量仅是传统印花的1/10。喷墨印花不使用粉状染料,保持了工作场地的洁净,有利于环保。

喷墨印花油墨通常由着色剂、染料增溶剂、保水剂、耐水剂、表面活性剂、黏合剂、消泡剂、干燥剂等组成。目前,纺织品喷墨印花剂常用水基墨(染料或颜料)。水基墨一般由去离子水、水溶性有机溶剂、着色剂及助剂等组成。水溶性有机溶剂通常是醇类化合物,它可以提高染料的溶解性及墨水的稳定性,使其具有合适的表面张力和黏度。着色剂为水溶性染料,如酸性染料、直接染料和活性染料,要求其具有良好的稳定性、耐光性及一定的耐水洗能力。

喷墨印花生产流程较为简单。一般由数码照相机或扫描仪输入纹样,经计算机图像处理后直接由喷墨印花机打印在织物上。若客户需要由计算机进行个性化设计,计算机内的图案设计软件和专业操作员将为您设计所需的花型和款样,然后由喷墨印花机直接喷印在面料上。生产流程框图见下页。

考虑到喷墨印花工艺简单,喷墨印花机单价不高、占地面积小,有人提出可以像织机排布那样,在一个车间里安装数十台甚至上百台喷墨印花机,印后织物的其他处理工序由印染前后处理设备完成。如活性染料印花的固色由蒸化机去完成,免烫整理功能由高温拉幅机去实施。如此可以通过规模效益弥补喷墨印花生产产量较低的缺陷。

(十)印花自动调浆技术

目前国内绝大部分印染企业的印花调浆均采用人工调配,由于是凭工人的经验调整工艺配方,因此造成印花产品的品质难以控制,成本过高,生产计划多变及生产效率低,能源消耗大,染化料浪费严重,而且有大量的残浆排放,给污水处理造成了严重的负担。采用印花自动调浆系统实现了印花过程完全自动化,可提高印花调浆、染色液调配清洁生产水平,节约大量能源和水资源,提高产品合格率,增加经济效益。

自动印花调浆系统是集机械、电子、精密称重、数据库管理和网络技术于一体的高新技术产品,可根据用户的不同要求进行不同的配置。它包括三个子系统:粉料配置系统、糊料准备系统、调浆配色系统。并有独立操作的生产系统和打样系统,以确保打样与生产的一致性,还具有计算机储存配方功能,为返单加单的颜色准确性提供保证。它可对配方进行系统管理,提高了制作小样分配草案和生产工艺的效率。

该系统还可以按照设定的配方自动、连续地控制各部分物料的计算、投料、搅拌和出料,同时具有对数据进行浏览、查询、统计、打印等管理功能,适用于还原染料、活性染料、涂料等的印花工艺。每套装置可满足 4 台圆网印花生产的需要。

目前国外发达国家的印染企业在印花调浆流程中已经全面采用自动调浆技术。荷兰 STORK 公司和意大利 MCS 公司均生产自动调浆系统。我国全自动电脑调浆系统也正在实际生产中推广应用。

(十一)微胶囊技术

所谓微胶囊技术,就是将细小的液滴或固体微粒包裹于高分子薄膜中,制成直径很小 (500μm 以下)的微胶囊,固着到基质上的技术。将染化料、整理剂等制成微胶囊固着到织物上,在加工或使用过程中,在外部压力、摩擦、pH 值、酶、温度、燃烧等刺激下,由于微胶囊的破裂或通过微胶囊壁的扩散作用,使被包裹的染化料或整理剂释放出来,可以达到预期的染整效果。

微胶囊技术应用于染整加工中,有利于节水、节能,属于环保型的染整技术。发展很快,目前主要应用于以下三方面。

1. 微胶囊染料或涂料的染色与印花　微胶囊染料或涂料的芯材为染料或颜料的微胶囊,壁材为各种天然或合成高分子物质。胶囊大小一般为 10~200μm,其形状为球形或多面体。染料类别根据应用对象而定,包括分散染料、酸性染料、阳离子染料、还原染料、活性染料及油溶性染料等,也可以是颜料。

微胶囊染料或涂料印花有两种形式:

(1)多色微粒子印花和微胶囊转移印花。多色微粒子的印花是一种特殊的多色雪花状花纹的印花方法,由于染料储存在胶囊中,故在向纤维转移和上染固着后,呈现出微细的雪花颗粒状颜色。

(2)微胶囊转移印花。将染料和溶剂制成微胶囊,再加工成转移印花纸,在转移印花时通过压力、高温或热湿的作用,使微胶囊破裂,在溶剂的作用下,使染料转移到织物上并固着在纤维上。该法不仅发挥了溶剂染色温度低、匀染性好、上染速度快等特点,而且溶剂用量少,成本低,加工方便。

2. 微胶囊功能整理剂　微胶囊技术在织物功能整理加工中也有广泛的应用,包括阻燃、防皱、防缩、拒水、拒油、抗静电、柔软、抗菌、杀虫、香气以及某些特殊的整理。利用微胶囊技术不仅可以获得传统的各种功能整理的效果,同时具有较好的耐久性,而且还可以获得传统功能整理无法获得的效果。如用于具有特殊医疗效果的香气医疗整理、针织物的脱毛整理以及军事中应用的防毒和消毒整理等。

3. 微胶囊在其他加工中的应用　将紫外线吸收剂制成微胶囊,纺织品经过其整理后,可大大提高使用的耐久性。将化学消毒剂制成微胶囊,既可以达到消毒的目的,又不会对人体皮肤产生有害的刺激作用。采用漂白剂微胶囊可有效地控制漂白剂的释放,提高其稳定性和利用率,减少织物的局部损伤。将黏合剂制成微胶囊后使用,可大大提高稳定性。

二、采用无污染、少污染的染料和助剂[12]

(一) 环保型染料

环保型染料应包括以下几个方面的内容:

(1) 不含有或不会在还原条件下裂解产生致癌芳香胺。

(2) 染料本身不具有致癌性、过敏性或急性毒性。

(3) 可萃取的重金属含量在极限量以下。

(4) 不含环境激素。

(5) 甲醛含量在极限值以下。

(6) 不含有变异性化学物质和持续性有机污染物。

(7) 不会产生环境污染的化学物质。

(8) 非结构性因素的现用染料,采用清洁生产和新技术。

除了以上内容以外,环保型染料还必需在染色性能、牢度性能、环境保护、简化工艺、应用条件及价格等达到或超过被禁用染料的水平。

近年来,环保型染料新品种的开发集中在活性染料、分散染料、直接染料和酸性染料方面。

1. 环保型活性染料　活性染料中含 24 种致癌芳香胺的被禁染料只有少数几只:活性黄K—R、活性黄 KE—4RN、活性黄 K—GR、活性艳红 H—10B 及活性蓝 KD—7G 等,而其环保问题主要表现为固色率低、过敏性、无机盐用量高、含环境激素和 AOX 值较高等。固色率低造成在染料加工中染料随排水流失,既造成浪费,又污染水质。因此新型活性染料的研制与开发是近年来人们研究的重点。

新型环保型活性染料是取代禁用染料以及其他类型纤维素纤维用染料(冰染染料、直接染料、硫化染料等)的最佳选择之一,也是取代铬媒染染料的极佳代用品。

目前,在环保型活性染料研究方面,研究最多或者说是最有效的手段是在活性染料分子中引入两个异种或同种活性基团。双活性基染料的活性基团主要为一氯均三嗪、β-羟乙基和β-羟乙基砜硫酸酯。已开发成功的新型活性染料有:EF 型、EF—D 型、ME 型和 B 型等近 10 种类型 100 多只品种。它们具有好的耐酸性水解和过氧化物洗涤的能力、高的吸尽率和固色率、低的染色条件依存性和好的染色重现性等特点。特别是有些品种如活性黑 KN—G2RC 133能在棉织物上染得具有优良的各项牢度深黑色,提升性达到 12%,是取代黑色直接染料 C. I. 直接黑 38 和黑色硫化染料的优良品种。

2. 环保型分散染料　环保型分散染料的研究重点在于开发符合 Oeko - Tex Standard 100要求的新染料、取代过敏性分散染料的新染料和具有优异耐热迁移性的新染料等。已投入市场的商品有 ECO 系列分散染料、分散黄 M—4G、分散黄 M—3RL、分散金黄 SE—3R 等,它们不仅符合 Oeko - Tex Standard 100 的要求,而且具有优良的各项牢度,染色重现性好。如分散黑 EX—SF 300% ECO 是取代过敏性染料分散黑 EX—SF 300% 的环保型分散染料。又如分散黄 M—3RL 和分散金黄 SE—3R 是取代禁用染料分散黄 23 的新型环保分散染料,它们具有与被取代的禁用染料相近的各项性能,能用作低温型分散染料三原色中的黄色组分。

3. 环保型酸性染料和直接染料　环保型酸性染料有用二氨基化合物取代联苯胺及其衍生物制成的弱酸性黑 3G 和弱酸性黑 NB—G,还有尤丽特中性染料等。

环保型直接染料也有用二氨基化合物取代联苯胺及其衍生物制成的直接黑 N—B、直接深棕 NM 和直接枣红 NGB,还有用三聚氰酰基作为桥基制得的 D 型直接染料。它们具有高的上染率、宽的 pH 使用范围、好的染浴稳定性和优良的各项色牢度。

(二)环保型助剂

对环保型印染助剂的质量要求是:

(1)具有良好的可生物降解性或可去除性。

(2)含游离甲醛量符合 Oeko - Tex Standard 100 要求的标准。

(3)无毒、不含环境激素。

(4)不含有可吸附的有机卤化物及其他有害化学物质等。

目前国内外已开发了许多环保型印染助剂,它们涉及印染行业的各个加工环节。

1. 环保型前处理助剂　在前处理方面开发的环保型助剂有:精练剂 ZS—95、螯合剂 S、双氧水稳定剂 GJ101 等助剂和生物酶制剂。精练剂 ZS—95 是一种不含磷和烷基酚的棉织物用高效低泡精练剂,它在 48h 内能完全生物降解,耐碱可达到 150g/L,具有很好的润湿性和净洗性,处理后的织物白度高。双氧水稳定剂 GJ101 是由糖类化合物与羧酸类化合物的共聚物组成双氧水稳定剂,它具有优异的螯合性和生物降解性、较好的耐碱性和较大的活化性,在 100℃内不分解,其性能与烷基苷相似。

在棉织物前处理时,可采用淀粉酶、纤维素酶、果胶酶及其复合酶等有利于环保的生物酶制剂。目前,这方面的主要商品有 Cellu—soft、BioPrep、IND—88L 和 IND—80L 等,Cellu—soft 和 IND—88L 属于纤维素酶,BioPrep 和 IND—80L 属于果胶酶。

2. 环保型染色和印花助剂　在染色和印花方面的环保型助剂有无甲醛固色剂 DUR 和 ZS—201、涂料印花黏合剂 CS、低温型交联剂 LE—780 和增稠剂 CTF 等。无甲醛固色剂 DUR 是一种聚季铵盐类线性化合物,既可提高活性染料和直接染料的固色率和皂洗牢度,又无变色性。低温型交联剂 LE—780 是一种亚胺类结构的无甲醛交联剂,它固色牢度好,可在 100~200℃的温度范围内使用,由于其适用于低温交联,因此对织物的手感和牢度无影响。

3. 环保型后整理助剂　在后整理方面的环保型助剂有:无甲醛免烫整理剂 PC、耐久压烫整理剂 DGZ—28、RS 系列有机硅柔软剂、防水整理剂 H、抗菌防臭整理剂 HM98、壳聚糖类抗菌防臭保湿剂等。无甲醛免烫整理剂 PC 是一种羧酸型免烫整理剂,经其整理后的织物折皱回复性能好、强度保留率高,且无泛黄倾向,整理效果与丁烷四羧酸相似。抗菌防臭整理剂 HM98 是由三乙氧基十八烷基硅烷季铵盐与广谱杀真菌药物经合成、精制、复配而成,它安全无毒、无刺激、抑菌率在98%以上,并且耐久性好。

三、加强生产管理

染整生产是十分繁杂、生产环节多的加工过程,管理不善会造成疵品和返工。减少疵品和返工,也是减少污染的措施之一。

在染整生产中,染化料的加入量应按照一定的处方进行。为了保证产品质量,不应少用染化料,但为了保证不增加污染,也不应多用染化料,特别是染整生产中洗涤剂的添加,应科学化。

在染整生产过程中,染化料的储存与使用的各种管道阀门应经常维修,减少跑冒滴漏,杜绝浪费,可减少污染源。

在小批量多品种染色中安排生产计划时,注意各染色缸深浅色分开,可减少洗缸时间,减少出现染料渍、染色点的质量问题。相同性能的品种集中生产,减少换品种调整机器的时间,减少设备的待机电耗,从而可使电资源充分利用,降低生产成本。

四、资源回收利用

印染厂大量使用染料助剂、化学药品,很多可以回收利用。既有明显的经济效益,又降低了污染。

(一)淡碱回收——丝光淡碱循环利用

纯棉、涤/棉织物在用浓碱丝光过程中,产生大量50g/L左右的淡碱,通过淡碱回收装置,将淡碱经蒸发浓缩后重新利用。大型厂采用三效蒸发器,小型厂采用扩容蒸发器,将 $50 \sim 60g/L$ 的 NaOH 蒸发浓缩为300g/L。

淡碱回收有明显的经济效益和环境效益,对节约生产成本和保护环境都有重要意义。经测算蒸浓回收 1t 烧碱,成本只占市场烧碱售价的48%。一个大型印染厂,全年回收淡碱5000t,经济效益可观。开展淡碱回收,可使碱耗下降,并减少了烧碱的外排。

(二)废碱综合利用

煮布锅碱液,一般含碱浓度为 $8 \sim 10g/L$,煮练的废液排出后可用作烧毛灭火水和退浆碱液。实施煮布锅排放废液储存后综合利用,不仅节约了用碱量,使废水碱度下降,而且 COD_{Cr} 去除率可达 $46.6\% \sim 71.1\%$ 。

(三)浆料回收利用

随着化学纤维的增多,合成浆料的使用与日俱增,化学浆料 PVA、CMC 等,其 BOD_5/COD_{Cr} 低,一般微生物难以降解,在废水中给末端的污水处理带来困难,采用化学法和超滤法可回收 PVA 浆料再用于上浆。

超滤技术用于 PVA 回收已有 20 年的历史。据有关资料介绍:采用该技术可将退浆液浓度浓缩到12%,以达到回收和再利用 PVA 的目的。回收的 PVA 可用到上浆中,亦可用作制浆糊的原料。超滤后的透过液大部分为热水,也可得到回用,60~80℃的热水可回用到退浆槽,在回收 PVA 浆的同时,还可节水、节能。

(四)碱减量废水中对苯二甲酸的回收

碱减量废水中的 COD_{Cr} 高达 20000 ~ 80000mg/L,这类印染厂排放的废水 COD_{Cr} 值为1400 ~ 2400mg/L。如果能将废水中的对苯二甲酸回收,不仅可使其再利用,而且可使废水中 COD_{Cr} 值降至 1000mg/L,有利于处理达标。

采用酸析法可以回收对苯二甲酸。

(五)染料回收利用

染料回收在国内已有千余年历史,回收方法有化学沉淀法和超滤法,有的厂每年回收的染料价值可达 30 万 ~ 40 万元之多。超滤法回收染料是用超滤膜截留染料颗粒,回收的染料性能与新的染料基本一样,此法设备简单,操作方便,应大力提倡。

(六)废水中清水的回收利用

国内印染行业中各厂用水情况相差很大,有的浪费惊人。节约用水大有潜力可挖,需建立用水责任制,进行一水多用的重复利用。例如可采用平洗逆流的方式重复用水。将机台平洗槽由进布到出布依次提高,把各平洗槽溢流口用管道连接,清水由最后一格平洗槽通过溢流口依次逆向流入前一格平洗槽重复使用,脏水由最前端平洗槽流出。同时,最后一格平洗槽热水依次被带入前一格,前格平洗槽只需稍微加热(通入蒸汽)即可达到工艺要求水温,这样不仅达到节水、节汽的目的,同时也符合印染工艺最后一槽为净水净布的要求,可谓一举三得。

设计新厂时,废水应该清浊分流,安排清水回用管道。如漂洗清水、丝光后道平洗水、染色和印花后道平洗水(除组织倒流回用外)都应有专管流入清水回用池。还有冷凝水、冷却水,特别是丝光三效冷却水数量较大,这部分的水约占全厂用水的1/3,应予以回用。

复习指导

1. 清洁生产的概念与含义。

2. 我国印染行业废水污染现状及治理的迫切性。

3. 与印染清洁生产有关的法规和标准。

4. 印染厂清洁生产技术种类。

5. 环保型染料及助剂种类。

思考题

1. 什么是清洁生产?其含义包括哪几方面?

2. 试述我国印染厂清洁生产与节水节能政策与标准的变化情况。

3. 2002 版 Oeko – Tex Standard 100 的主要内容包括哪些?

4. 《国家重点行业清洁生产技术导向目录》列出的纺织工业 13 项清洁生产工艺项目包括哪些?

5. 目前主要有哪些印染清洁生产技术？各自的原理与应用特点有哪些？

6. 列出常见的环保型染料及助剂。

7. 资源回收利用包括哪些内容？

参考文献

[1] 罗艳,钟毅,杜鹃,等.微胶囊分散染料的无助剂免水洗染色[J/OL].[2006 – 11 – 6]. http://www. cdpa. org. cn/show. asp？ idx = 1985.

[2] 方芳.推行清洁生产 调整产业结构——我国纺织印染行业污染防治综述[J/OL].中国 环境报[2004 – 07 – 08]. http://www. ep898. com/html/ztxx/1848. htm.

[3] 国家经济贸易委员会资源部.工业节水"十五"规划[J/OL].[2001 – 10 – 10]. http:// www. cas. ac. cn /html/Dir/2003/03/04/8103. htm.

[4] 国家环境保护总局国家清洁生产中心.清洁生产与持续发展[J].清洁生产简讯,1994 (3):8.

[5] 郭建强,刘洁,李越.关于印染废水治理的几点思考[J/OL].中国经济时报[2005 – 08 – 05]. http://news. 163. com/05/0805/13/1QD6T2EA0001120U. html.

[6] 中华人民共和国清洁生产促进法[J/OL].[2002 – 07 – 03]. http:// past. people. com. cn/ GB /huanbao / 55 / 20020703 / 766893. html.

[7] "和谐社会"进一步规范纺织印染污水排放[J/OL].[2006 – 11 – 09]. http:// info. textile. hc360. com / 2006/ 11/ 09085749083. shtml.

[8] 生态纺织品的检测现状及对策探讨[J/OL].[2007 – 04 – 04]. http:// www. chemeinfo. com/ Additive/ Other/ 200704/ 20070404084458. shtml.

[9] 国家清洁生产技术导向目录(第一批)简介[J/OL].[2000 – 02 – 15]. http:// www. ep. net. cn /cgi – bin/dbfg/doc. cgi？ id = 1456.

[10] 上海印染工业行业协会,《印染手册》(第二版)编修委员会.印染手册(第二版)[M]. 北京:中国纺织出版社,2003.

[11] 宋心远,沈煜如.21世纪染整技术展望[J].染料工业,2000;37(1):1 – 15.

[12] 刘宝荣,苏建波.印染厂实施清洁生产的有效途径[J].济南纺织化纤科技,2002(3): 1 – 3.

第五章　针织染整厂工艺设计

针织物(knitted fabrics)质地柔软、吸湿透气,具有优良的弹性与延伸性。针织服饰穿着舒适、贴身合体、无拘紧感,能充分体现人体曲线。现代针织面料更加丰富多彩,已经进入多功能化和高档化的发展阶段,给针织品带来前所未有的感官效果和视觉效果,针织品越来越受到人们的青睐。因此,目前针织染整厂的新建和老厂搬迁改造任务较大。作为染整专业的学生,除了应该具有机织物染整工艺和设备方面的知识外,也应对针织物的染整工艺设计有一定的了解。

第一节　针织染整厂生产规模和产品方案的确定

一、针织染整厂生产规模

机织物染整厂的生产规模以加工织物的长度来计算,针织厂的染整生产规模则以加工织物的质量来计算。目前,针织物小型染厂的规模为10t/天以下,3000t/年左右;中型染厂的规模为10～50t/天,3000～15000t/年左右;大型染厂的规模为50～100t/天,15000～30000t/年左右;特大型染厂的规模为100t/天以上,30000t/年以上[1]。

针织物染整加工厂有独立的,也有与纺织以及服装加工联合的。过去联合厂家较多,现在大型的、独立的针织染整厂家越来越多。对于联合厂而言,其加工规模要根据针织机的台数和产量来确定;而对于独立厂家,其加工规模应根据周边针织厂布匹的供应能力以及本厂的经济状况和生产能力来确定。

二、产品方案的确定

产品方案是印染工艺设计的依据。产品方案反映了工厂的生产规模和生产的主要内容。确定产品方案应考虑市场需求、原料供应、周边其他厂家的生产能力和加工品种等因素,具体原则可见第二章第一节。在我国目前市场经济占主导地位的情况下,市场需求是确定产品方案最主要的因素。在充分调查国内外市场近年来对针织产品的需求资料的前提下,还要预测市场需求趋势和服装流行动态,选择有竞争力的产品。为满足人们对针织服装多样化、功能化、个性化和高档化的需求,应以小批量、多品种为指导思想来制定产品设计方案。

三、针织物的分类及其服用性能

针织物是由一根或数根纱线在针织机上沿纬向或经向弯曲成线圈编连而成的织物。针织物分为纬编织物(weft knitted fabric)和经编织物(warp knitted fabric)两大类。

(一)纬编针织物[2]

纬编针织物是由一根或几根纱线沿针织物的纬向顺序弯曲成圈,并由线圈依次串套而成的。常以棉纱、低弹涤纶丝或异型涤纶丝、锦纶丝、毛纱等为原料,采用平针组织、变化平针组织、罗纹组织、双罗纹组织、提花组织、毛圈组织等,在各种纬编机上编织而成。纬编针织物一般有良好的弹性和延伸性,质地柔软,坚牢耐皱,毛型感较强,以合纤为原料的易洗快干。纬编针织物的主要缺点是织物不够挺括,单面织物易于脱散、卷边,化纤面料易于起毛、起球、勾丝。

1. 纬平针织物 纬平针织物是由单面纬编基本组织——纬平针组织形成的针织物。

纬平针织物的布面光洁、纹路清晰、质地细密、手感滑爽,纵横向具有较好的延伸性,且横向比纵向延伸性大,吸湿性和透气性较好,但有脱散性和卷边现象,有时还会产生线圈歪斜的现象。用于作内衣(汗衫、背心)的纬平针织物也称为汗布。

纬平针织物的原料有棉、真丝、苎麻、腈纶、涤纶等纯纺纱线与涤棉、涤麻、棉腈、毛腈等混纺纱线。编织纬平针组织的羊毛衫常用羊毛、羊绒、兔毛、羊仔毛、驼绒、牦牛绒等纯纺纱与毛腈等混纺纱原料。

纬平针织物一般可制作内衣、外衣、手套、袜子等穿着用品,也可制作包装布等。

2. 毛圈针织物 毛圈针织物是指织物的一面或两面有环状线圈(又称毛圈)覆盖的针织物,是花色织物的一种。其特点是手感松软、质地厚实、有良好的吸水性和保暖性。

毛圈针织物可分为纬编毛圈针织物和经编毛圈针织物两种,其中每种又有单面毛圈织物和双面毛圈织物之分。毛圈在针织物的表面按一定规律分布就可形成花纹效应。

毛圈针织物经剪绒加工后可制成针织天鹅绒,这是近年来发展较快的一个应用领域。

毛圈针织物可用于制作服装、家庭用品及其他工业材料。

3. 双反面针织物 双反面针织物是由正面线圈横列和反面线圈横列相互交替配置而成的针织物。

双反面针织物的特点是在纵向拉伸时具有较大的弹性和延伸性,纵向和横向的弹性、延伸性相接近,织物比较厚实、无卷边现象,但有顺、逆编织方向脱散的危险性。

编织双反面针织物的原料常用粗或中粗毛纱、毛型混纺纱、腈纶纱和弹力锦纶纱等。

双反面针织物适宜作婴儿服、童装、袜子、手套和各种运动衫、羊毛衫等成形针织品,应用范围极广。

4. 罗纹针织物 罗纹针织物的特点是横向拉伸时具有较大的弹性和延伸性,坯布裁剪时不会出现卷边现象,但有逆编织方向脱散的危险性。布面匀整,纹路清晰。

罗纹针织物的种类很多,通常分罗纹布和罗纹弹力布两类。可用于各种产品的领口、袖口、裤口、下摆罗纹口。罗纹弹力布分为普通弹力布、灯芯弹力布及阔条弹力布。

罗纹弹力布所用原料有纯棉、纯化纤和混纺纱,纱线线密度为 14～28tex,主要用于缝制夏天穿的内衣,如罗纹圆领衫、背心、三角裤等。也用 28tex 双纱织成的罗纹弹力布来制作泳裤。

5. 花色针织物 花色针织物是采用提花组织、集圈组织、胖花组织、纱罗组织、波纹组织等在织物表面形成花纹图案及凹凸、闪色、孔眼、波纹等效应的针织物。所采用的原料有棉纱、毛纱、化纤纱和各类混纺纱。

（1）提花针织物：提花组织的针织物花纹清晰、结构稳定，织物较为厚实，延伸性和脱散性较小，手感柔软有弹性。一般可用于制作内衣。

（2）集圈针织物：集圈组织针织物的横向延伸性与脱散性较小。由于线圈大小不同，部分线圈拉紧，故强力较低。集圈组织针织物用于制作内衣、外衣与装饰织物。

（3）胖花针织物：胖花组织由于形成花纹的线圈凸出在织物表面，故织物有明显的凹凸感，但织物易勾丝、起毛起球。又由于线圈结构不均匀，使织物强力有所降低。胖花组织织物一般可用于制作外衣。

（4）纱罗针织物：纱罗组织有单面与双面两种。单面纱罗组织的移圈处可形成孔眼效应，双面纱罗组织可形成凹纹效应。纱罗组织针织物一般可用于制作外衣或装饰品。

（5）波纹针织物：波纹组织是通过有规律地移动针床而得到倾斜线圈呈现波纹效应的双面纬编组织，可以形成曲折、方格或其他图案。波纹组织可制作外衣等。

（二）经编针织物[2,3]

经编针织物是由一组或几组平行的纱线同时沿织物经向顺序成圈，并相互串套连接形成的针织物。经编针织物常以涤纶、锦纶、丙纶等合纤长丝为原料，也有用棉、毛、丝、麻、化纤及其混纺纱作原料织制的。普通经编织物常以编链组织、经平组织、经缎组织、经斜组织等织制。花式经编织物种类很多，常见的有网眼织物、毛圈织物、褶裥织物、长毛绒织物、衬纬织物等。经编织物具有纵向尺寸稳定性好，织物挺括，脱散性小，不会卷边，透气性好等优点。横向延伸性、弹性和柔软性不如纬编针织物。

1. 涤纶经编织物　涤纶经编织物布面平挺，色泽鲜艳，有厚型、中厚型和薄型之分。薄型的主要用作衬衫、裙子面料；中厚型、厚型的则可用作男女大衣、风衣、上装、套装、长裤等面料。

2. 经编网眼织物　经编网眼织物质地轻薄，弹性和透气性好，手感滑爽柔挺。经编网眼织物主要用作夏令男女外衣、内衣、运动衣、蚊帐布和窗帘、汽车坐垫套等，也可用于工业生产，如阀门活塞中的胶布、渔网等。

3. 经编起绒织物　经编起绒织物经拉毛工艺加工后，外观似呢绒，绒面丰满，布身紧密厚实，手感挺括柔软，织物悬垂性好，织物易洗、快干、免烫，但在使用中静电积聚，易吸附灰尘。经编起绒织物主要用作冬令男女大衣、风衣、上衣、西裤等面料。

4. 经编丝绒织物　经编丝绒织物按绒面状况，可分为平绒、条绒、色织绒等，各种绒面可同时在织物上交叉布局，形成多种花色。经编丝绒织物表面绒毛浓密耸立，手感厚实丰满、柔软、富有弹性，保暖性好。经编丝绒织物主要用作冬令服装、童装面料。

5. 经编毛圈织物　经编毛圈织物手感丰满厚实，布身坚牢厚实，弹性、吸湿性、保暖性良好，毛圈结构稳定，具有良好的服用性能。经编毛圈织物主要用作床单、装饰用品、睡衣裤、运动服、海滩服、毛巾等。经编毛圈织物在整理加工中，把毛圈剪开，则可制成经编天鹅绒类织物，可作为高中档服装面料和装饰用布。

6. 经编提花织物　经编提花织物常以天然纤维、合成纤维为原料，织物经染色、整理加工后，花纹清晰，有立体感，手感挺括，花型多变，悬垂性好。经编提花织物主要用作妇女的外衣、内衣面料及裙料等。

四、常见针织物的品种规格

常见纬编、经编针织物的品种规格分别见表 5-1、表 5-2。

表 5-1　纬编坯布的品种规格[4,8]

坯布品种	坯布名称		原料规格		加工类别	线圈密度/(线圈数/5cm)				干燥质量/(g/m²)	
			tex	英支		纵密		横密			
						规格	公差	规格	公差	规格	公差
棉针织布	棉毛布		28	21	深色	60	-4	53	-3	224	-12
					浅色	61	-4	53	±3	238	-12
			18	32	深色	73	-5	69	-4	202	-10
					浅色	76	-5	69	-4	196	-10
					本色	80	-6	63	-4	205	-10
					深色	74	-5	70	-5	208	-10
					浅色	73	-5	70	-5	199	-10
			15 精梳	38	本色	88	-6	69	-4	190	-10
			15	40	各色	90	±3	75	±3	190	±5
	棉汗布(台车)		2×28 双纱布	21×2	深色	54	-3	42	-3	215	-11
					浅色	54	-3	42	-3	210	-11
			28	21	碱缩	69	-4	57	-3	136	-7
			18	32	碱缩	92	-5	76	-4	126	-6
			14	42	碱缩	100	-5	85	-4	110	-6
			14	42	碱缩	113	-6	89	-4	122	-6
			10×2	60/2	碱缩	92	-5	76	-4	135	-7
			7.5×2	80/2	碱缩	102	-5	81	-4	110	-6
			7×2	84/2	碱缩	116	-6	89	-4	123	-6
			6×2	100/2	碱缩	112	-6	94	-5	100	-5
					碱缩	126	-6	99	-5	116	-6
	棉汗布(大圆机)		30	20	各色	75	±3	60	±3	180	±5
			32	18	—	—	—	—	—	220	—
			15	40	—	—	—	—	—	190 110	
	彩条汗布		18	32	—	15.5cm/50 圈				185	—
	棉绒布(台车)	厚绒布	面子纱18/28 里子纱2×96	面子纱32+21 里子纱6×2	色织	55	-3	45	-2	570	-29
					深色	55	-3	42	-2	560	-28
					浅色	54	-3	45	-2	545	-27

续表

坏布品种	坏布名称		原料规格		加工类别	线圈密度/(线圈数/5cm)				干燥质量/(g/m²)	
			tex	英支		纵密		横密			
						规格	公差	规格	公差	规格	公差
棉针织布	棉绒布(台车)	薄绒布	面子纱 18/28 里子纱 2×96	面子纱 32+21 里子纱 6×2	色织	54	−3	47	−2	390	−20
					深色	54	−3	45	−2	380	−19
					浅色	53	−3	47	−2	375	−19
	1+1 罗纹		18	32	—	73	—	57	—	148	—
			15	38	—	95	—	57	—	136	—
			18	32	—	70	—	54	—	148	—
	罗纹布		18	32	各色	56	±3	50	±3	160	±5
	纬编珠地布		30	20	各色	115	±3	60	±3	200	±5
	纬编卫衣布		18(面) 36(毛圈)	32(面) 16(毛圈)	各色	82	±3	70	±3	280	±5
化纤针织布	T/C 汗布		18/16.7	32+150旦	—	15.5cm/50 圈				120	—
	涤盖棉汗布		18/16.7	32+150旦	—	—				250	
	T 汗布		7 FDY	63旦 FDY	—					50	
	T 彩条汗布		18×2	32/2	—	—				220	
	纯涤双面棉毛布		8.3	75旦	—	—				120~130	
			11.1	100旦	—	(14.5~16.5)cm/50 圈				150	
			16.7	150旦	—	—				220~230	—
	弹力锦纶双面棉毛布		7.8×2 弹锦丝	70旦/2 弹锦丝	各色	80	−6	69	−5	232	−12
					各色	63	−5	53	−5	208	−12
			7.8×2 锦 15 棉	70旦/2 锦 38 棉	各色	56	−4	69	−4	225	−12
	弹锦下摆罗纹		7.8×2 弹锦丝	70旦/2 弹锦丝	各色	75	−5	50	−4	167	−10
	弹锦下摆罗纹		2×7.8×2 弹锦丝	2×70旦/2 弹锦丝	各色	52	−5	55	−2	216	−12
	2+2 弹力布				各色	94	−5	48	−4	341	−20
	锦/棉交织双面		7.8×2 锦 15 棉	70旦/2 锦 38 棉	各色	62	−4	69	−4	290	−15 (色织)
	锦纶菱形格提花布		7.8×2 锦 弹丝	70旦/2 弹锦丝	色织	84	—	36	—	218	±18
	涤纶条纹提花布		16.7 涤低弹丝	150旦 涤低弹丝	—	96	−6	55	−4	185	−10
	涤纶人字		7.8 涤丝	70旦 涤丝	—	111	−8	62	−4	200	−12
	双面印花布		7.8 涤丝	70旦 涤丝	印花	82	—	78	—	115	—

坯布品种	坯布名称	原料规格		加工类别	线圈密度/(线圈数/5cm)				干燥质量/(g/m²)	
		tex	英支		纵密		横密			
					规格	公差	规格	公差	规格	公差
化纤针织布	衬衫布	7.8涤丝 3.8涤丝	70旦涤丝 30旦涤丝	各色	87.5	—	77.5	—	80	—
	色织衬衫布	7.8涤丝 3.3涤丝	70旦涤丝 30旦涤丝	色织	91.5	—	84.5	—	82	—
	色织方格	16.7色涤丝 16.7白涤丝	150旦色涤丝 150旦白涤丝	色织	76	—	69	—	170	±7
	涤纶交织闪光格	11.1涤丝 13.3锦丝	100旦涤丝 120旦锦丝	色织	76	—	69	—	170	±7
	色织雪花呢	11.1白涤丝 14.4色涤丝	100旦白涤丝 130旦色涤丝	色织	67.5	—	65.5	—	180	—
	交织布	7.8涤丝、锦丝	70旦涤丝、锦丝	色织	61.5	—	68	—	75	—
	单面印花布	11.1涤丝	100旦涤丝	印花	85	—	72	—	90	—

表 5-2 经编坯布的品种规格[4,8]

坯布名称	原料			平方米质量/(g/m²)	幅宽/m
	种类	规格			
		dtex	旦		
经编平纹布	涤纶低弹丝	55.5~83.3	50~75	薄型:140~160	1.5~2.0
		100~111	90~100	中厚型:170~190	
		150~166.6	135~150	厚型:200~250	
	涤纶长丝	55.5~83.3	50~75	薄型:80~90 中厚型:90~100	1.5~2.0
	涤纶长丝与锦纶丝交织	50~55.5	45~50		
		22.2~44.4	20~40		
	锦纶丝	44.4~83.3	40~75		
	涤纶长丝	50~83.3	45~75		
	涤纶低弹丝与涤纶长丝交织	83.3~100	75~90		
		50~83.3	45~75		
	锦纶、氨纶	44.44/44.44	40,40	180	1.5~2.0
	粘胶丝(汗衫布)	83.3~133.3	75~120	—	—
	粘胶丝与锦纶丝交织(汗衫布)	22.2	20	—	—
		83.3~133.3	75~120		
	锦纶丝(头巾布)	22.2	20	—	—
	锦纶丝与涤纶丝交织(头巾布)	22.2	20	—	—
		33.3~55.5	30~50		

坯布名称	原 料			平方米质量/（g/m²）	幅宽/m
	种 类	规 格			
		dtex	旦		
蚊帐布	涤纶长丝	33.3～55.5	30～50	20～30	1.85～2.05
经编色丁布	锦纶、氨纶	77.77/22.22	70、20	150	1.5～2.0
窗帘花边	锦纶、涤纶与粘胶交织	22.2 44.4～333.3 83.3～133.3	20 40～300 75～120	—	—
毛圈布	涤纶长丝与棉纱交织	111.1 294	100 34(公支)	—	—
弹力布	锦纶丝与氨纶交织	44.4 155.5	40 140	—	—
网眼布	—	各种规格		60～180	1.5
金光绒	涤 纶	—	—	150～240	1.5
短毛绒	涤 纶	—	—	210～290	1.5～1.6
花点绒	涤纶 FDY	55.5～83.3	50～75	150～240	1.5
鹿皮绒	涤 纶	—	—	140	1.5
圈 绒	涤纶 FDY	—	—	80～250	1.5
丝光绒	涤 纶	—	—	80～250	1.5
素色天鹅绒	棉80涤20	棉 18tex 涤 83.3～166.6	棉 32 英支 涤 75～150	180～300	1.5～1.8
提花天鹅绒	棉70涤30	棉 18tex 涤 83.3～166.6	棉 32 英支 涤 75～150	180～300	1.5～1.8
天鹅绒	涤纶100	111.1	100	230～250	1.5～2.0
经编提花布	涤纶、氨纶	44.44/44.44	40、40	170	1.5～2.0

第二节 针织物染整加工工艺流程的选择

在针织染整生产中,工艺流程选择的合理与否,不仅关系到产品的质量和产量,而且还关系到建厂时的投资、劳动力的安排、工人的劳动条件、劳动强度及产品的成本,因此工艺流程选择无论是在经济上还是在技术上都有非常重要的意义。

选择工艺流程的基本原则如下。

(1)积极采用先进成熟的新工艺、新技术。在选择工艺流程时,尽量采用当前比较成熟的高效、优质、低耗的新工艺,将新厂建立在先进技术的基础上。

(2)加工产品应该具有较高的质量和产量。选用工艺流程时应把产品质量放在首位,在保证产品质量达到或超过国家规定(或客户要求)的质量标准的基础上,尽量采用高效、快速的工艺和设备,提高产量、降低生产成本。

(3)尽量选用短流程工艺。在保证产品质量的前提下,尽量缩短工艺流程,这样可以减少占地面积,便于生产管理,降低加工成本。

(4)考虑不同品种的不同加工要求。不同品种加工要求不同,选用的工艺流程也不同。如棉的特白品种对白度要求很高,则需要两次漂白和增白加工。而棉的深色品种经过轻煮即可染色,甚至可以不经过煮练直接染色。

(5)满足环保要求。在目前人们对生存环境越来越重视的情况下,要尽量选用无毒、无有害气体产生的加工方法,减少对生产环境和生活环境的污染。

为了便于工艺流程的选择,现按照组成针织物的纤维不同,将各类针织物的染整加工工艺流程[5]介绍如下。

一、棉针织物的染整加工工艺流程

1. 全棉特白针织物的染整加工工艺流程

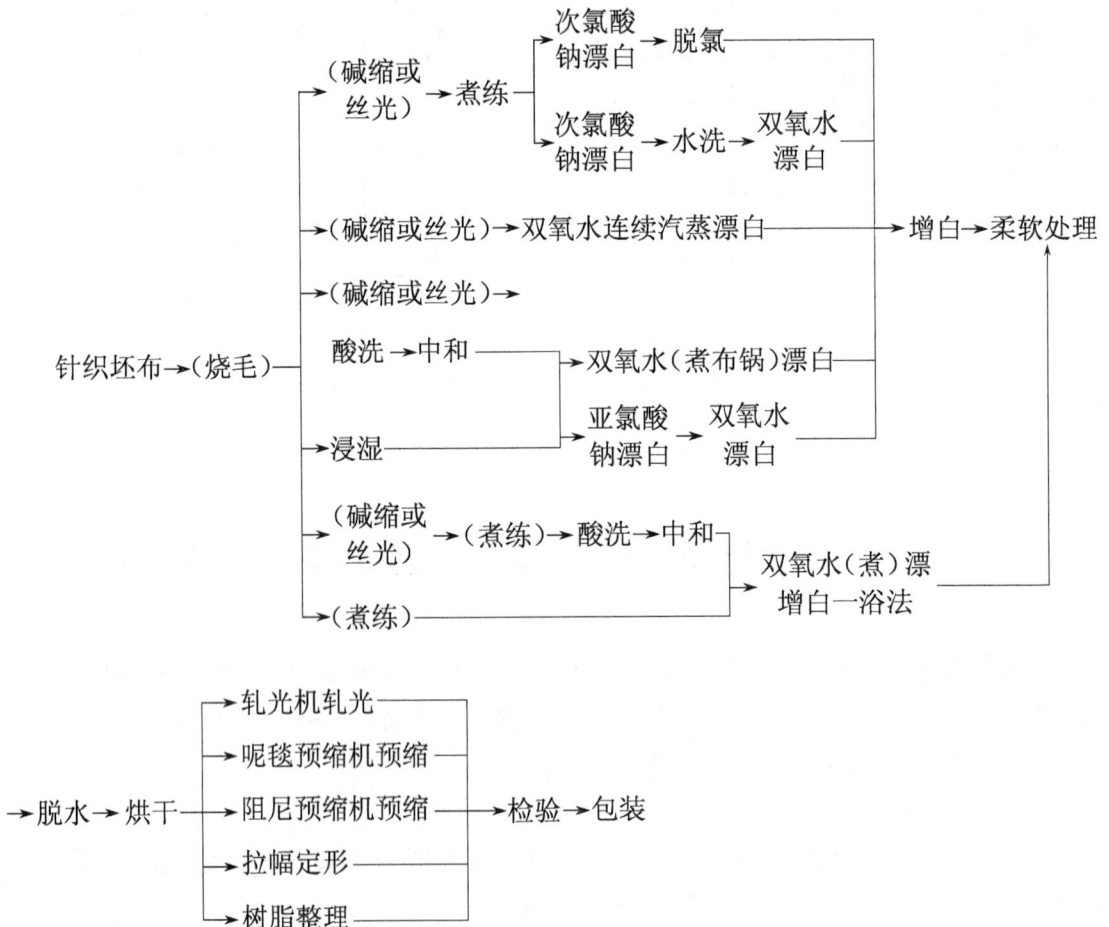

2. 全棉深色针织物的染整加工工艺流程

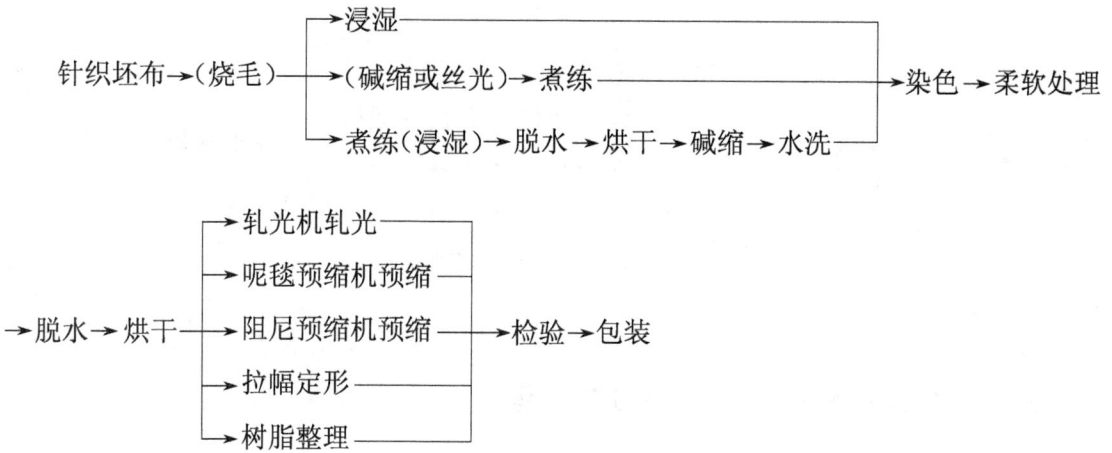

针织坯布→(烧毛)→

→ 浸湿 ─────────────────────

→ (碱缩或丝光)→煮练 ────────

→ 煮练(浸湿)→脱水→烘干→碱缩→水洗

→ 染色→柔软处理

→脱水→烘干→

→ 轧光机轧光 ────

→ 呢毯预缩机预缩 ─

→ 阻尼预缩机预缩 ─

→ 拉幅定形 ─────

→ 树脂整理 ─────

→检验→包装

3. 全棉浅、中色针织物的染整加工工艺流程

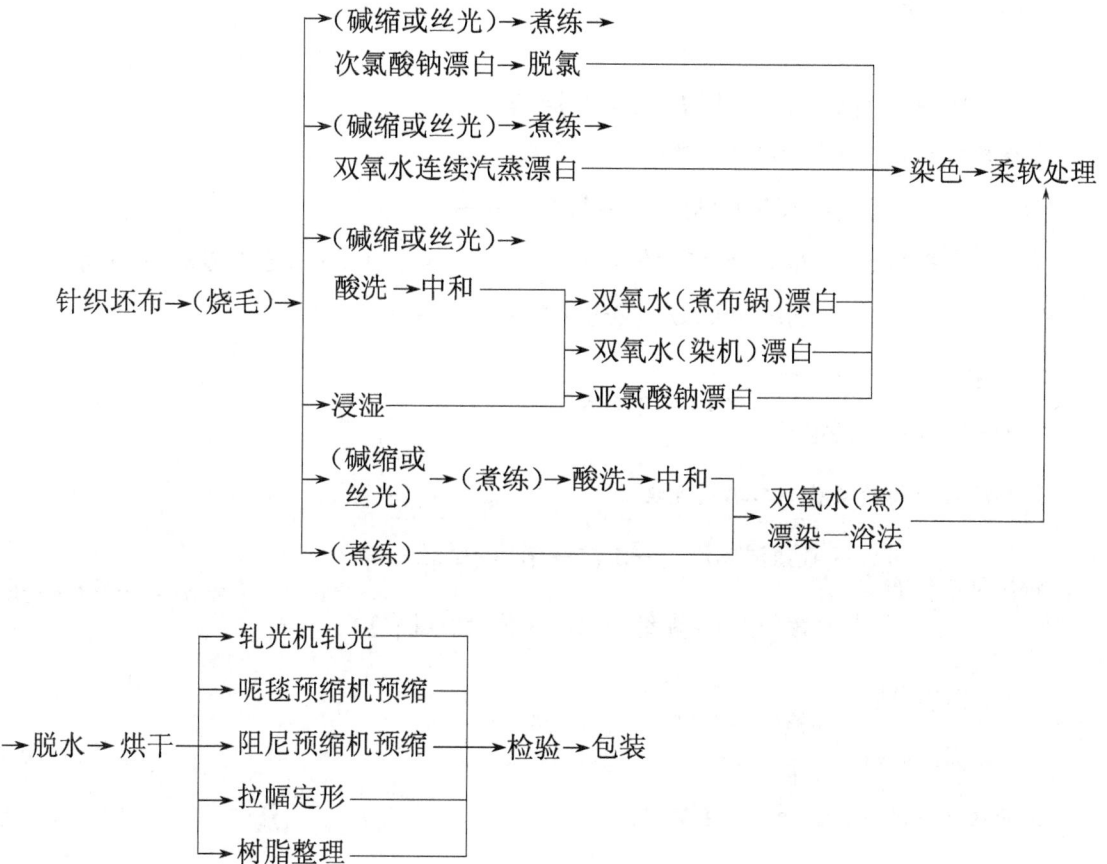

针织坯布→(烧毛)→

→ (碱缩或丝光)→煮练→
次氯酸钠漂白→脱氯 ──────

→ (碱缩或丝光)→煮练→
双氧水连续汽蒸漂白 ──────

→ (碱缩或丝光)→
酸洗→中和 ──

→ 双氧水(煮布锅)漂白
→ 双氧水(染机)漂白
→ 亚氯酸钠漂白

→ 浸湿 ──

→ (碱缩或丝光) → (煮练)→酸洗→中和

→ (煮练) ───

双氧水(煮)
漂染一浴法

→ 染色→柔软处理

→脱水→烘干→

→ 轧光机轧光 ────

→ 呢毯预缩机预缩 ─

→ 阻尼预缩机预缩 ─

→ 拉幅定形 ─────

→ 树脂整理 ─────

→检验→包装

二、苎麻针织物的染整加工工艺流程

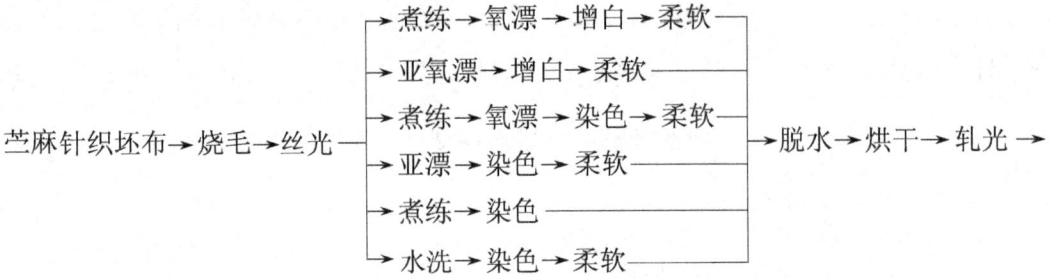

苎麻针织坯布→烧毛→丝光
- →煮练→氧漂→增白→柔软
- →亚氧漂→增白→柔软
- →煮练→氧漂→染色→柔软
- →亚漂→染色→柔软
- →煮练→染色
- →水洗→染色→柔软

→脱水→烘干→轧光→

检验→包装

三、粘胶纤维针织物的染整加工工艺流程

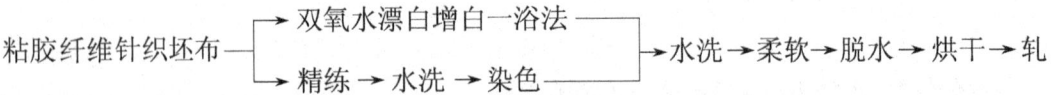

粘胶纤维针织坯布
- →双氧水漂白增白一浴法
- →精练→水洗→染色

→水洗→柔软→脱水→烘干→轧

光→检验→包装

四、合成纤维针织物的染整加工工艺流程

1．涤纶针织物的染整加工工艺流程

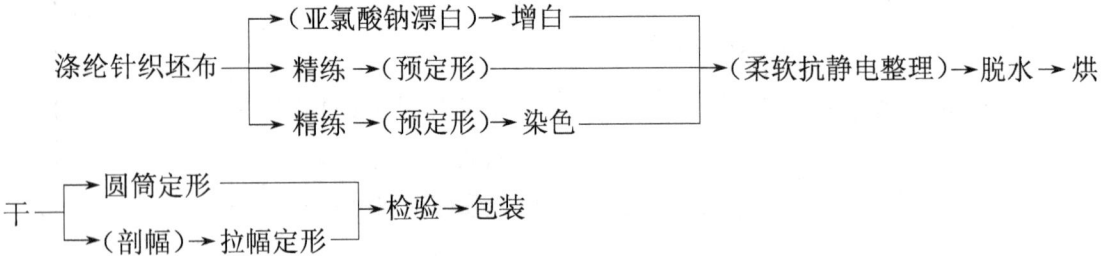

涤纶针织坯布
- →（亚氯酸钠漂白）→增白
- →精练→（预定形）
- →精练→（预定形）→染色

→（柔软抗静电整理）→脱水→烘

干
- →圆筒定形
- →（剖幅）→拉幅定形

→检验→包装

2．锦纶针织物的染整加工工艺流程

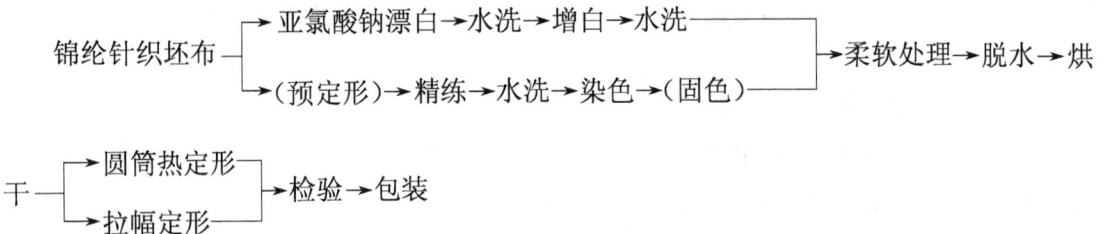

锦纶针织坯布
- →亚氯酸钠漂白→水洗→增白→水洗
- →（预定形）→精练→水洗→染色→（固色）

→柔软处理→脱水→烘

干
- →圆筒热定形
- →拉幅定形

→检验→包装

3．腈纶针织物的染整加工工艺流程

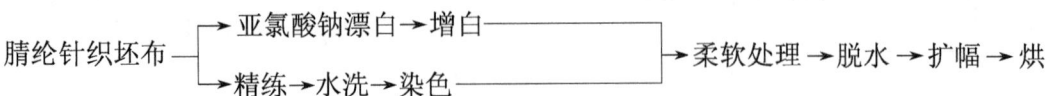

腈纶针织坯布
- →亚氯酸钠漂白→增白
- →精练→水洗→染色

→柔软处理→脱水→扩幅→烘

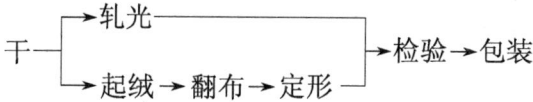

五、混纺、交织针织物的染整加工工艺流程

1. 涤棉混纺、交织针织物的染整加工工艺流程

（1）单面类：

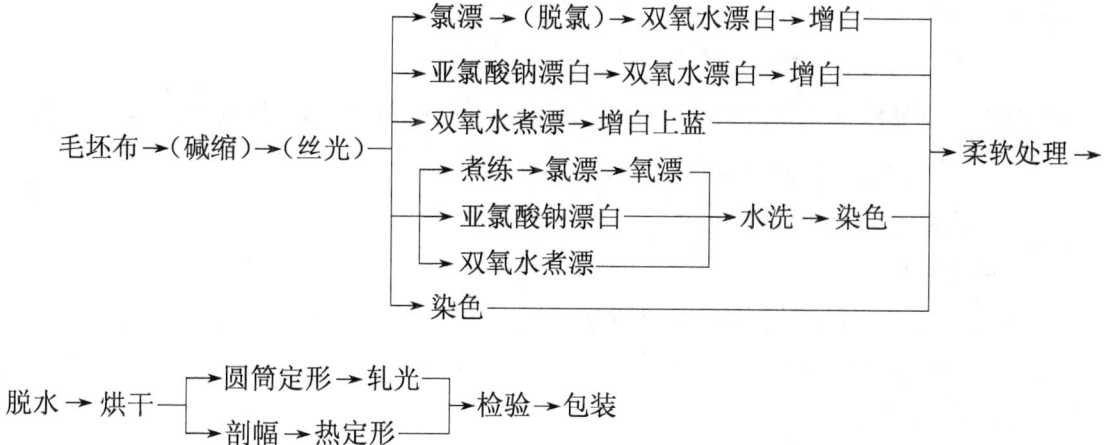

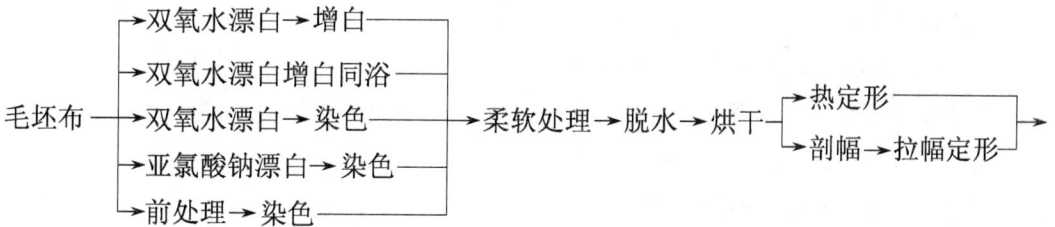

（2）双面类、薄绒类：

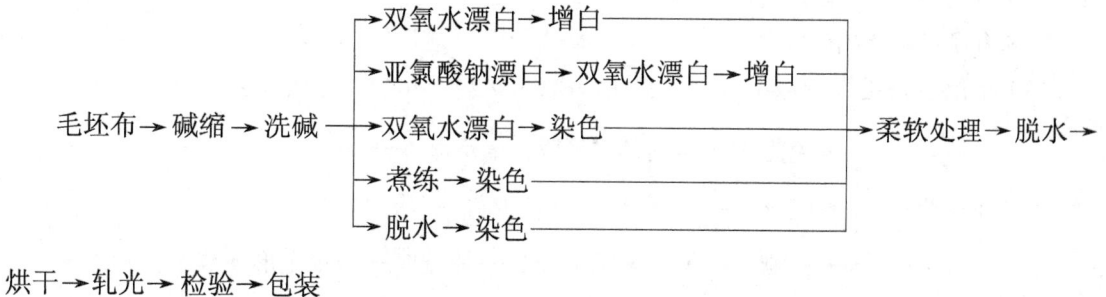

检验→包装

2. 粘棉混纺针织物的染整加工工艺流程

（1）单面类：

毛坯布→碱缩→洗碱
- 双氧水漂白→增白
- 亚氯酸钠漂白→双氧水漂白→增白
- 双氧水漂白→染色
- 煮练→染色
- 脱水→染色
→柔软处理→脱水→

烘干→轧光→检验→包装

（2）双面类、薄绒类：

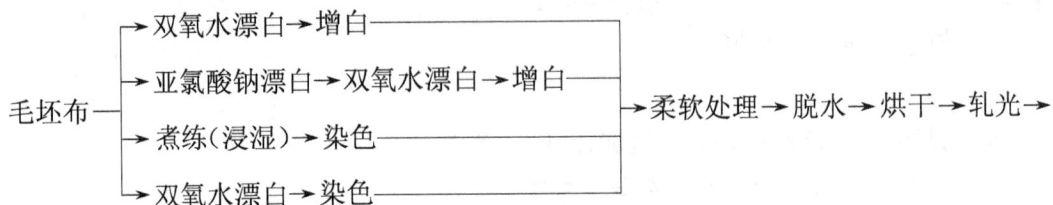

毛坯布 分为四条支路：
- 双氧水漂白→增白
- 亚氯酸钠漂白→双氧水漂白→增白
- 煮练（浸湿）→染色
- 双氧水漂白→染色

四条支路汇合 →柔软处理→脱水→烘干→轧光→检验→包装

3. 腈棉混纺、交织双面针织物的染整加工工艺流程

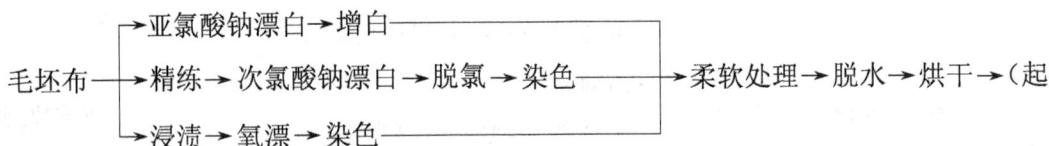

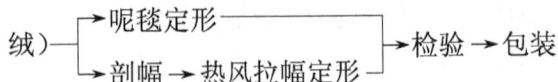

毛坯布 分为三条支路：
- 亚氯酸钠漂白→增白
- 精练→次氯酸钠漂白→脱氯→染色
- 浸渍→氧漂→染色

三条支路汇合 →柔软处理→脱水→烘干→（起绒）

（起绒）分为两条支路：
- 呢毯定形
- 剖幅→热风拉幅定形

两条支路汇合 →检验→包装

4. 锦/氨交织针织物的染整加工工艺流程

毛坯布→松弛预缩→水洗→脱水→预定形→染色→水洗→（固色）→水洗→（柔软处理）→脱水→拉幅定形→检验→包装

六、绒类织物的染整加工工艺流程

1. 天鹅绒织物

（1）涤纶牵伸丝经（纬）编天鹅绒织物：

毛坯布→烫剪→预定形→精练→染色→脱水→柔软抗静电处理→烘干→绒毛开松（或转筒烘燥）→烫剪→拉幅定形→检验→卷装

（2）腈/涤纬编彩条天鹅绒织物：

色织毛坯布→剖幅→缝头→烫剪→柔软抗静电处理→短环烘干→绒毛开松→烫剪→拉幅定形→检验→卷装

2. 经编起绒起圈织物

毛坯布→（预定形）→精练→染色→脱水→柔软处理→烘干→低温拉幅定形→起绒（圈）→拉幅定形→（轧花）→检验→包装

3. 双针床经编短绒织物

（1）腈纶色纱（毛面）/涤纶（底面）提花织物：

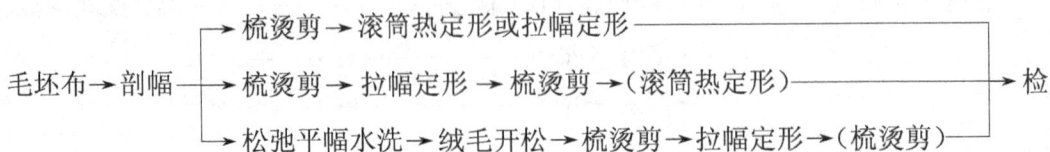

毛坯布→剖幅 分为三条支路：
- 梳烫剪→滚筒热定形或拉幅定形
- 梳烫剪→拉幅定形→梳烫剪→（滚筒热定形）
- 松弛平幅水洗→绒毛开松→梳烫剪→拉幅定形→（梳烫剪）

三条支路汇合 →检验→卷装

（2）纯涤纶牵伸丝织物：

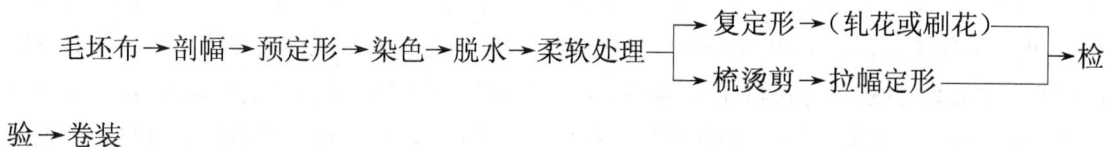

毛坯布→剖幅→预定形→染色→脱水→柔软处理┳复定形→（轧花或刷花）━━┓

┗梳烫剪→拉幅定形━━━━━━┻→检

验→卷装

4. 仿麂皮织物

毛坯布→预定形→前处理（水洗）→染色→柔软抗静电处理→烘干→低温拉幅定形→起绒→拉幅定形→浸轧聚氨酯→烘干→焙烘→磨毛→拉幅定形→检验→卷装

第三节 针织物染整生产工艺和设备的选择

生产工艺和设备的选择同工艺流程的选择一样重要，选择得是否合理也同样关系到产品的质量、生产成本及经济效益，因此应该非常慎重地研究确定。

选择生产工艺的原则可从产品的加工质量、技术的先进性和成熟性、设备的可靠性、染化料的供应及加工成本等因素综合考虑，具体可参见第二章第二节的内容。

生产设备的选择与工艺流程的选择密切相关，在实际工作中，当确定工艺流程时，必须考虑到设备的性能是否能满足工艺的需要。选择生产设备时要注意以下几方面。

（1）尽量选用针织染整的专用设备。由于针织物易拉伸变形，应尽量选用小张力或无张力的加工设备。

（2）具有较高的生产能力，有利于提高劳动生产率。尽量选用最近几年生产的新设备，这些设备容量大，布速快，生产效率高。

（3）保证加工产品的质量。选用生产设备时，必须以保证产品的加工质量为前提。

（4）能适应产品加工的技术要求，具有一定的灵活性和通用性。

（5）以国产设备为主，进口设备为辅。随着技术的引进和进步，我国许多染整设备生产厂家生产的针织染整设备的电气化和自动化水平已有很大提高，本着尽量降低新厂建设投资的原则，在设备选择时首选国产设备；对必须引进的关键设备，适当引进。

一、针织物前处理工艺和设备[5]

（一）棉针织物前处理

棉纤维为亲水性纤维，具有湿热可塑性，再加上针织物本身结构疏松，棉针织物在前处理中易产生塑性变形，成品的缩水率较大。因此棉针织物前处理加工中应该尽量采用松式加工，而且要尽量缩短工艺流程。20 世纪 90 年代以前，棉针织物前处理加工主要采用长流程的连续生产线，由于这种加工方法使成品的缩水率高，因此目前已被单机（染色机）处理所取代。

棉针织物的品种较多,因加工要求和产品用途不同,工艺流程和加工工艺也不同。如特白品种,对前处理要求高,需要经煮练、漂白,甚至二次漂白。深色品种,对前处理要求低,仅需煮练,一般不需要漂白,甚至不需要煮练就直接染色。中、浅色品种一般需要煮练、漂白,目前各生产厂家大多数采用碱氧一浴的煮漂一步法。由于目前针织物采用大圆机编织较多,其密度和缩水率均能达到客户要求,因此即使是纬编汗布也不需要碱缩加工,只有采用台车编织的汗布需要碱缩处理。高档棉针织物(主要是 T 恤面料)需要进行烧毛和丝光。棉针织物的前处理以圆筒织物为主,也有采用剖幅加工的。

1. 烧毛 烧毛(singeing)的目的是烧去织物表面上的茸毛,提高织物的表面光洁度。棉型机织物一般均需要烧毛加工。由于传统针织物常作为内衣穿着,因此对其外观要求没有机织物高,故不需要烧毛。但自 20 世纪 90 年代以来,随着消费者消费观念的改变,随着针织面料的高档化和外衣化,要求高档针织服装面料布面光洁、纹路精细均匀、色泽纯正、光泽亮丽、手感柔软滑爽,烧毛、丝光和生物抛光整理是开发高档针织物的重要手段。因此烧毛、丝光在高档针织物加工中已得到广泛应用,甚至出现了先纱线烧毛、丝光,再坯布烧毛、丝光的"双烧双丝"产品。

针织物烧毛机主要有圆筒平幅烧毛机、圆筒筒状烧毛机和剖幅平幅烧毛机。采用圆筒平幅烧毛机烧毛织物的边道要经过两次烧毛,容易形成过烧现象(织物两边焦黄),特别是合纤混纺针织物染色时容易造成两边色深。采用圆筒筒状烧毛机不会发生这一现象。

圆筒平幅烧毛机的结构示意图如图 5 - 1 所示,由进步架、环形撑架、火口、冷水辊筒、灭火箱、落布架组成。采用两只火口,一正一反方式烧毛,织物经过烧毛区段后,正反两面的表面茸毛即可烧去。烧毛工艺流程为:

转盘退捻装置退捻→环形扩幅器扩幅→螺纹开幅辊开幅→冷水辊冷却→烧毛火口烧毛→冷水辊冷却→烧毛火口烧毛→蒸汽灭火装置灭火→筒状平幅落布

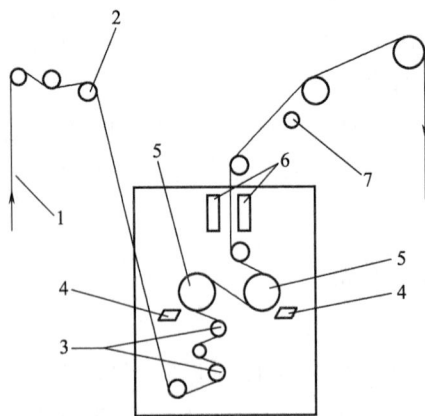

图 5 - 1 圆筒平幅烧毛机结构示意图

1—圆筒平幅进布 2—环形导布器 3—螺纹开幅器 4—烧毛火口
5—冷水辊 6—冷却拔风装置 7—蒸汽灭火装置

德国道尼尔(Dormier)公司的 SMA 圆形烧毛机示意图见图 5 - 2。采用特殊设计的圆形扩幅器,烧毛时坯布呈圆筒状,线圈充分张开,织物处于自然状态。在筒状圆周方向设置六只火口,烧毛效果透入性好,且没有布边痕迹。其烧毛流程为:

圆筒坯布→退捻→环状导布器开幅→圆形扩幅器→烧毛→冷水辊筒降温冷却

该设备的工艺参数为:圆筒形扩幅器直径调节范围 250 ~ 1200mm,圆周范围 785 ~ 3770mm,烧毛速度 90 ~ 100m/min,火口温度 1100 ~ 1200℃,冷水辊筒温度 60℃。

烧毛工艺主要是车速和火口温度及烧毛次数,应根据织物的原料组成、厚薄和对成品的要求确定。一般纯棉单面布的烧毛工艺为:火口温度 1000 ~ 1100℃,火口角度 32°,火口距离织物6cm,烧毛次数一正一反,车速 50 ~ 80m/min。有些品种的针织物正反面都要求有较高的光洁度,可采用正反面烧毛,先正面烧毛,然后用翻布机翻布,再反面烧毛。对光洁度要求特别高的高档针织物可以采用两次烧毛,即先坯布烧毛,再在漂染后进行第二次烧毛。

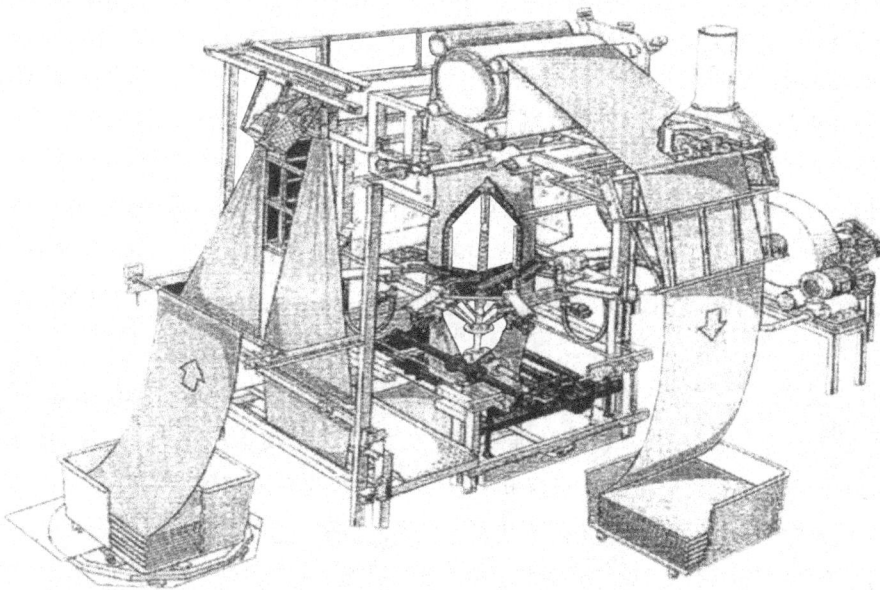

图 5 - 2　SMA 圆形烧毛机示意图

2. 煮练和漂白　煮练(scouring)的目的是去除棉纤维的共生物,提高织物的吸湿性能,以满足染整加工的需要。传统的煮练工艺是烧碱煮练。漂白(bleaching)的目的是去除色素,提高织物的白度,并进一步去除残留的棉籽壳、果胶质等杂质,进一步提高织物的吸水性。

传统的漂白方法有氯漂、氧漂和亚漂。氯漂成本低廉、设备简单,曾广泛应用于棉织物,但因采用氯漂织物的手感、白度和白度的稳定性不如氧漂和亚漂,而且对纤维损伤大,漂后脱氯不净会影响染料的上染,漂白的废液对环境污染大。因此目前很多厂家已不采用。亚漂虽然具有白度好、耐久不泛黄、对纤维损伤小、去杂能力强等优点。但因其成本高,对设备腐蚀性强,漂白中产生的二氧化氯气体毒性大,会严重损害人体健康,对环境污染严重,因此亚漂逐渐被禁止。氧漂漂白效果好,对纤维损伤小,品种适应性广,成本较低,环境污染小,对其他天然杂质也有较好的去除作用,因此是目前采用的主要漂白方法。

碱氧一浴法是将氢氧化钠和过氧化氢同浴处理,使煮练和漂白同时完成。该工艺可以大大缩短加工过程,减少加工时间和设备,节约能源,降低劳动强度,降低成本,因此,目前该工艺已在棉针织物的煮练和漂白中广泛采用。

在碱氧一浴法工艺中,氢氧化钠的浓度高,过氧化氢在强碱性溶液中会产生剧烈的分解,这样不仅会消耗大量的过氧化氢,而且会造成棉纤维损伤。因此该工艺的关键之处是选择在强碱溶液中对过氧化氢分解具有较好稳定作用的稳定剂。另外,该工艺中氢氧化钠的浓度明显小于常规碱煮练,因此还需要选择高效煮练剂,以提高煮练效果。高效煮练剂多为阴离子和非离子表面活性剂的复配物,具有渗透性好、去污力强、耐硬水、耐强碱、低泡等性能。

以下以18.2tex纯棉汗布在溢流染色机中进行碱氧一浴法加工为例做一介绍。

(1)特白布:

工艺流程:漂白(98℃,90min,浴比1:9~1:10)→降温排液→热水洗(60~80℃,10~20min)→冷水洗

漂液组成:H_2O_2(100%)4g/L,稳定剂EM—88 0.2g/L,NaOH(30%)2.5 g/L,精练剂PD—820 1g/L,荧光增白剂VBL 0.2%,消泡剂适量。

(2)漂底染色布:

工艺流程:漂白(98℃,90min,浴比1:9~1:10)→降温排液→热水洗(60~80℃,10~20min)→冷水洗→染色

漂液组成:H_2O_2(100%)1.8~2.4g/L,稳定剂EM—88 0.15 g/L,NaOH(30%)2~2.5 g/L,精练剂PD—820 1g/L,消泡剂适量。

传统的针织物煮练设备是采用煮布锅煮练。该法煮练匀透,去杂效果好,织物所受张力小,但由于是间歇式生产,生产效率低,劳动强度大。传统的漂白设备是绳状J形箱,由于用其加工织物承受的张力较大,故目前正在被染色机煮漂或平幅连续煮漂取代。

煮漂采用染色机设备简单、工艺控制灵活、方便,煮练匀透,织物承受张力较小。因此目前使用最广泛。

筒状平幅松式精练设备适用于单、双面纯棉、涤棉混纺和交织纬编针织物,特别是大圆机织物的练漂加工,加工的坯布平方米质量范围为80~259g。图5-3所示为设备示意图,由进布架、J形浸渍箱、导带式平洗浸轧机、履带汽蒸箱等组成。

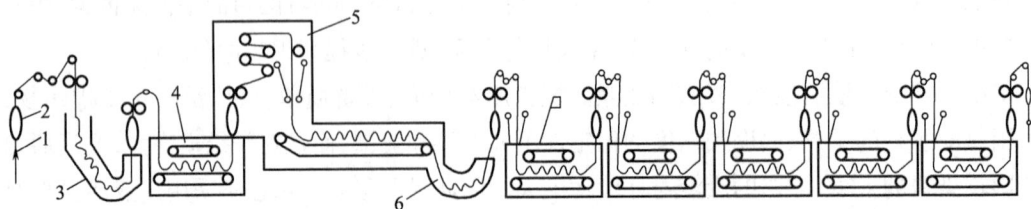

图5-3 筒状平幅松式精练机示意图

1—织物 2—环形开幅器 3—J形浸渍箱 4—导带式平洗浸轧机 5—履带汽蒸箱 6—J形箱

工艺流程为:毛坯布缝头→二道环形开幅器开幅→J形箱热水喷淋浸渍→导带浸轧煮练液→四圆网喷蒸汽预热→履带堆置汽蒸或液下煮练→U形水封槽热水浸轧→导带80℃热洗浸轧→导带70℃热洗浸轧→导带40℃热洗浸轧→导带水洗浸轧→落布

3. 碱缩 碱缩(soda shrinking)是棉针织汗布的传统加工工序,它是指棉针织物在平幅(圆筒)、松弛状态下用浓氢氧化钠溶液处理,使之任意收缩而使织物变得十分紧密的加工过程。台车编织的汗布组织结构疏松,密度低,容易变形,手感柔软无身骨。碱缩后,密度增加,平方米质量增大,组织结构紧密并富有弹性,尺寸稳定性提高,缩水率降低,手感滑爽。此外,可提高织物强力,对染料、化学药剂的吸附能力和化学反应性能等也有所改善。

棉针织物碱缩工序一般放在前处理的第一道工序,其工艺是在无张力,15～25℃的室温下,浸轧160～220g/L氢氧化钠溶液,并保持带浓碱5～20min。然后在60～90℃下热水洗去碱,最后冷水洗去碱落布。

圆筒针织物碱缩联合机示意图如图5-4所示。该机由进布撑板、轧车、浸碱槽、洗碱槽、存布箱、落布装置等组成。

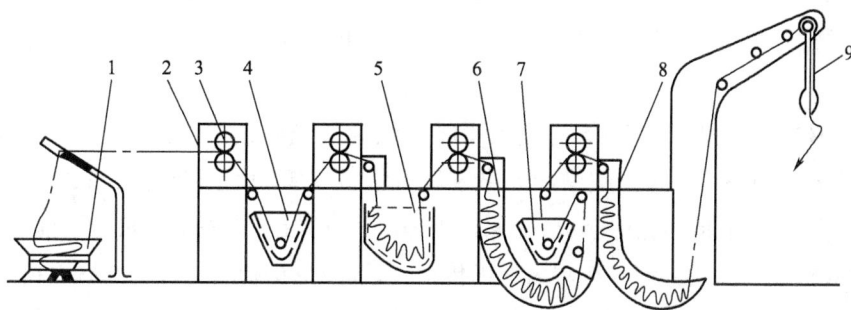

图5-4 圆筒针织物碱缩联合机示意图

1—调缠盘 2—撑板 3—轧车 4—浸碱槽 5—浸碱堆布箱 6—堆布箱

7—洗碱箱 8—存布箱 9—落布装置

工艺流程为:圆筒针织坯布→扩幅→浸轧碱液→松弛收缩(堆置或浸渍)→热水洗碱→冷水洗碱→落布

4. 丝光 丝光(mercerizing)是棉针织物在机械张力下,用浓氢氧化钠溶液进行处理,使棉针织物获得丝绸般的持久光泽的加工。丝光也能提高织物对染料的吸附能力、吸湿性能和尺寸稳定性,还能不同程度地改善织物的强力、延伸度和弹性等物理机械性能。近年来,棉针织物由内衣向外衣化、时装化方向发展,人们对棉针织服装的要求在不断提高,针织面料的尺寸稳定性、弹性、柔软性和舒适性等已成为新产品开发和提高附加值的重要因素。纯棉中高档针织面料,一般要进行丝光处理,以提高产品的服用性能,改善其缩水率大、易变形的缺点。

棉针织物丝光工序可以有坯布丝光、漂后丝光和漂前丝光等。棉针织物丝光是在一定张力下,室温浸轧240～280g/L氢氧化钠溶液,并保持带浓碱40～60s,然后冲洗去碱。

丝光时纵横向不能施加太大的张力,因此不能用布铁链式丝光机,一般采用无链丝光机。用于针织物丝光的无链丝光机有圆筒筒状丝光机、圆筒平幅丝光机和剖幅平幅丝光机。

(1)圆筒筒状丝光机。圆筒筒状丝光机横向张力均匀、丝光效果好,但设备复杂,操作难度较大。圆筒平幅丝光机张力较难控制,门幅不稳定,易造成布面带碱不均匀,染色时易出现色花。剖幅平幅丝光机丝光织物的门幅较稳定,但平幅拉伸时会造成坯布中部与边部线圈密度差异。且单面织物加工时易产生卷边,会影响丝光产品的质量。

由意大利 Sperotto Rimar 公司最新开发的棉针织物圆筒式 Formalux MT—15 型丝光机主要由三部分组成:第一部分是浸渍/反应槽,其容布量为 30.3m,在车速为 25m/min 时,浸渍溶胀时间可达 1min 以上,该单元还配有烧碱处理浴的循环和过滤管道,在出口处配有专门设计的轧辊,浸渍浴中有冷凝管,以保持 15℃ 的轧浴温度。此外,还配有自动配液和供液系统。第二部分是稳定/还原蒸箱,蒸箱内采用一个可变直径的圆形伸幅器,可将圆筒针织物朝纬向扩展,在蒸箱外面对伸幅器无级调节。伸幅器的结构合理,使织物通过时不会因摩擦而被损伤,织物在宽度上可伸展至 15% ~20%,以获得更佳的光泽、弹性和尺寸稳定性。置于圆筒外侧带有喷嘴的喷水圆形管,用以降低烧碱浓度,水温可调,以使织物获得高效预洗效果。第三部分是水洗单元。同样采用伸幅器,可使水易于渗透到筒状织物里面,从而提高水洗效率,彻底去除残余烧碱。

(2)圆筒平幅丝光机。图 5-5 为圆筒平幅针织物丝光机结构示意图。该机由进布装置、浸碱槽、透风架、稳定槽、水洗去碱槽和落布装置等组成。织物通过进布装置的两组环形导布器,使圆筒针织物伸幅,同时去除折皱,并保持织物上、下两层张力基本一致地平幅进入浸碱槽。两组或三组浓碱液浸渍槽内的导布辊是积极传动式,以减少织物的伸长。然后织物经过由多根导布辊(上导布辊由变速电动机单独传动)组成的透风装置,延长与碱的作用时间,使织物浸渍浓碱液后充分溶胀。直辊稳定槽中有多只直径为 300mm 的不锈钢多孔辊筒,织物紧贴于辊筒表面运行,以防止织物纬向收缩。同时织物不断受到高温淡碱液的喷淋而起到定形作用,获得稳定的丝光效果。水洗去碱箱液下的导布辊由皮带同步传动,箱内还有压缩空气喷射管,利用压缩空气搅动洗液以提高洗涤效果。在每只浸碱槽、稳定槽和去碱箱中,当织物进入小轧车前,均经过吹气装置对圆筒织物内部吹压缩空气,使织物鼓成气袋状,以保证织物展平后无折皱地

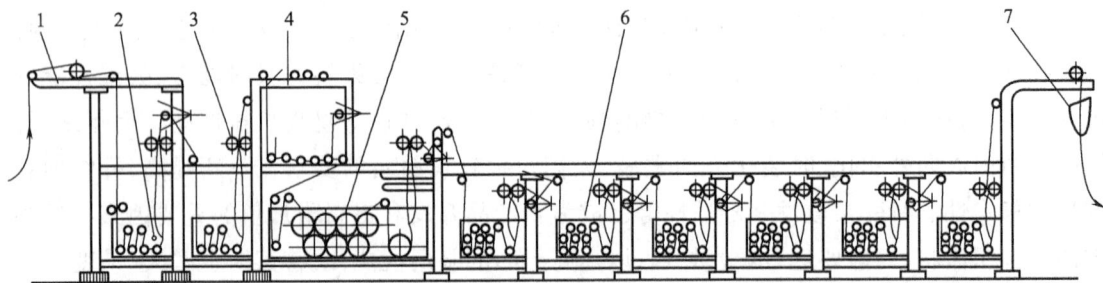

图 5-5 圆筒平幅针织物丝光机结构示意图

1—进布装置 2—浸碱槽 3—小轧车 4—透风架 5—直辊稳定槽 6—水洗去碱槽 7—落布装置

进入轧点。

（二）麻类针织物前处理

1. 苎麻针织物前处理　苎麻纤维与棉纤维同属于纤维素纤维,两者前处理工艺流程基本相同,但苎麻纤维的延伸性、弹性、集束性、柔软性和卷曲性等比棉纤维差,结晶度、取向度、含杂量、强度等比棉纤维高,实际生产中不能简单地套用棉针织物的前处理工艺。苎麻针织物的前处理一般包括烧毛、煮练、丝光和漂白。

（1）烧毛:苎麻纤维粗,刚性大,抱合力差,质地比棉纤维硬。因此苎麻针织物茸毛多、硬,穿着有刺痒感,烧毛可明显地减轻苎麻针织物的刺痒感,提高表面光洁度。苎麻针织物可以采用圆筒烧毛机烧毛,一正一反,火口温度 1100 ~ 1200℃,车速 50 ~ 100m/min。坯布经过一次烧毛后表面较为光洁,但由于麻纤维本身的抱合力差,在练漂过程中受到机械摩擦和拉伸挤压,茸毛又会从织物交织点和松散部位滑出,练漂后织物的表面茸毛增加很多,特别是一些较粗硬毛羽会显露出来,影响布面的光洁度,所以练漂后最好再经过一次烧毛。但每次烧毛对织物强力和手感都会产生影响,特别是第二次烧毛,织物的强力下降很多。麻棉混纺针织物以一正一反一次烧毛效果为好,麻化纤混纺产品也只需一次烧毛,以防止化学纤维在高温下脆化发硬。

（2）煮练:苎麻纤维的杂质含量比较高,脱胶后仍有果胶物质和其他共生物存在,在纺纱、编织过程中还会沾染油污,所以苎麻针织物必须进行煮练。苎麻纤维不耐高温,在热空气中易氧化生成氧化纤维素,煮练时要求采用较大的浴比,使织物浸没于煮练液中,减少与空气的接触。碱液浓度不能太高,煮练条件宜温和些。采用高温煮布锅煮练时,应先将锅内的空气排出,且煮练温度不能太高。使用一定量的还原剂如 Na_2SO_3 等,能防止纤维氧化。苎麻针织物也可以采用碱氧一浴法进行练漂。

（3）丝光:苎麻针织物必须经过丝光处理。苎麻纤维的结晶度和取向度高,染色性能差,染料上染率低,虽有天然光泽,但缺少天然卷曲。丝光可以降低纤维的结晶度,改善染色性能,同时可以提高织物的尺寸稳定性。

纯苎麻针织物采用圆筒丝光机的丝光工艺:

毛坯布检验→浸碱(氢氧化钠 140 ~ 200g/L,视织物品种而定)→透风(60s)→稳定→热水洗→酸洗→热水洗→冷水洗

（4）漂白:苎麻纤维本身白度较好,相对而言,漂白不如棉纤维重要。薄型苎麻针织物采用过氧化氢漂白,较厚的苎麻针织物,采用亚氯酸钠漂白效果较好。

2. 亚麻针织物前处理　亚麻纤维吸湿、散热快,透气性强,具有一定的抗静电性能和抑菌性能。亚麻针织物弹性好,挺括、透气,吸湿性能优良,穿着舒适凉爽,不沾皮肤。但亚麻纤维是韧皮纤维,多根单纤维被果胶和木质素粘连在一起,纤维结晶度高,刚性大,抱合力低,条干不匀,且麻粒子多,可纺性差,也给编织带来一定困难。普通亚麻纱(机织纱)用于编织针织产品时,弯纱、成圈、退圈比较困难,特别是生产高针号汗布,易漏针、花针,产生破洞,生产效率低、产品质量差。因此,为了适应针织物生产的要求,必须对亚麻纱进行特殊加工处理,解决亚麻针织纱的条干不匀,降低麻粒子,提高纱线柔软度,以便编织时弯曲成圈。这是亚麻纱用于针织的关键。

经过煮练和柔软处理可改善亚麻针织纱的柔软程度。柔软处理工艺流程如下：

亚麻纱→松式络筒→煮练（NaOH 10g/L,浴比1:10,100℃处理60min）→（水洗→氯漂→酸洗→水洗→脱氯→水洗→氧漂）→70℃热水洗→冷水洗→柔软处理（有机硅柔软剂16%,浴比1:10,45℃处理40min）→烘干

亚麻针织物前处理工艺流程为：

坯布→前处理→氧漂→温水洗→冷水洗→柔软处理→脱水→烘干→定形→光坯布

前处理：

洗涤剂 AS	0.3g/L
浴比	1:20
温度	100℃
时间	100min

氧漂：

过氧化氢	7.5g/L
硅酸钠	4g/L
纯碱	2g/L
渗透剂	0.3g/L
浴比	1:20
温度	100℃
时间	90min

亚麻/棉针织物前处理可以参照棉针织物的前处理工艺,以去除棉组分中的天然杂质为主。

煮练工艺举例如下：

NaOH	10g/L
精练剂	1%（owf）
Na_2SO_3	1%（owf）
浴比	1:15
温度	95～98℃
时间	90min

亚麻/棉针织物的漂白可采用碱氧一浴法,不经煮练,直接漂白。参考处方如下：

H_2O_2（100%）	4%（owf）
Na_2CO_3	6%（owf）
或 NaOH	3%（owf）
精练剂	1%（owf）
Na_2SO_3	1%（owf）
浴比	1:15
温度	100℃
时间	60min

亚麻针织物尺寸不稳定,洗后易变形,丝光能提高亚麻针织物的形态稳定性。丝光采用圆筒丝光机,丝光工艺可参考苎麻针织物。

(三)粘胶纤维针织物的前处理

粘胶纤维包括粘胶短纤维和粘胶长丝,粘胶纤维针织物主要指粘胶长丝(俗称人造丝)针织物。

粘胶纤维属于再生纤维素纤维。与棉纤维相比,聚合度、结晶度低,化学敏感性大,特别是强度低,易摩擦生洞、拉伸损坏,因此,粘胶纤维针织物在加工时不宜采用过分剧烈的条件,要避免施加太大张力,以免发生变形和损伤纤维。粘胶纤维在制造过程中已经过洗涤、除杂和漂白处理,大部分杂质和色素已经去除,本身白度较高。因此粘胶纤维针织物前处理仅需轻度精练,去除纺丝过程中施加的油剂和织造过程中沾上的油污,使织物具有良好的吸水性,以利于后续染整加工,一般不需要漂白。特白产品可进行漂白、增白处理。

粘胶纤维针织物的精练工艺较为简单,可在绳状染色机、小浴比溢流染色机等染色设备上进行。精练时不能用 NaOH,一般采用 Na_2CO_3,以免损伤织物。

精练工艺为:

Na_2CO_3	2～3g/L
肥皂或净洗剂	2～3g/L
浴比	1:15～1:20
温度	80～85℃
时间	60～120min

白度要求高的粘胶纤维针织物可用双氧水漂白和荧光增白剂增白。漂白工艺与棉相似,但双氧水浓度应适当降低。增白可选用荧光增白剂 VBL 和 BSL。氧漂和增白可同浴进行。

参考工艺为:

H_2O_2(30%)	3～5mL/L
稳定剂	2～3mL/L
30% NaOH(36°Bé)	1g/L
荧光增白剂 VBL(150%)	0.2%(owf)
净洗剂 LS	0.3%(owf)
浴比	1:15～1:20
pH 值	10.5
温度	95～98℃
时间	30～40min

粘胶纤维光泽较好,耐碱性较差,因此粘胶纤维针织物一般不丝光。

粘胶纤维吸湿性比棉纤维好,具有真丝般的光泽,手感柔软,但织物强力低,尺寸稳定性差,常与棉、麻、涤纶等纤维交织,可以达到性能互补。这类针织物的前处理需要兼顾各种组分。

(四)合成纤维针织物前处理

合成纤维一般含杂少,本无前处理的必要,但因在纤维制造过程中表面施加了油剂,编织过程中可能沾上油污,有时需要色素标记,因此仍需进行一定程度的练漂前处理。合成纤维针织物的前处理一般采用较为缓和的方法。合成纤维比较洁白,除特白或鲜艳的浅色品种外,一般无须漂白,若需漂白的可采用双氧水漂白,但并不能获得理想的白度效果。多数情况下,对特白品种需要用荧光增白剂增白处理。

1. 涤纶针织物 涤纶针织物前处理的目的主要是去除纺丝过程中施加的油剂和抗静电剂等,消除织物的内应力,使织物松弛收缩。主要包括精练和松弛处理。

(1)精练:涤纶针织物精练多采用非离子型净洗剂在比较温和的条件下进行。沾污严重的可加少量纯碱,使污染物乳化而除去,但精练后必须充分洗净残碱,以免影响染色。

精练工艺举例如下:

净洗剂	0.5% ~10%(owf)
纯碱	0 ~5%(owf)
浴比	1:20 ~1:30
温度	80 ~90℃
时间	40min

精练可在各种绳状染色机上进行。

(2)松弛:松弛(relaxing)是涤纶针织物特有的处理,其实质是在松弛的状态和适当的温度下使涤纶针织物回缩蓬松,消除织物的内应力。松弛处理不仅可以提高涤纶针织物的尺寸稳定性、回弹性、蓬松性和柔软性,减轻卷边现象,还可以减少染色中的折皱和染斑,也便于起毛和磨毛加工。

松弛处理以热水作为松弛介质和增塑剂。为缩短工艺流程,简化前处理工艺,一般采用在水中加适量低泡高效的洗涤剂,将精练和松弛处理同浴进行。

涤纶针织物松弛处理有绳状和平幅两种方式。绳状处理一般在溢流染色机上进行。平幅处理可采用平幅松式精练机或平幅松式水洗机。

2. 腈纶针织物的前处理 腈纶针织物大都是短纤维,前处理主要是精练,以去除纤维上的油污、杂质等。腈纶的耐碱性差,在高温碱性条件下纤维会膨润、发黄,腈纶针织物也不能用阴离子型净洗剂精练,以免造成沾污,影响染色。腈纶针织物的精练采用非离子型净洗剂,精练工艺举例如下:

非离子型净洗剂	1 ~3g/L
浴比	1:10 ~1:30
温度	60 ~65℃
时间	20 ~40min

腈纶针织物一般很少进行漂白,但可用荧光增白剂增白。

3. 锦纶针织物的前处理 用于针织物的锦纶主要是锦纶长丝和锦纶弹力纱。锦纶针织物的前处理同样较为简单,主要是精练和漂白。

精练常用合成洗涤剂,工艺处方和条件一般为:

合成洗涤剂	$1 \sim 3g/L$
纯碱	$1 \sim 2g/L$
或磷酸三钠	$0.5 \sim 1g/L$
温度	$60 \sim 80℃$
时间	$20 \sim 30min$
浴比	$1:10 \sim 1:20$

锦纶针织物宜用软水精练,以免锦纶吸附硬水中的金属离子而泛黄。弹力锦纶针织物含杂较少,一般简单水洗即可,对沾污较多的要用洗涤剂洗涤,处理温度宜在60℃以下,温度过高会影响纤维弹性。

锦纶针织物本身已较洁白,除特白品种之外,一般无须漂白。锦纶不耐双氧水,也不能用含氯等漂白剂漂白。目前特白品种的漂白是以保险粉为漂白剂的还原漂白,且常与增白同浴进行。工艺处方和条件举例如下:

保险粉(85%)	4% (owf)
荧光增白剂	1% (owf)
匀染剂	1% (owf)

50℃入浴,升温至95~97℃,保温处理20~40min,浴比1:20~1:30。

(五)混纺和交织针织物的前处理

为了改善织物的服用性能常常将化学纤维与天然纤维混纺或将一种化学纤维与另一种或多种化学纤维混纺或交织,以便相互取长补短,这给染整加工带来了新的内容。

1. 涤棉混纺和交织针织物的前处理　涤棉混纺和交织针织物的前处理应兼顾两种纤维的含杂情况、化学性能和混纺或交织比例,以获得满意的去杂效果,同时又不损伤任何一种纤维。

涤棉混纺和交织针织物按品种主要分为单面类(汗布)、双面类(棉毛布、弹力罗纹布)和薄绒类(绒布)等。前处理工艺路线与织物的品种、染整加工要求等密切相关,加工工艺流程见本章第二节。

棉纤维的含杂较多,涤棉混纺和交织针织物的前处理主要是对棉纤维进行处理,其工艺与纯棉针织物基本相同。但由于涤纶的耐碱性较棉差,特别是高温碱性条件下,涤纶容易发生水解。所以涤棉混纺和交织针织物的前处理应比纯棉针织物缓和。

对白度要求较高的涤棉混纺和交织针织物的前处理可分别对涤纶和棉进行增白处理。

(1)碱缩:涤棉混纺汗布的碱缩工艺与棉针织物的相似,区别在于处理条件缓和,氢氧化钠浓度一般为90~160g/L。需要注意的是,应严格控制碱缩后的热水洗温度,一般控制在60~70℃,较纯棉织物低15~20℃,温度过高易造成涤纶水解。

(2)精练、漂白:涤棉混纺汗布碱缩后可以不精练(棉比例较高时要精练)直接漂白,漂白方式常用氧漂。其他织物精练通常采用纯碱或浓度较低的烧碱溶液,精练温度一般为80~90℃。

目前,涤棉混纺和交织针织物精练漂白常采用碱氧一浴法,在染色机中处理。

2. 粘棉混纺和交织针织物的前处理　粘棉混纺和交织针织物的前处理基本同纯棉针织物,但由于粘胶纤维对碱的稳定性较棉差,且湿强力低,因此精练时碱浓度应小于纯棉针织物,时间也应缩短,张力要小,不能采用高压精练。

3. 腈棉混纺和交织针织物的前处理 腈棉混纺和交织针织物的前处理主要是对棉纤维进行处理,但不可完全照搬纯棉针织物的工艺。因为腈纶在高温碱煮和氯漂条件下会泛黄,氧漂时碱在高温下对其也有影响。可采用坯布直接浸轧双氧水漂液,然后在80℃(低于腈纶的玻璃化温度)下氧漂,以充分去除棉纤维上的杂质,达到较好的前处理效果和白度。

(六)含氨纶弹力针织物的前处理

含氨纶针织物又称氨纶弹力针织物。在针织物中,只要加入少量氨纶就能显著改善针织物的服用性能,所以纯氨纶针织物是不多见的。一般由氨纶与其他纤维交织而成,如以棉、毛、弹力锦纶等为地组织,氨纶丝为衬纬、衬垫、添纱等方式交织的棉/氨、锦/氨弹力针织物,其中80%锦纶与20%氨纶交织的弹力经编织物比较常见。

氨纶弹力针织物染整加工的方法与非弹力针织物有所不同。为了使氨纶弹力针织物具有较好的弹性、尺寸稳定性、布面平整性和色泽多样性,达到弹力针织物所要求的风格,必须严格控制染整工艺。过高的张力、高温或长时间热、湿处理等能改变氨纶的物理性能,所以应仔细选择这些工艺条件。

1. 锦/氨交织针织物的前处理 锦/氨交织经编织物的前处理工艺流程为:

毛坯布→松弛预缩→热水洗→冷水洗→脱水

锦/氨交织经编针织物的前处理主要是松弛预缩。同时,松弛预缩也起到精练的作用。松弛预缩和精练一般是同浴进行的,可采用绳状染色机或溢流染色机。溢流染色机染液对坯布的作用缓和,张力小,是氨纶弹力针织物较理想的松弛预缩设备。松弛预缩和精练一浴法工艺举例如下:非离子或阴离子表面活性剂 1~3g/L,浴比 1:20~1:30,温度 60~80℃,时间20~30min,然后进行热水洗,温度为40~50℃,或用阴离子洗涤剂1.5g/L、磷酸三钠0.8g/L,浴比1:30,温度65~85℃,处理30min。

氨纶在纺丝时为了减少高粘附倾向,保证良好的光滑性,加有5%~13%的油剂,这些油剂用普通的洗涤剂在水中不易完全洗净,洗下的油剂可能会造成再沾污,纤维上残余或再沾污的油剂在染色时会影响染料的上染,使织物的染色均匀性和湿处理牢度、摩擦牢度较差。因此氨纶弹力针织物也可以采用溶剂精练和松弛预缩。

溶剂精练时松弛预缩和精练在同一台设备上一浴完成,它用 CCl_4 溶剂在密封设备中对织物进行连续处理。CCl_4 为非极性溶剂,能渗透到氨纶内部,舒解氨纶大分子链之间的部分作用力,使内应力彻底松弛,织物完全回缩;同时,CCl_4 也是锦纶、涤纶等纤维上油剂的优良溶剂,能把油剂彻底溶解洗掉但不损伤纤维,这种效果是用洗涤剂在水中洗涤达不到的。

溶剂精练设备主要为意大利 Sperotto Rimar 公司的 NOVA COMPACT 连续溶剂煮练机(图5-6),它由煮练单元、烘干单元组成。织物平幅入布后,先在 CCl_4 浸渍槽中浸渍,垂直出浸渍槽后在织物左右两面各有一个可调压力的高压喷嘴向织物两面喷射溶剂并穿透织物,然后进入导带。在导带前部上方还有两个可调的高压喷嘴,将大量溶剂喷到织物上,下面的抽吸装置将溶剂抽吸过织物,这样不仅可以去除油剂和织物表面沾上的一般污渍,也能去除吸附牢固的污渍如斑渍和条纹渍,整个煮练系统溶剂逆流,确保了精练效果。然后织物进行烘干,烘干采用上喷下吸热空气循环,这种方式在保证织物有效烘干的同时还可使卷边展开,织物平整。整个烘干过程,织物始终处于松弛自由状态,在导带的振动作用下达到最佳松弛和回缩。煮练机的进出布处采用封口装置,处理后的溶剂回收再利用。溶剂精练使油剂去除彻底,染色效果好,特别是黑色。同时由于松弛充分,织物稳定性好。该设备为连续生产,生产效率高,但溶剂对环境有污染。

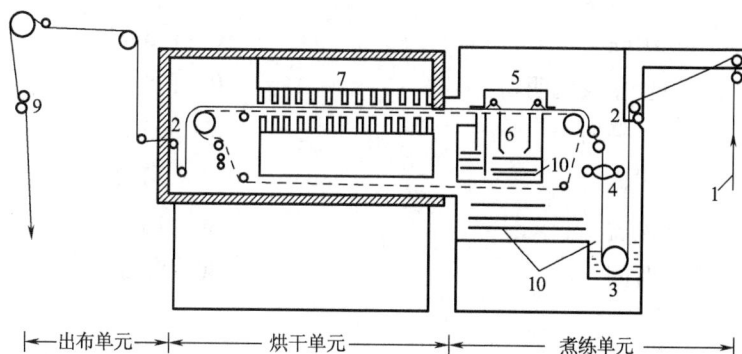

图 5－6　NOVA COMPACT 连续溶剂煮练机

1—织物　2—进出布口封口　3—CCl₄浸渍槽　4—高压可调喷嘴　5—导带前部高压可调喷嘴

6—抽吸装置　7—上喷下吸热空气循环系统　8—导带　9—摆布装置　10—溶剂

2.棉/氨交织针织物的前处理　棉/氨交织针织物前处理的工艺流程为:

毛坯布→洗油预缩→双氧水漂白→(增白)→水洗

(1)洗油预缩:棉/氨交织针织物的洗油预缩在绳状染色机或溢流染色机中进行,工艺条件为:渗透剂0.5%～1.0%,纯碱0.5%～1.0%,浴比1:10～1:15,温度70～80℃,时间20～30min。

(2)漂白:棉/氨弹力针织物常常需要漂白,目的是提高棉纤维的白度,氨纶已经很洁白,本身无须漂白。棉/氨弹力针织物的漂白只能选用双氧水、过硼酸钠或保险粉等漂白剂,不能选用漂白粉、次氯酸钠和亚氯酸钠等漂白剂,因为活性氯能使氨纶降解,强力严重下降。双氧水漂白可采用间歇法,在绳状染色机或溢流染色机中进行,用氢氧化钠调节 pH 值至10.5～11。还原漂白常用亚硫酸氢钠,同时加入适量的偏亚硫酸氢钠,在80℃处理45～60min。特白织物,在漂白后可以用荧光增白剂如荧光增白剂 VBL、DCB 等增白,也可以采用漂白、增白一浴法。

棉/氨弹力针织物双氧水漂白工艺举例如下:30% 双氧水 4～6mL/L,双氧水稳定剂2～3mL/L,氢氧化钠30%（36°Bé）1～1.5mL/L,荧光增白剂 DCB 0.1%,pH = 10.5～11,浴比1:10～1:15,温度95℃,时间60～90min。

二、针织物染色工艺和设备

(一)棉针织物的染色

棉针织物的染色常用的染料有直接染料、活性染料、还原染料、硫化染料等,通常采用松式浸染法染色。

167

1. 直接染料染色　直接染料染色的工艺流程为：

染色→水洗→固色→水洗→柔软处理→脱水

染色处方和工艺条件：

染色：

直接染料	x
纯碱	0 ~ 1.5g/L
食盐或元明粉	0 ~ 1.5g/L
平平加 O	0 ~ 0.5g/L
浴比	1:20
温度	80 ~ 100℃
时间	40 ~ 80min

固色：

固色剂 Y	0.5 ~ 5g/L
醋酸(98%)	0 ~ 1mL/L
浴比	1:20
温度	50 ~ 60℃
时间	10 ~ 20min

2. 活性染料染色　棉针织物活性染料浸染染色时，根据染料和碱剂是否一浴以及上染和固色是否一步，分为二浴法、一浴一步法和一浴二步法三种染色方法。

二浴法是先在中性浴中染色，上染完毕，再在碱性浴中固色。由于上染和固色是在两浴中分别进行，染料水解少，染液稳定性好，可续缸染色，染料利用率高。但在碱性浴中固色时，上染到纤维上的染料会溶落下来，得色较其他方法浅，染物的色光也较难控制。而且其工艺流程复杂，因此，在棉针织物的染色中应用不多。

一浴一步法是将染料、盐、碱剂等一起加入染液中，染料的上染和固色同时进行。这种方法操作简便，染色时间短，色光易于控制。但由于染料和碱剂同时存在于染浴中，染液的稳定性较差，染料水解较多，染料利用率低。另外，由于上染和固色同时进行，固色后染料不能再进行扩散，匀染和透染性较差。

一浴二步法是先在中性浴中染色，当染料上染接近平衡时，加入碱剂固色。加入碱剂固色时，由于破坏了原有的平衡，染料将继续上染，上染率可进一步提高。这种方法染料利用率高，色光较易控制，并有良好的匀染和透染效果，是棉针织物活性染料浸染最常用的方法。但这种方法不能续缸染色。

活性染料一浴二步法染色的工艺流程为：

染色→固色→水洗→皂煮→水洗→烘干

以 M 型活性染料为例，染色工艺处方和工艺条件举例如下：

染色：

M 型活性染料	x
食盐	5~50g/L
平平加 O	0~0.5g/L
浴比	1:20
温度	60℃
时间	20~40min

固色：

纯碱	5~20g/L
浴比	1:20
温度	60℃
时间	20~40min

皂煮：

净洗剂	0.5g/L
浴比	1:15
温度	90~95℃
时间	15~20min

3. 还原染料染色　棉针织物还原染料染色多采用隐色体浸染法,其工艺流程为:

染料还原→染色→水洗→氧化→皂煮→热水洗→水洗

采用还原蓝 RSN 染色的处方和工艺举例如下:

还原方法	全浴还原
染色方法	甲法
还原蓝 RSN	4.5%(owf)
烧碱[30%(36°Bé)]	12mL/L
保险粉(85%)	5g/L
骨胶	1%(owf)
浴比	1:20
温度	60℃
时间	40min

染色结束后,可采用空气氧化或氧化剂氧化。空气氧化在织物充分水洗后,经轧液和脱水,在空气中氧化 20~30min。最后进行皂洗。

(二)麻及粘胶纤维针织物的染色

麻及粘胶纤维与棉纤维均属于纤维素纤维,因此,其针织物的染色与棉针织物染色类似,棉针织物染色常用的染料它们也均能采用。但因麻纤维的结晶度、取向度高,结构紧密,棉用染料在麻针织物上染色的上染率比棉针织物低。若采用活性染料染色,可选用双活性基活性染料,如 M 型染料,可以获得较高的上染率和固色率,染色深度较好。粘胶纤维的结晶度低于棉纤维,且芯层结构疏松,因此,通常直接染料等上染粘胶纤维的速度比棉纤维快,上染百分率比棉纤维高,但粘胶纤维的皮层比棉的外层结构更为紧密,阻碍了染料向纤维内部的扩散。因此,为了获得较好的匀染效果,粘胶纤维针织物的染色温度比棉纤维针织物高。

(三)合成纤维针织物的染色

1.涤纶针织物的染色　涤纶针织物主要采用分散染料高温高压染色。采用这种染色方法,染料的上染率高,遮盖性好,适应性广(大部分分散染料都适用),染色织物手感柔软,牢度较高。

涤纶针织物高温高压染色的工艺流程为:

染色→水洗、皂煮(还原清洗)→热水洗→冷水洗

染色处方和工艺举例如下:

染色:

分散染料	x
分散剂	$0 \sim 2g/L$
匀染剂	$0.5 \sim 1.0g/L$
消泡剂	$0 \sim 0.5g/L$
醋酸(98%)	$0.5 \sim 1mL/L$
浴比	$1:8 \sim 1:20$
pH 值	$4.5 \sim 5.5$
温度	130℃
时间	$20 \sim 50min$

还原清洗:

纯碱	1g/L
保险粉	1g/L
浴比	1:10
温度	85℃
时间	20min

染色在 $50 \sim 60$℃起染,以 1.5℃/min 的升温速度升温至 80℃,然后再以 0.5℃/min 的升温速度升温至 130℃,保温染色一段时间后降温,进行皂煮或还原清洗,最后洗净出机。

2.锦纶针织物的染色　锦纶针织物染色可用的染料较多,有直接染料、活性染料、酸性染料和分散染料。

(1)直接染料染色。直接染料能在酸性或中性染浴中上染锦纶,与锦纶通过氢键和范德华力结合。锦纶属于疏水性纤维,吸湿溶胀性较小,直接染料在锦纶上的扩散速率比在棉纤维上要小得多,提高染色温度可以提高上染速率和上染百分率,也能提高其染色均匀性。锦纶针织物的染色温度一般控制在 100℃。直接染料的相对分子质量较大,对锦纶的直接性大,初染率高,特别是当染色温度达到锦纶的玻璃化温度附近时,直接染料更是集中上染,所以一定要控制好初染阶段的升温速度,一般控制在 $1 \sim 2$℃/min,同时在染浴中加入适量的非离子型匀染剂如平平加 O。直接染料染锦纶针织物染色牢度一般,适宜染浅、中色,染中、深色时,需要进行固色

处理。

锦纶针织物直接染料染色的处方和工艺举例如下：

直接染料	x
醋酸(98%)	$0.5 \sim 1 \text{mL/L}$
平平加 O	$0 \sim 2 \text{g/L}$
浴比	$1:15 \sim 1:20$
pH 值	$5 \sim 6$

在 $40 \sim 50$℃开始染色，以 $1 \sim 2$℃/min 的升温速度升到 100℃，在 100℃保温 $20 \sim 40$min。

（2）活性染料染色。锦纶用活性染料染色色泽鲜艳，染色牢度较高，但因锦纶中反应性基团较少，难于染深色，且匀染性差，使应用受到限制，目前一般用于中、浅鲜艳色泽的染色。

锦纶针织物活性染料染色的工艺流程为：

染色→水洗→固色→皂洗

以 K 型活性染料为例，染色处方和工艺举例如下：

染色：

K 型活性染料	x
醋酸	$0 \sim 1 \text{mL/L}$
平平加 O	$0.5 \sim 1 \text{g/L}$
浴比	$1:15 \sim 1:20$
温度	$95 \sim 100$℃
时间	$30 \sim 60$min

固色：

纯碱	$1 \sim 2 \text{g/L}$
浴比	$1:10 \sim 1:20$
温度	$95 \sim 100$℃
时间	$15 \sim 20$min

皂洗：

非离子型表面活性剂	$1 \sim 2 \text{g/L}$
浴比	$1:10 \sim 1:20$
温度	$70 \sim 80$℃
时间	$15 \sim 20$min

锦纶用活性染料染色时，需加酸促染，一般采用醋酸，染浴呈弱酸性或中性，pH 值一般在 $4 \sim 7$。常温入染，$1 \sim 2$℃/min 升至规定温度，保温 $30 \sim 60$min 后加碱固色，pH 值控制在 $10.0 \sim 10.5$，固色 $15 \sim 20$min，然后皂洗，以去除未反应的染料，并可提高色泽鲜艳度。活性染料染锦纶的匀染性较差，染色时不能加盐促染，相反还要加入高效匀染剂。另外，升温速度不能太快，以免造成色花。

（3）酸性染料染色。锦纶可用弱酸性染料和中性染料染色。染色的 pH 值在锦纶的等电点以上,染料分子通过范德华力、氢键上染锦纶。弱酸性染料对纤维的亲和力较高,色牢度较好,是锦纶染色的常用染料之一。中性染料对锦纶的亲和力高,得色深,上染速率受 pH 值影响小,无竞染现象,染色后无须固色就有很好的湿处理牢度和日晒牢度,一般用于锦纶针织物的中、深色染色。中性染料的匀染性不如酸性染料好,染色不当易出现色花。

锦纶针织物弱酸性染料染色的工艺流程为:

染色→水洗→(固色→水洗)

染色处方和工艺举例如下:

弱酸性染料	x
醋酸(98%)	0.5 ~ 1.5mL/L
匀染剂	0.25 ~ 1g/L
pH 值	4 ~ 6
浴比	1:15 ~ 1:20
温度	100℃
时间	30 ~ 50min

染色时,一般在40℃入染,以 1 ~ 2℃/min 逐渐升温至95 ~ 100℃,保温染色30 ~ 50min。

染色后采用单宁酸—吐酒石固色处理。固色工艺为:单宁酸 0.5% ~ 2%,吐酒石用量为单宁酸用量的20% ~ 50%,固色温度锦纶 6 为 65℃,锦纶 66 为 80℃,15 ~ 20min,浴比 1:15 ~ 1:20,pH 值为 4 ~ 7。

锦纶针织物中性染料染色处方和工艺举例如下:

中性染料	x
醋酸	0 ~ 0.5mL/L
非离子匀染剂	0.5g/L
浴比	1:20
温度	100℃
时间	30 ~ 60min

中性染料对锦纶染色的上染速率和上染百分率较高,易染花。为控制染料均匀上染,可采用降低始染温度、控制升温速度和加入适量的匀染剂来解决。一般 30 ~ 40℃ 入染,以 1 ~ 2℃/min升温至100℃。

（4）分散染料染色。分散染料用于锦纶针织物染色,方法简便,匀染性较好,对纤维品质差异有覆盖能力,能避免纤维在纺丝时因拉伸程度不同而造成的染色不匀。而且由于分散染料是非离子性的,染色受染液 pH 值的影响较小,拼色较容易。与弱酸性染料相比,分散染料没有离子性基团,只能靠氢键和范德华力上染纤维,而且结构简单,故不易染得浓色,且皂洗牢度较差,只适宜染浅、中色。

分散染料染锦纶针织物的工艺流程为:

染色→水洗→脱水

染色处方和工艺举例如下：

分散染料	x
分散剂	0.5～2g/L
非离子匀染剂	0～0.5g/L
醋酸(98%)	0.5mL/L
pH 值	5～6
浴比	1:10～1:20
温度	95～100℃
时间	40～60min

染色时，以醋酸调整染浴的 pH 值至 5～6,40℃起染,以 0.5～1℃/min 的升温速度逐渐升温至 95～100℃,续染 40～60min,水洗后出缸。分散染料染锦纶时,可与弱酸性染料或中性染料拼色,以调整色光,提高匀染性。

3. 腈纶针织物的染色　腈纶针织物染色可以用阳离子染料和分散染料染色。阳离子染料染腈纶的染色牢度很好,色泽十分鲜艳,因此,阳离子染料是腈纶针织物染色的主要染料。

腈纶针织物阳离子染料染色工艺有恒温染色法和控制升温染色法。恒温染色法的优点是升温时间短,上染曲线比较平缓,染料上染较慢,缺点是染色初期易产生色花,且工艺通用性和染料适应性差。控制升温染色是在染料上染较快的温度区域内控制升温速度,缓慢升温至 100℃,续染一定时间完成染色,匀染性、工艺通用性和染料适应性均较恒温染色法好,因此控制升温染色法是腈纶针织物染色最常用的工艺。

腈纶针织物阳离子染料染色处方和工艺举例如下：

染料	x
醋酸(98%)	1～3mL/L
元明粉	0～10g/L
缓染剂	0～1.5g/L
浴比	1:10～1:20
温度	98～100℃
时间	30～60min

温度控制对腈纶针织物的染色影响较大。染色时 50～60℃始染,当染色温度达到纤维的玻璃化温度(75～85℃)时,染料的上染速率迅速增加,这时应以 0.5℃/min 缓慢升温至沸,续染 30～60min,也可以在 85～90℃保温染色一段时间,继续升温至沸。染色结束后,以 1～2℃/min 缓慢冷却至 50℃,再进行水洗等后处理。

4. 氨纶弹力针织物的染色　氨纶分子中基本上不含有离子性基团和强亲水性基团,而含有较多的疏水性亚甲基链和较小的芳香基,因此,氨纶为疏水性纤维。分散染料为非离子染料,与氨纶具有较好的相容性,在常温条件下对氨纶有良好的染色性能,可通过氢键、范德华力与纤维结合,是氨纶染色的常用染料。大部分分散染料在氨纶上有较高的上染率,多数能达到 84% 以上,其中偶氮结构和蒽醌结构的分散染料上染率可超过 90%。

分散染料染氨纶针织物的染色处方和工艺举例如下：

分散染料	x
磷酸二氢铵	1g/L
分散剂	1g/L
浴比	1:20
温度	100℃
时间	40～60min

染色时，温度不宜过高，以免影响氨纶的弹力和强力，一般控制在100℃以内。对于涤纶等纤维交织或包芯的氨纶弹力针织物，确需高温染色时，应控制在较短时间内。染浴pH值控制在5～6，既能使分散染料具有较好的分散稳定性，又能使分散染料充分上染纤维，获得较高的得色率。

(四)涤棉混纺针织物的染色

涤棉混纺针织物以纬编单面织物居多，混纺比有65/35、35/65、50/50等。涤棉混纺针织物中的涤纶一般用分散染料高温高压染色，棉通常采用直接、活性、还原等染料染色。选用两类染料对涤棉混纺织物染色时，不但要注意减少相互沾色，还要求两类染料染色牢度接近。相容性好的染料可采用一浴法染色，相容性差的染料，采用二浴法染色，下面介绍几种染色方法。

1.分散染料一浴一步法染色　涤棉混纺针织物的浅色产品或涤纶比例较高的产品，可只用分散染料对涤纶染色，无须套染棉，工艺简单。染色采用高温高压法，染色后进行还原清洗，去除沾色和浮色，染色方法和工艺参考分散染料染涤纶。

2.分散/活性染料一浴二步法染色　涤棉混纺针织物采用分散/活性染料一浴二步法染色时，是分散和活性染料在弱酸性条件下，在染色初期时同时加入染浴，在升温过程中，活性染料和分散染料分别上染棉纤维和涤纶，然后降温，加碱使活性染料固色。一浴二步法染色对活性染料要求较高，要求在高温下不水解。

大部分K型、KN型、KD型、KE型、M型活性染料在弱酸性条件下(pH＝5.5～7)反应性较低，结构稳定，可与分散染料同浴染色。特别是KE型和KD型活性染料，固色率高，在130℃高温下的水解速率低，非常适合于涤棉混纺针织物的一浴二步法染色。而且在弱酸性条件下，纤维素的电离受到抑制，染料与纤维的排斥力减弱，直接性较大，上染速率和上染百分率较高。

染色配方：

分散染料	x
KE型活性染料	y
氯化钠	30～70g/L
碳酸钠	20g/L(固色时加入)
醋酸	调pH值为5
浴比	1:20～1:30

升温曲线：

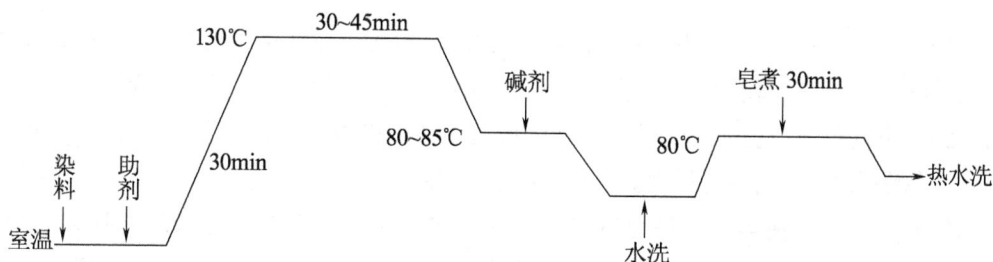

3. **分散/活性染料二浴法染色**　分散/活性染料二浴法染色一般先用分散染料高温高压染涤纶,再用活性染料染棉,避免活性染料特别是 X 型染料高温断键。染涤纶后要进行还原清洗,尽可能将沾染在棉纤维上的分散染料去除,保证染棉工艺的正常进行。否则会影响活性染料的上染率、色泽鲜艳度和色牢度。染色工艺与单独染涤纶和棉相同。

4. **分散/还原染料二浴法染色**　分散/还原染料二浴法染色时,先用分散染料高温高压染涤纶,水洗后再用还原染料的常用工艺染棉,工序简短合理,主要用于染深色。

(五)针织物染色的设备

针织产品可采用纱线染色(然后织制)、织物染色及成衣染色,以织物染色为主。

1. **纱线染色设备**　纱线染色设备主要有往复式染纱机、高温高压染纱机、溢流染纱机、喷射染纱机和筒子纱染色机等。筒子纱染色是将纱线络于多孔筒管上,然后将筒子纱装到筒子架上染色。与其他纱线染色方式相比,筒子纱染色可减少乱纱,缩短染色周期,减轻劳动强度,提高色织物制成率。因此筒子纱染色机是目前纱线染色最常用的染色设备。

筒子纱染色机的结构如图 5-7 所示,由筒子架、循环泵、自动换向装置、加液泵、化料桶和染缸等组成。染液自筒子架内部喷出,穿过筒子纱层,染色一段时间后,自动循环换向装置使染液做反向循环,染色结束后进行水洗。

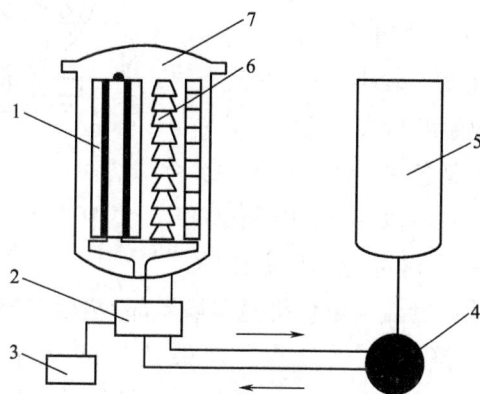

图 5-7　筒子纱染色机

1—筒子架　2—循环泵　3—自动换向装置　4—加液泵

5—化料桶　6—筒子纱　7—染缸

2．针织物染色设备 针织物的染色设备主要有普通绳状染色机、液流染色机和气流染色机三类。

(1)普通绳状染色机：是针织物传统的染色设备，结构简单。在染色过程中，织物循环运行而染液相对静止不动，在加液槽中用直接蒸汽管加热，染液温度不均匀，无加料装置，易产生加料不匀，因此，该设备的染色均匀性较差。椭圆形主动导布辊对织物有一定张力，使织物产生一定伸长。染色浴比大，染化料消耗大。目前已很少使用。

(2)液流染色机：液流染色机是为适应合成纤维的染色加工而发展起来的绳状染色设备。工作原理是利用高速循环的染液输送织物，使织物以绳状松弛状态反复通过染液溢流区(或喷射口)和浸渍区，完成染料的上染。液流染色机由于在染色过程中织物不断受到高压染液的冲击和浸渍，织物的运行始终处于低张力状态，因此与传统绳状染色机相比，染色织物手感柔软，缩水率小，没有擦伤，染色匀透。液流染色机是目前针织物染色中使用最广泛的设备。

液流染色机种类较多，按染色温度可分为常温常压染色机和高温高压染色机，前者用于纯棉、腈纶、锦纶等针织物的染色，后者主要用于涤纶及其混纺针织物的染色。按织物输送的方式可分为溢流染色机和喷射染色机。溢流染色机的基本原理是染液通过动力源(如主循环泵)被输送到一定高度的水槽内，使其具有势能，当染液在水槽内逐渐积聚充满后溢出水槽，即形成所谓的溢流。织物主要依靠染液的液位差被推动循环运行。喷射染色机是通过喷嘴将具有一定动压力的染液喷射到织物上，使织物获得与染液接触的机会并受高速液流的牵引做循环运行。以下介绍两种常见的液流染色机。

①罐式常温常压溢流染色机(图5-8)。该机由染缸、溢流管、提布辊、溢流嘴、热交换器和循环泵等组成。染色时，织物在浸染槽前部由提升辊提起后送进溢流喷嘴，通过喷嘴的染液带动织物穿过独特的摆布装置，不断做横向摆动折叠在浸染槽的后部。然后织物沿着富有平滑性的底部，在重力和循环泵吸力的作用下，滑移到浸染槽前部，并重复循环，直至完成染色。这种设备浴比较小，约为1:5，布速50～300m/min，最高染色温度98℃。

②管道式高温高压溢流染色机(图5-9)。该机与罐式常温常压溢流染色机相似，染色时绳状织物由无级变速提布辊提升并输送进超低压溢流喷

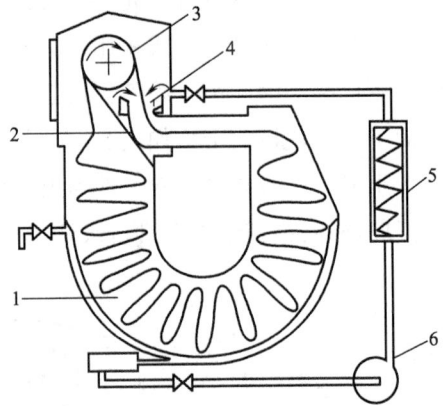

图5-8 罐式常温常压溢流染色机
1—染缸 2—溢流管 3—提布辊 4—溢流嘴
5—热交换器 6—循环泵

嘴，被超低压染液包裹，经输布管流向染色机储布槽尾部，然后有节奏地向储布槽前部推进，如此往复循环，直至完成整个染色过程。该染色机最低浴比1:7，织物运行速度60～300m/min，最高染色温度可达到140℃，适用于含涤纶针织物的染色，也可以在常温下染其他纤维针织物。

(3)气流染色机：该机由染液循环泵、染缸、空气循环系统和热交换器等组成(图5-10)。与液流染色机的主要区别在于，液流染色机仅依靠液流推动织物运行，而气流染色机还有一套

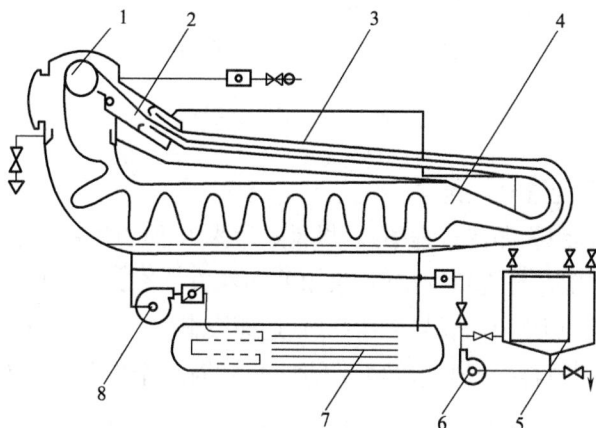

图 5 - 9　管道式高温高压溢流染色机

1—提布辊　2—溢流嘴　3—导布管　4—储布管　5—加料桶

6—加料泵　7—热交换器　8—循环泵

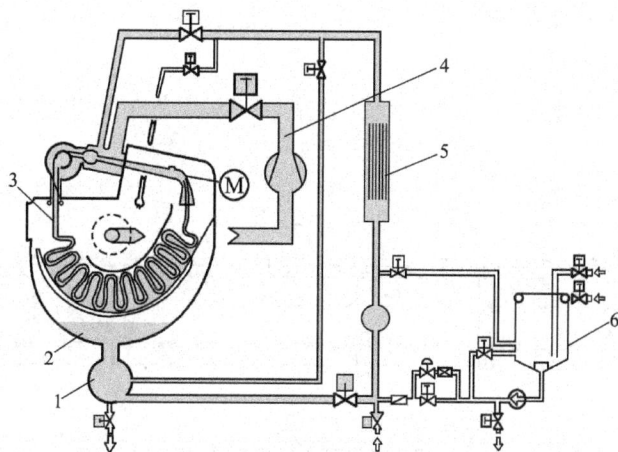

图 5 - 10　气流染色机

1—染液循环泵　2—染缸　3—织物　4—空气循环系统

5—热交换器　6—加料桶

空气动力循环系统来输送织物。

　　气流染色机中的气流是通过循环系统经喷嘴喷出的,变频控制的气流循环系统能正确控制织物运行。织物的运行速度与织物单位面积质量、透气性、干湿状态等参数有关。一般来说,织物的透气性越差、单位面积质量越小、表面摩擦系数越低,可获得的运行速度越大。与液流染色机一样,气流染色机也有独立的液流循环系统,液流循环系统的主要功能是对织物染色。国外也有将气流和液流在喷嘴处混合的形式,称之为雾化气流染色技术,以实现低浴比雾化状态下的织物染色。新型气流染色机还有抛松烘干功能,通过不断地对湿热空气除湿,将织物中的水分除掉。由于在烘干的同时,织物不断地被抛松,因此还能获得柔软整理的效果。

气流染色机浴比小,染色时间短,总耗水量低,染色时由于有气流带动,布面张力小,布面损伤小,染色效果均匀。目前,气流染色机主要用于超细纤维织物、化纤仿丝类织物、Lyoell 纤维织物和各类针织物的染色。

三、针织物印花工艺和设备

针织物易变形,在针织物印花过程中,要尽量采用张力小的印花设备。

针织物印花方法和工艺与机织物相似,采用的印花方法有:直接印花、防染印花、防浆印花和拔染印花。用于印花的染料有涂料、活性染料、还原染料、分散染料、酸性染料、中性染料和阳离子染料等。另外,为获得特殊的艺术效果,生产出高档化、个性化的产品,针织物还采用特种印花。

(一)针织物的印花设备

针织物的印花设备有平网印花机和圆网印花机两类。平网印花应用灵活,制网雕刻方便,适合于小批量多品种生产,对单元花型大小及套色数限制较小,织物承受的张力小,特别适用于易变形的针织物印花。

1.平网印花机 平网印花机有手工台板筛网印花机、转盘式平网印花机、半自动平网印花机和全自动平网印花机。

(1)手工台板筛网印花机:主要由台板、轨道、筛框和蒸汽管等组成,其构造如图 5 – 11所示。

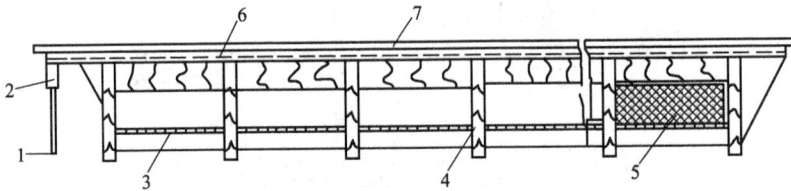

图 5 – 11 手工平网印花机

1—排水管 2—排水槽 3—地板 4—台脚 5—变压器 6—加热层 7—台面

台板的台面长达数十米甚至一百米以上,宽度根据织物门幅确定。轨道安装于台板两边,其作用是便于筛框运行和前后对花。蒸汽管或电加热设备位于台板下面,用于加热烘干印浆,防止花纹渗化。台板上面覆盖有绒布或呢毯,最上面是漆布或人造革或橡胶毯。台板两边留有排水槽,在板端设排水管,用于印花完毕洗刷台面残浆后污水的排放。

印花前,将印花织物贴在台板上。印花时,印花色浆放在筛框中,用橡胶刮刀手工在筛框内往复均匀刮浆,使色浆透过网眼印到织物上。一只筛网印一套色,印花后,待花纹处印浆稍干,将印花织物取下,进行干燥和后处理。

手工台板印花印制的花纹较精细,套色数不受限制,若使用热台板,也不易产生搭色现象,但劳动强度高,印花速度慢,易产生刮浆不匀现象。

(2)转盘式平网印花机[6]:也称圆盘印花机,占地面积小,直径一般为 3.5m 左右,台板为间歇式转动,采用电磁式滚棒自动刮浆,操作方便,劳动强度低,适用于衣片印花。

转盘式印花机每一套色的筛网固定在一个转盘上,转盘可绕中心轴旋转,每旋转一个角度,其大小正好等于每一转盘间隔的间距。转盘下面是台板,台板上设有加热夹板,夹板上覆盖有绒布和漆布,也可以用冷台板。印花时,台板升高或筛网下降,而后刮印,接着印花台板下降或筛网上升,然后转盘移位,如此循环。

(3)半自动平网印花机:其结构组成与手工台板筛网印花机的相似,区别在于将人工刮浆变为机械刮浆,即由自动控制机构(又称小电车)控制筛网的移动、升降和刮浆。可人工或机器贴布。

半自动平网印花织物承受张力小,适宜品种多,可加工小批量产品和轻薄织物,还可印制宽幅织物。劳动强度较手工台板印花低。

(4)全自动平网印花机:又称布动印花机,简称平网印花机,由进布和导布装置、印花装置、烘房和出布装置等组成。设备示意如图5-12所示。

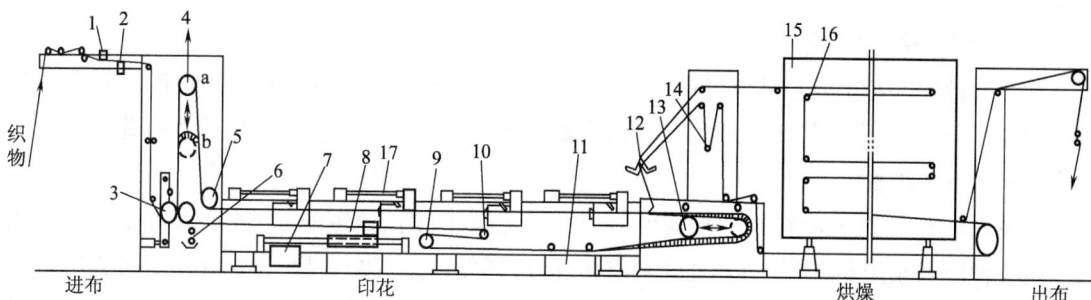

图5-12　LMH552型平网印花机示意图

1、2—吸尘装置　3—热塑性树脂贴布热压辊　4—垂直游动辊　5—橡胶导带导引辊

6—水溶性浆贴布装置　7—液压系统控制板　8—液压行进油缸　9—橡胶导带连续传动辊

10—橡胶导带张力调节辊　11—橡胶导带水洗装置　12—红外同步检测器　13—水平游动辊

14—烘房导带张紧辊　15—烘房　16—烘房导带导引辊　17—平版筛网

平幅进布,通过贴布装置将贴布浆均匀刮在无接缝循环橡胶导布带上,等印花织物由进布装置出来后与橡胶导带接触,经热压辊平整地贴在橡胶导带上,然后随橡胶导带向前运行。由垂直游动辊、橡胶导带导引辊及印花导带连续传动辊、橡胶导带张力调节辊等自动控制机构控制橡胶导带的运行和筛网的升降。

印花时,筛网下降到台板上,用橡胶刮刀或磁棒进行刮浆,刮毕,筛网升起,织物随橡胶导带向前运行,进入下一个循环。

全自动平网印花机具有劳动强度低、生产效率较高等特点,而且花型大小和套色数不受限制,印花时织物所受张力较小。但采用冷台板,连续印制时容易出现搭色。

2. 圆网印花机[7]　圆网印花机的基本组成与全自动平网印花机相似,由进布、印花、烘干、出布等装置组成,其结构示意如图5-13所示。

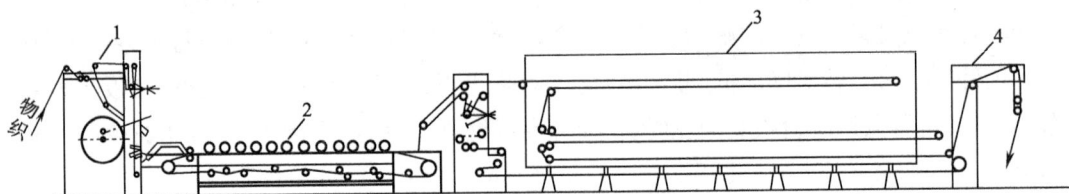

图 5 – 13 LMH 571A 型圆网印花联合机示意图

1—进布装置 2—圆网装置 3—热风烘燥 4—出布装置

印花时,圆网在织物上面固定位置旋转,织物随橡胶导带前进。印花色浆经圆网内部的刮刀挤压透过网孔印到织物上。刮浆刀有不锈钢刮刀和磁棒刮刀两种。每一圆网都配一给浆系统。全部套色印完后,织物即由橡胶导带分离,进入烘燥装置经松式热风烘干后出布。

圆网印花劳动强度低、生产效率高、对织物适应性强,但花型大小受圆网周长的限制,印制精致花纹效果不够好。

(二)针织物特种印花

针织物特种印花主要包括荧光印花、金银粉印花、金箔印花、珠光印花、发泡印花、烂花和仿烂花印花、静电植绒印花等多种技术。它们大都是通过特种印花黏合剂的作用将一些特殊的不溶质材料固着在织物上。

1. 荧光印花 荧光涂料能吸收紫外光或可见光波中波长较短的光,转变为可见光反射出来。用这种涂料浆印花,印花图案处除具有色泽外,还能产生荧光效果,光彩夺目。荧光印花被用于功能运动衣、游泳衣、T 恤衫等面料的印花。

荧光涂料是将具有荧光的染料溶解在树脂中,经焙烘、粉碎、研磨、打浆而成。制造过程中,染料要在树脂上充分固着,否则会影响色牢度。荧光涂料在织物上主要是耐气候牢度不够理想,而耐气候牢度与荧光涂料的结构、荧光涂料的颗粒大小有关。为了提高耐气候牢度,荧光涂料的颗粒通常较大,所以对所用的黏合剂有一定要求:要求黏合剂黏结牢度高、透明度好。一般采用自交联型黏合剂。

荧光涂料的印花工艺与普通涂料印花相似,能与普通涂料、活性染料、分散染料等共同印花。

荧光涂料印花印浆处方举例:

荧光涂料	100 ~ 400g
黏合剂	200 ~ 400g
交联剂	0 ~ 30g
乳化糊 A 或增稠剂	x
尿素	5 ~ 50g
合计	1000g

印花工艺流程:

印花→烘干→焙烘

荧光涂料一般用台板印花,筛网目数应根据荧光涂料的颗粒大小确定,一般为40~60目。

2.金银粉印花　针织物的金银粉印花,主要用于胸角花,使印花之处具有金属光泽,一般采用台板印花。花型面积增大,可增加闪光效果,但会影响针织物的手感和透气性。

金粉实际上是铜粉或青铜粉(不同比例的铜锌合金粉),粒径约10~50μm,粒径太大,易堵网,但太小,会减弱金属光泽。银粉实际上是99.5%的纯铝粉。

金银粉在空气中易被氧化,表面生成氧化物使颜色发暗而失去金属光泽,所以要加入抗氧剂。由于铝粉的性质更为活泼,所以一般直接制成银粉浆。黏合剂对金银粉印花的牢度、手感和光泽均有影响,一般应选用成膜性好的自交联型黏合剂。

印浆处方举例:

金粉或银粉(19~38μm)	200g
抗氧化剂	5g
酒精	5mL
自交联型黏合剂	300~400g
渗透剂 JFC	10mL
合成增稠剂	x
合计	1000g

印花工艺流程:

半制品→染地色→烘干→印花→焙烘(150℃,3min)或热定形(190℃,3s)

印花设备一般用台板印花机。

3.金箔印花　金箔印花是先按照花型将黏合剂印在织物上,然后将原来覆盖在聚酯薄膜上的金属箔(电化铝)通过热压转移到织物上形成图案。实际上这种印花方法是直接印花和转移印花两种工艺的组合。针织物采用金箔印花,有雍容华贵之感。

金箔印花适用于各种纤维材料(不耐高温的除外)。一般是在深地色织物或成衣上,用金属箔转印点、线等小面积花纹,镶嵌在浅色花纹的周围,或是直接印在地色上,呈现出金属光泽。在金箔印花工艺中,关键用料是一种特殊的热熔性黏合剂。

金箔印花黏合剂由热熔胶和黏结树脂组成。黏合剂的选用除要求转印性好,不能渗透基布外,还要具有低温熔融、不收缩、手感柔软、耐水、耐干洗等性能。

金箔印花工艺流程为:

半制品→染地色→烘干→印热熔性黏合剂→预烘(100℃,1min)→金属箔贴合→热压(130~160℃,30s,压力要求达到36.75Pa)→冷却→金属箔剥离→成品

印热熔性黏合剂可采用平网或手工台板印制,网孔20~28孔数/cm(50~70目)。热压是为了将金属箔局部转移到织物上,衣片可采用平板热压机,连续的可用辊筒式转移印花机。

4.珠光印花　珠光颜料是一类产生珍珠光泽的装饰性材料。含珠光颜料的物体能显露珍珠般的光泽,珠光印花纺织品能给人以柔和、高雅的闪烁光泽感。目前常用的珠光印花颜料为云母的钛膜包覆物,具有高折射层和平面结构,能对入射光多层次反射。

珠光印花是利用黏合剂将珠光颜料印制在织物上。

珠光印花浆处方和工艺举例如下:

处方:

珠光印花浆 TC	50%
自交联型黏合剂	30%
增稠剂 PTF	20%
合计	100%

工艺流程:

印花→烘干(110℃,2min)→焙烘(150℃,1min)

由于云母的粒径较大,所以印花时要选用较低目数的筛网。珠光印花浆可单独使用,也可以加入涂料,但涂料用量大会影响光泽,一般应控制在8%以下。珠光涂料浆宜放在最后一版印。

5.发泡印花 发泡印花是将发泡浆印在织物上,形成凸起的花纹,使织物产生立体图案的效果。在T恤上用发泡浆印制的卡通图案,很受消费者的喜爱。

发泡印花浆分为物理发泡浆和化学发泡浆两大系列。物理发泡浆中含有"微胶囊"制剂,在囊芯中储有低沸点的有机溶剂。在高温时,囊芯中的有机溶剂迅速气化,使微胶囊膨胀。由于体积增大,微胶囊相互挤压,形成不规则的重叠分布,因此表面高低不平,在视觉上有绒绣的效果。所以,也有将物理发泡浆印花后的产品称为起绒印花的。

化学发泡浆由发泡剂和成膜剂组成。发泡剂通常用偶氮二甲酰胺,它遇热会分解,其发气量可达200mL/g。偶氮二甲酰胺的分解温度约为200℃,加入尿素、氯化锌等金属盐助剂分解温度可降至120~150℃。成膜剂采用聚苯乙烯乳液、聚氯乙烯乳液均可,由于它们对织物的黏附力很低,因此还得依靠丙烯酸酯类共聚物黏合剂的协同作用。除成膜剂外,在印浆中还需加入交联剂、增稠剂等。

印花工艺流程:

半制品→印花→烘干(≤70℃)→焙烘(压烫或定形,100~140℃,30~60s)→柔软整理

发泡浆中涂料不宜多加,一般控制在5%以下,否则会影响发泡高度。针织物采用冷台板印花,筛网的型号一般选择10~16孔数/cm(24~39目),印花后烘干温度要低,以免出现部分发泡现象。发泡浆中不能含有具有消泡作用的乳化糊A。若多套色印花,发泡印花应安排在最后,以免影响发泡效果。

6.烂花 烂花印花的织物由两种不同纤维组成,如包芯纱织物、混纺纱织物或交织物。烂花印花是利用两种纤维化学性质的不同,将其中一种纤维去除,而保留另一种纤维的印花方法。经烂花印花后的产品,花纹处呈现镂空的网眼,类似于抽绣产品,立体感强。

例如涤/棉包芯纱针织物烂花,涤/棉包芯纱的纱芯是涤纶长丝,外包覆棉纤维。坯布在印花时印上酸,通过高温焙烘或汽蒸,花纹处的棉纤维发生水解,并脱水炭化,而涤纶长丝不受影响,经松式水洗后,炭化了的棉纤维被洗掉,印花处便剩下涤纶长丝,形成透明感及凹凸感。

用于涤／棉包芯纱的酸以硫酸为好，用于烂花酸浆的糊料应能耐酸，同时要有良好的渗透剂，以利于烂透。

涤／棉包芯纱针织物的烂花工艺举例：

处方：

Indalca PA—26（4％）	450～690g
硫酸（97％）	30mL
消泡剂	10g
水	50～290g
非离子表面活性剂	20g
甘油	80g
合计	1000g

工艺流程：

印前预定形→印烂花浆→蒸化（95～100℃,30min）或焙烘（140℃,30s）→水洗（松式水洗机）

若烂花处要着色，可选用分散染料。

7.静电植绒印花　静电植绒印花是利用高压静电场，将短纤维绒毛植入已涂有黏合剂的底布上，从而形成绒毛状花纹，产品有类似于绒绣的立体感。针织物静电植绒印花可生产仿麂皮绒、仿天鹅绒面料等。

静电植绒是将绒毛状的短纤维输入高压静电场中，纤维绒毛在高压静电场中带上电荷并发生电偶极化。电偶极化绒毛在高压静电场中受到静电力作用后，将沿着电力线方向加速运动，一方面向极板发生位移，另一方面还使纤维几何位置作取向排列，最后以一定密度沉积到极板上涂有黏合剂的基布表面，形成一种有序的外观。其生产包括绒毛制备、植绒和后整理三大工序。

绒毛制备包括绒毛切割和绒毛染整。绒毛的切割是将长丝束或短纤维条子并列合股后用切割机切割成一定长度。常用的绒毛规格为线密度1.7～3dtex，长度0.5～0.8mm。

粘胶短绒毛的染整工艺流程举例：

绒毛装袋→水洗→漂白→水洗→染色→水洗→皂洗→水洗→脱水→烘干

静电植绒工艺为：

织物→贴布→印花→静电植绒→预烘（90～100℃,2～3min）→焙烘（140～150℃,5～8min）→冷却→刷绒→成品

静电发生器的静电压在60kV左右。静电压越高，绒毛的取向排列越整齐，植绒立体感越好；静电压过低，则绒毛难以竖立。植绒时，负极为钢质筛网位于织物上面，正极置于传送带之下，两极间距离为6～10cm。绒毛箱用绝缘体制成，绒毛通过铜质筛网不间断抖落下去。

四、针织物整理工艺和设备

棉针织物的一般整理主要包括增白、柔软整理、光泽整理和防缩防皱整理（树脂整理）等。

合纤针织物的一般整理还包括热定形。

(一)增白

为了进一步提高漂白针织物的白度,满足特白布等白度较高织物的要求,一般棉和合纤及其混纺、交织针织物都需进行增白整理。棉针织物常用的增白剂有荧光增白剂 VBL 和 VBU,涤纶、锦纶及其混纺针织物的增白常用荧光增白剂 DT,腈纶针织物的增白多采用荧光增白剂 DCB。棉针织物的增白可单独进行,也可与漂白、染色、柔软整理或树脂整理等同时进行。增白设备可采用绳状染色机、常温常压溢流染色机。涤纶等合纤针织物的增白可在高温高压染色机中进行,也可采用热溶法,即先浸轧增白液并烘干后再热定形(180~200℃处理 30~60s)。

(二)柔软整理

棉和其他天然纤维素纤维都含有脂蜡类物质,化学纤维上施有油剂,因此都具有柔软感。但针织物经过练漂及印染加工后,纤维上的蜡质、油剂等被不同程度地去除,织物手感变得粗糙僵硬,在缝制中易产生针洞等疵病,故常需进行柔软整理。柔软剂的品种很多,主要有四大类。最简单的一类是石蜡、油脂等乳化物。第二类是表面活性剂,其中阳离子型季铵盐类应用最广,如柔软剂 HC、柔软剂 IS、柔软剂 PF 等。第三类是反应性柔软剂,如柔软剂 VS、柔软剂 MS—20、柔软剂 ES 和防水剂 RC 等。第四类是有机硅柔软剂。针织物的柔软整理可单独进行,也可与增白、树脂整理等同浴完成。柔软整理有绳状浸渍法和平幅浸轧法,前者可在各种染色设备内进行,后者采用平幅浸轧槽与拉幅机配合使用。绳状浸渍法工艺流程举例如下:

增白或染色洗净后织物→(脱水)→绳状浸渍柔软剂液(室温,5~15min)→出布→脱水→烘干

(三)脱水、开幅、烘干

针织物染色后或在各种染色机中经增白和柔软整理后,须进行脱水、开幅、烘干。

针织物脱水主要采用离心脱水机脱水,其脱水效率高,织物不易伸长,但脱水不匀,间歇式生产,劳动强度大,产量不高。

针织物经绳状湿加工后须开幅再烘干。纬编针织物的开幅采用圆筒针织物开幅机。剖幅的圆筒针织物、经编针织物可采用绳状退捻开幅吸水机开幅并吸水。

针织物烘干主要采用圆网烘燥机、短环连续式烘燥机和拉幅烘燥机(用于剖幅针织物和经编针织物)。短环连续式烘燥机又有单层和双层两类。

(四)光泽(轧光、电光)整理

针织物在练漂和染色湿加工时,即使尽量采用了松式或低张力设备,但仍不可避免地受到一定张力而产生伸长,使门幅变小,同时在加工中还会产生丝缕歪斜。另外,经过圆网烘燥后的织物布面会呈现无数折皱,纱线弯曲程度增大,起伏增多,造成布面不平整,不能呈现良好的光泽。此外,织物表面还附有茸毛,造成表面不光洁。为了使棉针织物表面光洁平整,手感柔软和富有弹性,并使织物的门幅符合规定要求和纠正丝缕歪斜,降低缩水率,改善棉针织物特别是单面织物的光泽,传统的方法是采用老式三辊轧光机(型号为 Z861)整理。老式三辊轧光机投资

少、产量高、操作方便、结构简单,虽然能纠正歪斜使布面平整,但对降低缩水率、保持织物的尺寸稳定性效果差,采用超喂轧光可适当改善,但不能解决根本问题,因此目前逐步被呢毯预缩定形机取代。

（五）防缩整理

棉针织物,特别是汗布和棉毛布在松弛状态下被水润湿或在水中洗涤时,成衣会产生缩水变形,尺寸变小,甚至不能服用。因此棉针织物必须进行防缩整理。采用丝光和碱缩处理可松弛纤维内存在的内应力,采用树脂整理可降低棉纤维的亲水性,减少其吸湿溶胀,但它们不能有效地限制线圈的滑移、变形,因此效果不太理想。针织物防缩的主要措施是采用机械预缩,通过机械预缩设备,把织物的纵向伸长部分预先回缩,使织物恢复到稳定状态。目前纯棉针织物机械预缩设备常用圆筒呢毯预缩机,如图 5-14 所示(该图为山东泰力纺织机械有限公司生产的DNZ1500 型强力呢毯预缩机)。它主要有导布机构、超喂机构、蒸箱、预缩定形、出布机构等构成。经该设备整理的织物手感柔软、门幅稳定,而且织物更加平滑光泽,横向缩水率可以控制在3% 以内。其技术参数为:

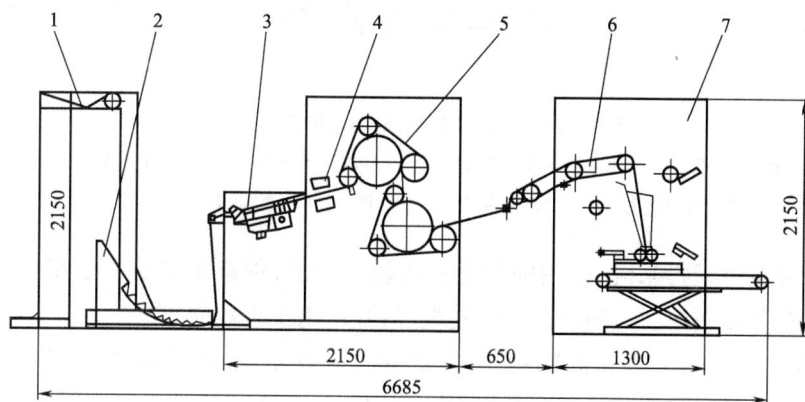

图 5-14 圆筒呢毯预缩机示意图(mm)

1—进布架 2—R 形存布箱 3—分离梭 4—汽蒸箱 5—加厚呢毯
6—冷风箱 7—精密叠布装置

工作宽度:1500mm,机械速度:3~35m/min,烘筒工作温度:0~200℃,电热功率:30kW,电机功率:8.02kW,调幅宽度:400~1500mm,蒸箱使用蒸汽压力:0.4~0.6MPa,使用压缩空气压力:0.3~0.6MPa,外形尺寸:6685mm×2150mm×2350mm。

（六）热定形

常用合成纤维为热塑性纤维,在纺丝、织造及染整加工中因受热会产生收缩变形,形成折皱,致使合纤及其混纺和交织针织物的尺寸不稳定、布面不平整。为了提高合纤针织物的尺寸稳定性,消除织物上已有的皱痕,并使之在以后的加工或使用过程中不易产生难以去除的折痕,合成纤维及其混纺、交织针织物在染整加工中都要进行热定形。有些合成纤针织物在染色前还需要预定形处理。

用于针织物热定形的设备主要有两大类,一类是热风拉幅定形机,另一类是蒸汽热定形机。

1. 热风拉幅定形机 针织物的热风拉幅定形机有两种类型,一种是用于圆筒状针织物的圆筒热定形机,另一种是用于经编针织物或剖幅纬编针织物的针板拉幅定形机。

(1)圆筒针织物热定形机。圆筒针织物热定形机结构示意图如图5-15所示,其结构上的主要特点是有一副调节幅宽的长撑板,撑板上套上被定形的圆筒针织物,撑板被前后两对超喂辊夹持,织物在超喂辊和撑板之间随超喂辊的转动在撑板上被输送滑行。撑板的前面进布端和后面的出布端均在加热箱之外,中间部分在加热室内,使织物受热。圆筒针织物热定形机采用电热或油加热,工作温度可达180~220℃。

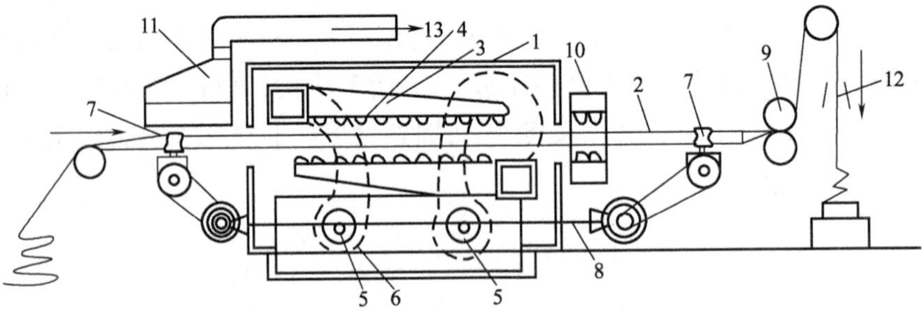

图5-15 圆筒针织物热定形机结构示意图

1—箱体 2—撑板 3—热风道 4—喷风口 5—鼓风口 6—加热室 7—超喂辊 8—调节杆
9—出布轧辊 10—冷却风装置 11—排风管 12—摆布斗 13—排风口

对富有弹性的针织物来说,采用圆筒定形机较为合适,如涤棉混纺和交织针织物均可用。圆筒定形机烘房长度较短,车速较慢,产量较低,故只适用于小规模生产。

(2)针板拉幅定形机。与机织物相比,针织物幅宽较大,易于变形,易于卷边,因此用于平幅针织物的针板拉幅定形机与机织物的布铗拉幅定形机有些不同。一是必须有超喂装置;二是纵向必须无张力或仅施加较弱的张力;三是必须有防卷边装置。此外,定形机的导布轨道应长于机织物定形机的导布轨道,并用针板链条代替布铗链条。

针板拉幅定形机形式很多,但基本原理和主要组成均相似,都由进布喂入部分、热风定形部分和降温出布部分组成。

2. 蒸汽定形机 针织物蒸汽定形机主要有高压蒸汽定形机和过热蒸汽定形机。

(1)高压蒸汽定形机。将针织物卷于多孔滚筒上,然后在高压釜中通入饱和蒸汽进行定形。该设备定形效果好,最适合锦纶针织物,但属于间歇式生产,效率低,可用于袜子、针织产品的定形。

(2)过热蒸汽定形机。过热蒸汽定形机结构与热风拉幅定形机相似,只是加热介质为常压过热蒸汽。加热箱的出入口有汽幕或缓冲区作热封口。常压过热蒸汽的给热系数高于干热空气,而且与温度较低的织物相遇时,织物表面有水凝出,其汽化潜热有利于促使织物快速升温,热定形可快速进行,比热风定形速度提高若干倍。过热蒸汽定形机车速较快,可达100~250m/min,生产效率高,定形织物手感好。

(七)绒类针织物的起绒、剪绒整理

起绒又称起毛、拉毛或拉绒,它是将针织坯布中衬垫纱(起绒纱)的纤维勾出,使之在织物表面形成一层绒毛的加工。针织物起绒整理的目的是为了改善针织物的风格和外观,使其具有毛型感,增强保暖性,提高外观的蓬松性,使织物变得厚实,手感柔软。

针织物的起绒整理在钢丝起绒机上进行。钢丝起绒机的主体是由许多绕有针布的小辊筒排列而成的一只大滚筒。织物起绒主要是通过缠绕于小辊筒上的弯针布与布面产生相对运动而实现。常用的设备有 Z851 型钢丝起毛机等。

剪绒是将毛圈针织物的毛圈剪断形成绒毛。如天鹅绒针织物需要进行剪绒整理。剪绒在剪绒机上进行。剪绒前要对坯布进行烘燥处理,确保毛圈整齐挺立。剪绒机有单刀式和多刀式两种,由导布、剪绒、给湿、烘燥等装置组成。

剪绒装置是剪毛机的关键部分,由支绒架、螺旋刀和平刀构成。圈绒针织物平坦经过支绒刀尖端时,由于急剧弯曲使毛圈在此处充分直立起来,然后将毛圈喂入由高速旋转的螺旋刀和平刀形成的剪切点内,对毛圈产生剪毛作用,其作用过程如图 5 - 16 所示。

剪绒一般分两次进行,染色前进行一次初剪,染色后再进行一次复剪。染前初剪可使被剪开的线圈所形成的纱段在染色中呈松弛状态,在染浴中解捻蓬松形成绒面,同时在染浴中还能去除纱段中的短纤维。初剪后的织物在染色、脱水过程中会产生许多皱折,绒毛倒向不一,影响光泽。复剪是在一定的纵横张力下,经毛刷的梳理、螺旋开幅辊的开松和支绒刀的竖绒梳理等作用,去除皱折,减轻倒毛。复剪还能去除浮绒,使绒毛均匀平齐,绒面光洁度提高。

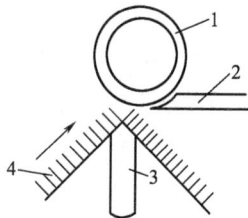

图 5 - 16 剪绒作用示意图
1—螺旋刀 2—平刀
3—支绒架 4—织物

此外,针织物也可以根据需要进行特种整理加工。这些整理包括:防水整理、阻燃整理、抗菌整理、防静电整理、防紫外线整理和生物抛光整理等,整理的方法和采用的工艺与机织物相似,在此不再介绍。

第四节 针织染整设备选型、计算与排列

与机织物印染设备多为连续化长车设备不同,针织物染整设备多为单元机及间歇式设备,设备之间的相互关联性不是很强,因而针织物设备的选型、计算与排列比较简单灵活。

一、针织物染整设备的选型与计算

针织物染整设备的选型可根据设计生产规模与产品方案、所选织物品种及特色产品技术要求,并参考附录中所列的常见 59 种针织染整设备的型号、用途、技术参数及简图(见随书光盘)等信息进行选型。

染整生产设备应配备数量的多少,是根据工艺设计加工任务量和设备的生产能力进行计算

的,计算公式如下(可参考第二章第三节"主机设备的配置与计算"):

$$设备计算台数 = \frac{工艺设计每昼夜的加工任务量}{每台设备每昼夜的生产能力}$$

每台设备每昼夜的生产能力的计算可以采用两种方法:

1. 根据设备的车速计算

每台设备每昼夜的生产能力 = 生产车速 × 织物幅数 × 8h × 每昼夜生产班数 × 有效时间系数

有关"有效时间系数"的概念已经在第二章第三节中加以解释,在此不再重复。

这种计算方法适用于连续化生产的设备,如烧毛机、碱缩机、定形拉幅机等。生产车速因品种而异,可参照表5-3的工艺设计车速取平均值计算。

2. 根据设备的台班产量计算

每台设备每昼夜的生产能力(每台设备的实际日产量) = 每台设备的实际台班产量 × 每昼夜生产班数

这种计算方法适用于间歇生产的设备,如染色机、手工台板印花机等。一般每台设备的实际台班产量(或日产量)均为实际生产的平均经验数据,具体可见表5-3针织印染设备生产能力参考表。

表5-3 针织印染设备生产能力参考表

序 号	设 备 名 称	工艺设计车速/(m/min)	有效时间系数	参 考 产 量
1	ME102(M)型圆筒针织物烧毛机	80～95	0.85	—
2	LME127型筒状碱缩机	15～45	0.80	—
3	LME142—110型圆筒针织物丝光机	25	0.8	—
4	LME121型平幅松式精练机	20	0.8	—
5	MK8C—2T高温高压溢流染色机	—	—	纯涤2～2.5锅/(班·台) 棉1～1.5锅/(班·台)
6	MK5—140—2LT高温高压溢流染色机	—	—	纯涤2～2.5锅/(班·台) 棉1～1.5锅/(班·台)
7	ME261—2型常温常压喷射染色机	—	—	360kg/(班·台)
8	ME214—3型高温高压喷射染色机	—	—	360kg/(班·台)
9	ME212型高温高压喷射染色机	—	—	240kg/(班·台)
10	ECO—8—D4T型高温高压染色机	—	—	4400kg/(日·台)
11	ECO—38—6T型高温高压染色机	—	—	3000kg/(日·台)
12	HSJ—2T型高温高压染色机	—	—	1120kg/(日·台)
13	BSD—S632型松式烘干机	—	—	8000kg/(日·台)
14	FHA3200型双层松式烘干机	3～45	0.80	—

续表

序　号	设 备 名 称	工艺设计车速/(m/min)	有效时间系数	参 考 产 量
15	JetAir 5000 型松式烘干机	5 ~ 100	0.80	—
16	1800 联合针织布脱水机	—	—	8000kg/(日·台)
17	手工台板印花	—	—	250 ~ 300m/(班·台)
18	转盘式印花机	—	—	500 片/(人·班)
19	Monfong's 328—8 型立信门富士定形机	—	—	6500kg/(日·台)
20	SST 定形机	15 ~ 45	0.80	—
21	FD3200 型双路传动针织物热定形机	0 ~ 20	0.80	—
22	COMPTEX RE 型针织物开幅式拉幅预缩机	2 ~ 40	0.80	—
23	FLS2800 型拉幅预缩机	4 ~ 45	0.75	—
24	FNT 1300 型针织物呢毯预缩机	3 ~ 35	—	—
25	FNTB1500 型超强呢毯预缩机	0 ~ 30	0.75	—
26	COMPTEX FY 1500/1800 型圆筒针织物预缩机	2 ~ 45	0.75	—
27	圆筒针织物验布机	25	—	—
28	量长打卷联合机	20	—	—

注　表中没有列出的设备可参考同类设备。

设备的安装台数大于计算台数,设备的安装台数是对计算台数取整,如设备计算台数为2.3 或2.6,则设备的安装台数为3台。但若计算台数是2.9,设备的安装台数取3台时,则设备的负荷率太高,因此设备的安装台数可以取4台。

二、车间布置和设备排列

1. 车间布置　车间布置的任务是确定各生产车间及有关附房在厂房中的相对位置。一般要结合工厂规模、总平面布置、厂房形式、设备排列等综合考虑。车间布置的原则主要从方便生产、运输和管理等方面综合考虑,具体内容可参见本书第二章第三节中的有关内容,在此不再重复。由于目前针织物的煮漂和染色加工多数均在液流染色机中完成,在针织物染整厂中漂练和染色为一个车间,所以仅有染色产品的针织物染整厂可分为漂染和整理两个车间,若有印花产品的针织物染整厂则分漂染、印花和整理三个车间。

2. 车间内坯布、半制品和成品的堆放空间的计算　一般在设计针织物染整车间时,为方便生产要考虑毛坯布、半制品和成品在车间内的堆放空间。即要设计配布间(毛坯布存放间)、半制品存放区(间)和成品存放区(间)。它们的占地面积大小可分别参考棉布印染厂设计中的分间面积计算方法计算,也可按下式来估算:

$$堆放空间面积 \approx \frac{一个班的加工(存放)量}{每台布车的载重量} \times 每台布车的占地面积$$

一般生产时毛坯布、半制品和成品的存放量按照一个班的加工量考虑为宜。

每台布车的载重量根据织物的组织规格不同、织物的厚薄不同而异,平均每台车载重约为120～130kg。每台布车的占地面积约为2m²。

在考虑堆放空间面积时,除了考虑布匹堆放的布车占地面积外,还要考虑车辆的运输通道,因此实际堆放空间面积要比上式计算出的面积稍大些。

3.厂房结构和柱网尺寸的选择 通常针织物染整加工产生的蒸汽较多,因此采用锯齿形加排气井和气楼式加排气井的厂房结构有利于蒸汽的排出。

由于目前新型的染整加工设备的宽度较宽,所以在选择柱网尺寸时可以采用较大的跨度(如跨度为13.5～14m,柱距为12m),以方便设备的排列。

4.设备的平面排列 设备排列合理与否,对生产有很大的影响,如果设备排列得不合理会直接影响车间面积的有效使用和劳动力的合理安排,还可能造成半制品运输的极大不方便或影响操作人员的安全。因此,设备排列要慎重考虑,尽量做到科学合理。设备平面排列的原则在第二章第三节中已经谈到的内容就不再一一重复,需要强调注意以下几点:

(1)设备排列要尽量按工艺流程的顺序排列,并且使各加工工序中的在制品能直线运输,运输距离尽可能短。

(2)染色机集中排列,离心脱水机应布置于染色机的中间,使每台染色机中出来的湿布的运输距离都较短。

(3)针织物染整加工设备既有间歇式的又有连续式的,其生产能力不同,通常连续式设备的生产能力高,因此在连续式生产设备的后面要留有一定的堆放在制品的空间。例如在烘干机、拉幅机、热定形机等机台后面应留有一定的空间堆放在制品。

第五节 劳动定员设计和生产耗水、蒸汽的计算

一、劳动定员设计

劳动定员的设计与产品品种、工作制度、生产设备的性能等许多因素有关。根据针织染整加工的特点,一般实行三班制连续生产,每班8h,每年251个工作日。针织物染整车间的劳动定员为设备台数乘以每台设备的定员数的合计数。针织染整设备单机台劳动定员参考见表5－4。

表5－4 针织染整设备单机台劳动定员参考定额

设备名称	工 种	每班定员		备 注
		男	女	
碱缩机	挡车工、出布工	1	1	18tex汗布1400kg／人(劳动定额,下同)
煮练机	挡车工、出布工	1	1	18tex汗布1400kg／人
立式精练罐	挡车工	1	—	容量1000kg;特白棉毛、汗布1330kg／人;浅色棉毛、汗布1000kg／人

续表

设备名称	工　种	每班定员		备　注
		男	女	
漂白机	挡车工、出布工	2		18tex 汗布 1500kg／人
加白上蓝机	挡车工、助手皂煮工	2		绳状染色机容量100kg,18tex 汗布、棉毛 1500kg／人
干洗机、绳洗机	挡车工、出布工	2		棉毛、汗布 1500kg(干燥质量)／人
离心脱水机	挡车工	1		棉毛、汗布 1500kg(干燥质量)／人绒布 1400kg(干燥质量)／人
拉幅式热定形机	挡车工、出布工	2		外衣布 3000kg/2 人,衬衣布 1500kg／2 人,蚊帐、头巾布 500kg/2 人
绳状染色机	挡车工	1		容量100kg／批,600kg／人
高温高压染色机	挡车工	1		容量90kg／批,270kg／人
轧染机	挡车工、过蜡工、出布工	2	1	棉毛、汗布 3000 kg／人
Z851 型起毛机	挡车工	1		起毛三遍,厚绒 1000kg／人,薄绒、细绒 620 kg／人
卧式超喂轧光机	挡车工、助手	—	—	轧二遍,棉毛、汗布 2 台／3 人,绒布 2 台／5 人
开幅机	挡车工	1		棉毛、汗布 2000kg／人,厚绒布 2250kg／人
四圆网烘干机	挡车工、出布工	2		棉毛、汗布 2000kg／人,厚绒布 2250kg／人
	配染化料工	—	—	各类坯布 3000kg／人
	对色工	—	—	各类坯布 3000kg／人
验布机	检验工	—	1	汗布、涤纶布验一面,棉毛、绒布验两面。棉毛布 750kg／人,汗布 900kg／人,绒布 1200kg／人,外衣布 300kg／人,衬衣布 150kg／人
布匹收发	收发工	—		2000 kg/(人·天)
翻布机	翻布工	—		棉毛、汗布 1600 kg／人,绒布 1800kg／人
合幅机	挡车工	1		涤纶外衣布 2400kg／人涤纶衬衣布 1200kg／人
打卷机	挡车工、助手	2		涤纶外衣布 1200kg／人涤纶衬衣布 600kg／人
打包装箱	过磅工包布工缝包工理零布工	—	—	涤纶布 2400kg／人涤纶布 1200kg／人涤纶布 2400kg／人化纤布 2400kg／人

注　1.以上定员仅供参考,目前实际生产用劳动定员大部分等于或小于以上数据。
　　2.丝光机、平网印花机、圆网印花机、预缩机等设备劳动定员可参考表2-21。

二、针织染整设备水、蒸汽消耗量的计算

染整设备用水、用汽量的计算方法为每台设备每小时的消耗量乘以该设备每天实际生产的

时间。针织染整设备耗水、耗汽量参考数据见表5-5。

表5-5 针织染整设备耗水、耗汽量参考数据

序号	设备名称	小时耗水量/(t/h)			小时耗汽量/(kg/h)			备注
		非软水	软水	合计	直接蒸汽	间接蒸汽	合计	
1	LMD371—160 型震荡式平洗联合水洗机	8	9	17	650	500	1150	—
2	SQ—1 型单辊烘燥机	—	—	—	—	25~30	25~30	—
3	呢毯整理机					70~80	70~80	
4	ME102(M)—120 型圆筒针织物烧毛机	—	3	3	100	—	100	
5	LME142—110 型圆筒针织物丝光机	—	6.6	6.6	250	—	250	100kg 针织物耗用量
6	LME121 型平幅松式精练机	8~10	—	8~10	470~1000	—	470~1000	—
7	Q113(M)—28 型绳状浸染机	3.4~4.4	0.8~1	4.2~5.5	30~40	10~15	40~55	
8	ME261—2 型常温常压喷射染色机	3.4~4.4	0.8~1	4.2~5.5	30~40	270~360	300~400	
9	ME214—3 型高温高压喷射染色机	4~4.7	1~1.8	5~6.5	50~60	350~430	400~490	
10	ME212 型高温高压喷射染色机	3.8~4.5	0.8~1	4.6~5.5	35~45	300~400	335~445	
11	ME701D 型平幅热定形机	—	1	1	—	—	—	
12	ME721 型圆筒织物热定形机					200~250	200~250	
13	LME341 型浸轧圆网烘燥联合机		0.8	0.8	—	600~800	600~800	—

☞ **复习指导**

1. 了解针织物的种类及其特点。

2. 掌握针织物各类品种的染整加工工艺流程。

3. 熟悉由各种纤维组成的针织物的前处理、染色、印花及整理的工艺和设备。

4. 弄清针织物染整加工特点及其与机织物在染整加工方面的区别。

5. 知道针织物染整工艺设计与机织物工艺设计的异同之处。

☞ **思考题**

1. 为什么针织品受到人们的青睐?

2.针织物分为哪两类？它们各自的服用性能如何？

3.常见纬编针织物有哪几种？它们各有何特点？

4.常见经编针织物有哪几种？它们各有何特点？

5.各种针织物染整加工工艺流程如何？

6.棉针织物前处理加工与棉机织物前处理加工有何不同之处？

7.粘胶纤维、合成纤维针织物前处理应注意什么？

8.含氨纶弹力针织物前处理应注意什么？

9.针织物染色设备与机织物染色设备有何区别？

10.针织物印花设备与机织物印花设备有何区别？

11.针织物特种印花包括哪些？

12.针织物整理工艺及设备都有哪些？

参考文献

[1] 徐顺成.我国针织染整行业技术进步及发展方向[J].针织工业,2005(1):60-64.

[2] 于湖生.服装面料及其服用性能[M].北京:中国纺织出版社,2003:124-136.

[3] [作者不详].针织物分类及其服用性能[J].服装纺织业[J/OL].[2006-2-24].http://www.tianya.cn/new/TechForum/Content.asp? i 22K/.

[4] 吴立.印染工厂设计[M].北京:中国纺织出版社,1996:82-85.

[5] 范雪荣,王强,等.针织物染整技术[M].北京:中国纺织出版社,2004:4-385.

[6] 上海市针织工业公司.针织物印染与整理[M].北京:中国纺织出版社,1989:170.

[7] 吴立.染整工艺设备[M].北京:中国纺织出版社,1996:373-375.

[8] 上海市针织工业公司和天津市针织工业公司.针织手册(第二分册)北京:纺织工业出版社,1982:80-85.

第六章　毕业设计文件的编写

印染厂设计是染整专业的一门综合性的专业课程。通过这门课程的学习,不仅要掌握印染厂设计尤其是印染工艺设计的基本概念和方法,而且还能全面复习整理所学的染整专业知识系统,对染整专业的基本概念产生一个综合提升。学完这门课程后,通常要用一定的时间进行一次模拟印染厂设计的毕业设计,也就是综合运用已学的各种知识进行印染厂设计实践,从而初步掌握染整专业工艺设计的程序和方法,提高解决本专业工程技术方面实际问题的能力,并了解非工艺设计部分的概况,为毕业后参加管理生产、组织生产打下基础。

在毕业设计中要求做到以下几点:

(1)树立正确的设计思想,力求做到设计方案技术上先进稳妥,经济上合理可行。

(2)综合运用所学的有关理论知识、专业知识和实践技能,根据教师下达的设计任务书,通过调查研究、搜集资料,编写设计提纲,排好进度表,列出几个初步方案,从中确定最佳设计方案。

(3)计算数据正确,说明简练,重点突出,书写整洁,图面清晰无误。

(4)设计中主要内容的组成要有可靠的依据,创新部分要进行反复论证后才能选用。

第一节　毕业设计文件编写提纲

毕业设计文件主要包括毕业设计说明书、车间设备平面排列图和全厂总平面布置图三个文件。其中毕业设计说明书是毕业设计的核心文件,是对整个毕业设计成果的总结,一般要求字数在1.5万字左右。毕业设计文件编写顺序及主要内容如下。

一、绪论

(1)概述当前国内外市场的发展及预测,阐明设计的指导思想。

(2)论证本厂设计规模、产品方案制定的先进性和合理性。

(3)论证厂址选择依据,说明本厂厂址的自然条件和技术经济条件。

(4)阐明本厂坯布选择的依据及产品品种特色。

(5)说明选择生产方式、工艺流程、工艺条件和生产设备的总原则。

(6)阐明企业管理体制、工作制度、劳动定员。

(7)从品种、工艺、设备、节能、环保等方面阐述本厂设计的技术特色。

二、产品方案

（1）根据市场调研、设计任务书等资料，阐述本厂产品方案及其确定原则。

（2）原布规格和成品产量表（参见表2–11）。

（3）产品加工种类及分配数量表（参见表2–12）。

（4）制定成品质量指标（主要包括物理指标和染色牢度指标）。

三、工艺设计

（1）说明选择工艺流程和主要工艺条件的原则和特点。

（2）制定各品种的工艺流程（按照纤维种类及漂、色、花大类品种分别叙述）。

（3）分别制定各主要品种前处理、染色、印花和整理的主要工艺条件。

四、设备选型及工艺计算

（1）简述本厂主机设备选型原则及特色。

（2）机台加工任务表（参见表2–16）。

（3）印染主机设备计算表（参见表2–18或表2–19）。

（4）主机设备一览表（参见表2–20）。

（5）劳动定员表（参见表6–1）。

（6）工艺用水、蒸汽消耗量表（参见表6–2）。

（7）压缩空气耗用量表（参见表6–3）。

（8）高温热源设备热值消耗量表（参见表6–4）。

（9）染化料消耗量表（参见表6–5）。

五、主厂房设备排列

（1）简述厂房形式及柱网尺寸的选择情况及理由。

（2）分间面积计算表（表6–6）。

（3）简述设备排列的原则及具体排列方案。

（4）简述本厂附房排列原则并填写主要生产附房面积一览表（表6–7）。

（5）画出1:200的主厂房设备平面排列图（可借助计算机工程CAD软件画图）。

六、总平面布置

（1）简要概括总平面布置的原则及布置情况。

（2）说明厂前区各种生活设施、厂后区各种生产辅助设施（包括各种仓库）、热力站（锅炉房）、变配电站、给水站（包括软水站）、污水处理站等的占地面积。

（3）画出1:500全厂总平面布置图。

七、给水及污水处理

说明本厂的水源、水质要求、污水处理的方法及污水处理排放标准。

八、结论

总结说明本厂设计的特点、优势、不足及发展方向。

九、致谢

十、参考文献

十一、主厂房平面排列图(1:200)

十二、全厂总平面布置图(1:500)

第二节　毕业设计相关表格及其说明

毕业设计文件编写提纲中所列的前5个表格的表头内容及其注意的问题可参考有关章节。后面几个表的格式内容及有关注意事项说明如下。

一、劳动定员表(表6-1)

表6-1　劳动定员表

序号	设备名称	台数	甲 班		乙 班		丙 班		常日班	合计	备注
			男	女	男	女	男	女			
5	布铗丝光机	2	1×2	2×2	1×2	2×2	1×2	2×2		18	
	合　计										

注　1. 每台设备的每班定员指标可参照表2-21。

2. 当设备台数大于1时,表中各栏人数可用"人数/(台·班)×设备台数"来表示,如表中举例所示。

3. 有的工种可设常日班或两班(如原布间、雕刻间等部分人员)。

4. 本表最后合计人数为本厂一线工人数。以此为依据可计算全厂职工数,以及辅助工人数和管理人员数。

二、工艺用水、蒸汽消耗量表（表6-2）

表6-2　工艺用水、蒸汽消耗量表

序　号	设备名称	设备台数	每昼夜运转小时	水		汽		备　注
				单台定额/(t/h)	消耗量/(t/h)	单台定额/(kg/h)	消耗量/(kg/h)	
合　计								

注　1.设备名称可按主机设备一览表(见表2-20)所列机台依次填写。

　　2.工艺用水的单台消耗定额可参照表2-25。

　　3.蒸汽的单台消耗定额可参照表2-26。

三、压缩空气耗用量表（表6-3）

表6-3　压缩空气耗用量表

序　号	设备名称	设备台数	单机定额/(m³/min)	消耗量/(m³/min)	备　注
合　计					

注　1.设备名称可根据设计厂所选择的印染设备种类,并参考表2-29中所列的单元设备以及附录一中所列各印染设备的技术参数及设备组成等内容(见随书光盘)有选择地填写。

　　2.压缩空气的消耗量可参照表2-29所列单机消耗定额进行计算。

四、高温热源设备热值消耗量表（表6-4）

表6-4　高温热源设备热值消耗量表

序　号	设备名称	设备台数	单机定额/(MJ/h)	消耗量/(MJ/h)	备　注
合　计					

注　1.设备名称可根据设计厂所选择的设备种类,并参考表2-27中所列的含高温热源的印染设备名称填写。

　　2.高温热源总热值消耗可参照表2-27所列单机热值消耗定额进行计算。计算结果可为高温热源类型及供应量提供参考数据。

五、染化料消耗量表(表6-5)

表6-5 染化料消耗量表

织物规格	产品产量/ (m/d)	染料消耗定额/ (kg/100m)	染料消耗量/ (kg/d)	化工料消耗定额/ (kg/100m)	化工料消耗量/ (kg/d)	备 注
窄幅织物						
宽幅织物						

注 1.染化料消耗定额可参照表2-30。

2.织物宽幅、窄幅的界限可以1600mm为界限。

3.产品产量可根据表2-11确定。

六、分间面积计算表(表6-6)

表6-6 分间面积计算表

工作间名称	计算公式	计算面积	实际面积	备 注
原布间				
白布间				
装潢间				
打包间				
合 计				

注 各分间面积计算方法可参照第二章中分间面积的计算部分。

七、附房面积一览表(表6-7)

表6-7 附房面积一览表

序 号	附房名称	实际面积	备 注

注 附房面积的确定可参照第二章第五节所述内容以及表2-22～表2-24,并根据已确定好的主厂房平面图列出各种
生产性附房和生活性附房的实际面积。

第三节 毕业设计图纸的画法及说明

印染厂初步设计实际上要求画出主厂房设备平面排列图、厂房建筑平面图、剖面图、全厂总
平面布置图等。毕业设计一般画两张图:主厂房设备平面排列图和全厂总平面布置图。画图时

应注意以下几点：

（1）画图比例：主厂房设备平面排列图的比例可按 1:200，全厂总平面布置图的比例可按 1:500。

（2）画图时应用粗实线画出边框，并在图的右下角画上标题栏。其格式为：

10	设计单位			
10	设计题目			
10	图　　名			
8	班　　级		比　　例	
8	设计人		编　　号	
8	指导老师		日　　期	
	25	30	25	30

注　表中数据为各自相应线段的长度，单位为 mm。

（3）图纸上应标明方位，一般方向箭头画在图上方，字写在箭头上方，方位按习惯方位画。如：

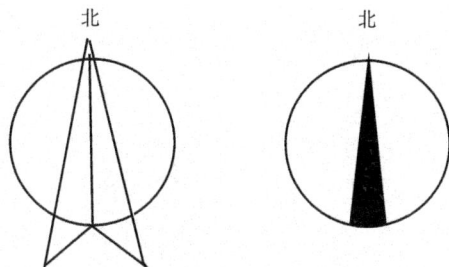

另外，要求在全厂总平面图的右上角画出风向玫瑰图。

（4）柱网表示方法：在主厂房设备平面排列图上，应根据实际尺寸按比例标出每一根柱子的位置。用"＋"表示。

柱子左右方向用阿拉伯数字"①、②、③…"自左向右一次标出，上下方向用英文大写字母"Ⓐ、Ⓑ、Ⓒ…"自下而上依次标出，但为避免混淆，禁用 I、O、Z。若有伸缩缝，则伸缩缝处也应标注数字或字母。而且每相邻两柱间的距离都应一一用数据表示出来，数据均以 mm 为单位，数字后不写单位。

（5）主厂房设备平面排列图中，机器的外形轮廓按严格要求应根据机器的实际尺寸比例画成相应的形状，每台机器中间要画出中心线；但为简便起见，可按机器的最长和最宽处的尺寸画成矩形框来表示，中间要画出中轴线，机器的出布端要画双线以示区别。每种设备均应编号，将号码标在设备的矩形图中，并在标题栏的上面由上到下依次造表列出各阿拉伯数字所代表的机器设备名称及型号。各附房以及工作间则可直接用汉字标在图上。

（6）全厂总平面图中，各建筑物轮廓线用粗实线表示，道路轮廓线用细实线表示，草坪、运动场等用点画线表示，全厂各建筑物均以阿拉伯数字编号，并且也在图上造表列出。厂前区和厂后区各建筑物面积以及主厂房占地面积也列在表中。